Maja Störmer
Krisenkommunikation in der digitalen Gesellschaft

Digitale Gesellschaft | Band 42

Für meine Familie

Maja Störmer (Dr. phil.), geb. 1990, lehrt Organisations- und Personalentwicklung am Fachbereich der Interkulturellen Wirtschaftskommunikation der Friedrich-Schiller-Universität Jena.

Maja Störmer

Krisenkommunikation in der digitalen Gesellschaft

Strategien und Lösungsansätze für eine nachhaltige Kommunikation

[transcript]

Publikationsunterstützung durch das ProChance Exchange Förderprogramm für Nachwuchswissenschaftlerinnen

Dissertation »Nachhaltige Kommunikation – die Eigendynamik von Kommunikationsprozessen am Beispiel der Krisenkommunikation«, angenommen an der Philosophischen Fakultät der Friedrich-Schiller-Universität Jena, Fachbereich Interkulturelle Wirtschaftskommunikation
Gutachter: Prof. Dr. Jürgen Bolten, Prof. Dr. Xun Luo, Verteidigung am 19.11.2020

Bibliografische Information der Deutschen Nationalbibliothek
Die Deutsche Nationalbibliothek verzeichnet diese Publikation in der Deutschen Nationalbibliografie; detaillierte bibliografische Daten sind im Internet über http://dnb.d-nb.de abrufbar.

Umschlaggestaltung: Maria Arndt, Bielefeld
Umschlagabbildung: Maja Störmer
Lektorat: Maja Störmer
Korrektorat: Prof. Dr. Jürgen Bolten und Maja Störmer
Druck: Majuskel Medienproduktion GmbH, Wetzlar
Print-ISBN 978-3-8376-5954-2
PDF-ISBN 978-3-8394-5954-6
https://doi.org/10.14361/9783839459546
Buchreihen-ISSN: 2702-8852
Buchreihen-eISSN: 2702-8860

Gedruckt auf alterungsbeständigem Papier mit chlorfrei gebleichtem Zellstoff.
Besuchen Sie uns im Internet: *https://www.transcript-verlag.de*
Unsere aktuelle Vorschau finden Sie unter *www.transcript-verlag.de/vorschau-download*

Inhalt

Danksagung

> »Man darf nie an die ganze Straße denken, verstehst du?« fragt er die kleine Momo einmal.
> »Man muss nur an den nächsten Schritt denken, an den nächsten Atemzug, an den nächsten Besenstrich. Dann macht es Freude; das ist wichtig, dann macht man seine Sache gut. Und so soll es sein.«
> (Michael Ende, ›Momo‹ 1973)

Wie so Vieles im Leben ist die Dissertation ein Projekt, was viel Zeit und Durchhaltevermögen braucht. Die Thematik der Kommunikation zu Krisenzeiten hat mich bereits in meinem Bachelorstudium in ihren Bann gezogen. Der Umgang mit Unsicherheit und die kommunikative Beziehungsgestaltung zur nachhaltigen Gestaltung von Komplexität, ist etwas, was nicht nur für Unternehmen relevant ist, sondern jeden Einzelnen von uns nahezu alltäglich begleitet. Die Liste prominenter Praxisbeispiele scheint unendlich zu sein – von der VW-Abgaskrise bis hin zur Krisenkommunikation von globalen Textilketten, die durch die Inanspruchnahme stattlicher Hilfsmittel zu Zeiten des COVID-19 Virus mit Empörungswellen auf sozialen Netzwerken konfrontiert werden. Nachhaltige Kommunikation ist für einen langfristigen Beziehungsaufbau unerlässlich und kann in den größten Krisenzeiten dazu beitragen handlungsfähig zu bleiben.

Handlungsfähigkeit in unsicheren Zeiten ermöglichte auch die Fertigstellung dieser Dissertation unter erschwerten Bedingungen des Corona-Lockdowns, die sich schlussendlich als sehr produktiv erwiesen haben. Krisen können somit auch Chancen bereitstellen, die es zu erkennen und zu nutzen gilt.

Mein größter Dank gilt allen Menschen, die mich auf meinem langen Weg zur Dissertation begleitet und unterstützt haben. Bei Herrn Prof. Dr. Bolten möchte ich mich ganz herzlich für die inhaltliche Betreuung dieser Arbeit und zahlreichen wertvollen Gespräche und Perspektivenoffenbarungen bedanken. Auch bei Herrn Prof. Dr. Xun Luo möchte ich mich herzlich für hilfreiche Anregungen und Ratschläge bedanken.

Ein weiterer Dank geht an meine wunderbaren Kollegen und Kolleginnen, die für diverse und wertvolle Gedankenanstöße und Ratschläge, egal ob bei offiziellen Kolloquien, Arbeits- und Schreibgruppen, zwischen Tür und Angel, oder einfach bei Kaffee und Mittagessen zur Verfügung standen. Viele Phasen der Dissertation sind so nicht nur zu akademisch geschätzten Erfahrungen für mich geworden.

Ein besonderer Dank geht auch an meine Familie und Freunde, ohne die dieses Projekt nicht zustande gekommen wäre. Trotz teilweise großer geographischer Distanz habe ich mich immer unterstützt und verstanden gefühlt. Ich bin sehr dankbar ein Teil dieses Netzwerks zu sein.

Maja Störmer, Juni 2020

Abbildungsverzeichnis

Tabellenverzeichnis

Abkürzungsverzeichnis

ANT	Akteur-Netzwerk-Theorie
Bspw.	beispielsweise
Bzw.	beziehungsweise
CSR	Corporate Social Responsibility
d.h.	das heißt
ebd.	ebenda
Etc.	ecetera
Ggf.	gegebenenfalls
KI	Künstliche Intelligenz
o.Ä.	oder ähnliches
SNS	Soziale Netzwerkseiten
Sog.	sogenannte
SWT	Strong und Weak Ties
u.a.	unter anderem
u.U.	unter Umständen
Usw.	und so weiter
Vgl.	vergleiche
z.T.	zum Teil
z.B.	zum Beispiel

Genderklausel

Die vorliegende Arbeit verwendet das generische Maskulinum zur sprachlichen Vereinfachung und besseren Lesbarkeit. Dies soll gleichermaßen die weibliche und/oder jegliche andere geschlechtliche Identität adressieren.

1 Einleitung

I Preview

Krisenkommunikation in der digitalen Gesellschaft

Was sind nachhaltige Kommunikationsprozesse und wie kann Nachhaltigkeit im Umgang mit Krisen bzw. Situationen mit hoher Komplexität Sicherheit schaffen? Welche Rolle spielen Netzwerke und Beziehungen dabei? Inwiefern beeinflussen eigendynamische Prozesse die Nachhaltigkeit von Kommunikation? Inwiefern ist das Verhältnis zwischen Eigendynamik und Nachhaltigkeit bei (Krisen-)Kommunikationsprozessen in Netzwerken reziprok? Wie bedingen diese sich? Wie lässt sich nachhaltige Krisenkommunikation unter Berücksichtigung von Komplexität und Invisible-Hand-Prozessen erklären und gestalten?

Krisen sind ein fester Bestandteil unseres Alltags. Durch das Web 2.0 offenbaren Vernetzungen den sowohl globalen als auch gleichzeitig lokalen Charakter weltweiter Entwicklungen. Jüngere Beispiele wie die durch das COVID-19-Virus ausgelöste Pandemie, aber auch ›klassischere‹ Unternehmenskrisen wie der Diesel-Abgas-Skandal des Volkswagenkonzerns verdeutlichen, wie sehr die Kommunikation über/in Krisen sich nicht nur lokal, sondern in Zeiten des Web 2.0 auch global manifestiert ist[1].

Krisen sind heutzutage (meist) nicht mehr punktuell, sondern in einem multilokalen (Kommunikations-)Netzwerk zu verstehen. Dies führt auch da-

1 Fußnoten dienen hier primär als Verweis auf weiterführende Anmerkungen und Ausführungen, die für das Verständnis inhaltlicher Überlegungen unterstützend, nicht aber als essenziell zu verstehen sind.

zu, dass Unternehmen durch soziale Netzwerke und vernetze Kommunikationsplattformen mit einer zunehmenden Komplexität von Krisen konfrontiert werden. Wie viele Praxisbeispiele der jüngeren Zeit zeigen, ist jede Krise auch gleichzeitig eine Kommunikationskrise und erfordert spezifische Maßnahmen des unternehmerischen Krisenmanagements.

Invisible-Hand-Prozesse und eigendynamische Entwicklungen einer zunehmend komplexen und vernetzten Umwelt stellen teils stark normierte Instrumente der organisationalen Krisenkommunikation in Frage und verlangen nach flexibleren Lösungsansätzen und Bewältigungsstrategien. Krisen sind meistens nicht prognostizierbar und Erklärungsansätze lassen sich oft erst im Nachhinein identifizieren, was betroffene Akteure vor zusätzliche Herausforderungen stellt. Daher werden insbesondere zu Krisenzeiten nachhaltig gedachte Handlungsansätze relevant, da reaktive Lösungen meist zu kurzfristig gedacht sind und bedeutsame zukünftige Handlungsspielräume eindämmen bzw. einschränken können.

Organisationen müssen zur Legitimitätssicherung, ihr ›Überleben‹ bzw. für den gesicherten Zugang zu Ressourcen, stets Ansprüchen ihrer vernetzten Umwelt gerecht werden. Zu Krisenzeiten wird dies besonders ersichtlich, da es gilt (veränderten) Ansprüchen bedeutsamer Stakeholder bzw. Akteure gerecht zu werden. Die Beziehungspflege bzw. – gestaltung zu (bedeutsamen) Akteuren ist daher ein Kernelement organisationalen Handelns und vollzieht sich kommunikativ. »Unternehmerischer Erfolg entscheidet sich […] in immer größerer Abhängigkeit von den Reziprozitäts- bzw. Netzwerkbeziehungen des jeweiligen Unternehmens« (Bolten 2018, S. 156).

Für den Erhalt von Glaubwürdigkeit, Reputation und Transparenz in Krisenzeiten sind daher beständige und langfristig angelegte Vertrauensbeziehungen unerlässlich, um Sicherheit in komplexen Situationen zu schaffen, in denen standardisierte Strukturen nicht mehr ›greifen‹ können.

1.1 Aktueller Stand der Forschung und Forschungslücke

Die Forschungsbestrebungen zur Erklärung und Gestaltung nachhaltiger (organisationaler) Krisenkommunikation, unter Berücksichtigung von Invisible-Hand-Prozessen, lassen sich interdisziplinär verorten und verlangen nach einer Berücksichtigung diverser Ansätze verschiedener Fachdisziplinen.

Die Krisenkommunikation erfreut sich insgesamt einer großen Fülle an Fach- und Praxisliteratur (vgl. Srugies 2016). Bereits in den 1970er Jahren wurden erste Untersuchungen ›kranker‹ Unternehmen bzw. Krisenursachenforschung betrieben (vgl. Krystek 1987). Unter der Prämisse, dass Kommunikation Krisen nicht nur beeinflussen, sondern auch auslösen bzw. verschlimmern kann, wurden zunehmend auch Kommunikationsperspektiven der Analyse von Unternehmenskrisen beigefügt (vgl. Löffelhoz & Schwarz 2008). Vor allem Fachbereiche der Kommunikationswissenschaft setzen sich mit Bedingungen und Strukturen der Krisenkommunikation auseinander. Hier werden Ergebnisse und Untersuchungen in institutionell, instrumentell und symbolisch-relational orientierte Krisenkommunikationsforschung unterschieden (Salzborn 2015, S. 28f.). ›Institutionelle Forschung‹ befasst sich primär mit Unternehmen und ihren Reaktionen auf Krisen und damit, welche Strukturen welche Effekte mit sich bringen können. ›Instrumentell orientierte‹ Ansätze fokussieren eher auf Instrumente zur Prävention und Vorbereitung der verschiedenen Phasen des Krisenmanagements (ebd.). Hier sind auch diverse Modellansätze zu verschiedenen Krisenphasen und Krisentypen zu verorten (vgl. Herbst 2004; Roselieb 1999; Hoffman & Braun 2008; Hillmann 2011; Salzborn 2015). ›Symbolisch-relationale‹ Forschung umfasst die eigentlichen Kommunikationsprozesse der Krisenkommunikation (z.B. die konkrete Ausgestaltung) und Beziehungen des Unternehmens werden beleuchtet (Salzborn 2015, S. 29). Somit liegt der Schwerpunkt der Arbeit primär auf ebendiesen symbolisch-relationalen Forschungen.

Neben zahlreichen US-amerikanischen Veröffentlichungen in diesem Bereich finden sich auch zunehmend Veröffentlichungen aus dem deutschen Raum (vgl. Löffelholz & Schwarz 2008). Wissenschaftlich fundierte Theoriebildungen zur Beschreibung von Unternehmenskommunikation zu Krisenzeiten lassen sich weniger finden und sind oft eher in deskriptiver und einzelfallorientierter Praxisliteratur zu verorten (vgl. Hofmann 2014; Hillmann 2011; Herrmann 2012).

Ansätze zur konkreten Gestaltung von Krisenkommunikation zur Beziehungspflege mit unternehmerischen Anspruchsgruppen finden sich u.a. in Modellierungen und Empfehlungen zur nachhaltigen Organisationskommunikation. Zerfaß (2007; 2010) beschreibt mit seinem Ansatz der integrierten Unternehmenskommunikation Möglichkeiten der langfristigen kommunikativen Beziehungspflege. Auch die Konversationsmaximen von Grice (1975) stellen klassische Empfehlungen für kommunikatives Verhalten dar und haben zahlreiche Erweiterungen erfahren (vgl. Petersen 2002; Wilson & Sperber 2004; Roche 2013; Brinker-von der Heyde et al. 2015). Viele Ansätze zur nachhaltigen Organisationskommunikation sind eher praxisorientiert, wie bspw.

das sog. *Slow Media Manifest* zum nachhaltigeren (Medien-)Denken für die Unternehmenskommunikation verdeutlicht (vgl. Blumtritt/David/Köhler 2010).

Jüngere Beiträge, die sich insbesondere auf die Unternehmenskommunikation *über* nachhaltiges Verhalten beziehen (Nachhaltigkeitskommunikation; vgl. Fieseler 2008; Brugger 2010; Nielsen et al. 2013; Faber-Wiener 2013), tragen allerdings auch zur wissenschaftlichen Ausdifferenzierung des Forschungsfeldes bei (vgl. Thießen 2011; 2014). Hier wird allerdings meist die Perspektive nachhaltiger Kommunikation *an sich* ausgeklammert (vgl. David 2013).

Insgesamt gesehen hat die wissenschaftlich fundierte Auseinandersetzung mit nachhaltiger Kommunikation (zu Krisenzeiten) weniger Beachtung bekommen. Zentral ist hierbei die Frage, *wie* Kommunikation zu Krisenzeiten nachhaltig werden bzw. sein kann und welche Kommunikationsformen ressourcenorientierte, wertschätzende und langfristige Beziehung etablieren bzw. pflegen können.

Die Betrachtung der Dynamik nachhaltiger Kommunikationsprozesse wird im heutigen Zeitalter zunehmend bedeutsamer, da gesellschaftspolitische Entwicklung z.T. massiv bspw. von sog. ›Fake News‹ beeinflusst werden. Eine wissenschaftliche systematische Auseinandersetzung mit Eigendynamik und (organisationaler) Krisenkommunikation fehlt allerdings bislang in der aktuellen Forschungslandschaft und lässt sich zunächst ansatzweise interdisziplinär erschließen. Viele Entwicklungen lassen sich hier zu einem großen Teil dem anglo-amerikanischen Raum zuschreiben. Grundlegende theoretische Ansätze für komplexe Entscheidungskontexte finden sich etwa im Bereich der Komplexitätsforschung (vgl. Lorenz 1963; Mandelbrot 1980; Crutchfield et al. 1986; Mainzer 2008; Füllsack 2011; Liening 2017). Etablierte Modelle zu dynamischen Entscheidungskontexten, wie bspw. das sog. *Cynefin-Modell* (vgl. Snowden 2000) haben zahlreiche Anwendungsbereiche, insbesondere im Unternehmenskontext (vgl. Laloux 2015) erfahren und lassen sich auch für die vorliegende Arbeit auf den Kontext der nachhaltigen Krisenkommunikation anwenden bzw. erweitern[2].

---

2 Die theoretische und systematische Auseinandersetzung mit eigendynamischen Kontexten beinhaltet ein Paradoxon, da Strukturierungsversuche im Widerspruch zur Prozesshaftigkeit des Forschungsgegenstands stehen. Hier entscheidet die Balance zwischen Anwendbarkeit und Abstraktion über den Mehrwert für Wissenschaft und Praxis.

An dieser Stelle stellt sich insbesondere für die Krisenkommunikation die Frage nach der Entstehung von Invisible-Hand-Prozessen im Rahmen des Web 2.0 und welche Rolle hierbei z.B. ›nicht-menschlichen-Akteuren‹ zukommt. Erklärungsansätze hierfür finden sich u.a. in der sog. *Akteur-Netzwerk-Theorie* (ANT) von Bruno Latour (2008). Auch ›klassischere‹ Ansätze, wie Theorien des symbolischen Interaktionismus von Blumer (1969), sowie die zirkulären Positionen des Konstruktivismus (Bardmann 1997) lassen Bezüge zu eigendynamischen kommunikativen Prozessen zu. Im Rahmen der relationalen Netzwerkforschung lassen sich bspw. Strukturelemente der sozialen Interaktion (Goffman 1955) einbinden.

Bereits seit den 1950er Jahren bildet Kommunikation als Beziehungsdimension von Netzwerken einen Gegenstand der Sozialen Netzwerkanalyse (vgl. Albrecht 2013). Aktuellere Untersuchungen von Kommunikationsnetzwerken untersuchen die Bedeutung interpersonaler Netzwerke für die Informationsweitergabe aktueller Geschehnisse (vgl. Schenk 1995; Hepp/Krotz/Moores/Winter 2006; Dehmer 2008; Dehmer/Emmert-Streib/Mehler 2011). *Wie* Kommunikation interpersonale Beziehungen beeinflussen kann wurde in zahlreichen Studien untersucht (vgl. Mische & White 1998; Monge & Contractor 2003; Hepp 2008).

Diese sozialrelationale Wende in der Netzwerkforschung wurde auch von Bearman, Moody und Faris (2002) vollzogen, indem sie versuchten über Narrationen von Ereignissen Abfolgen in Netzwerken zu rekonstruieren. Mit der Etablierung der Relationalen Soziologie begründete sich zudem auch eine Theorieperspektive der Netzwerkforschung, die keine normativen Strukturen oder Entscheidungskalküle beleuchtet, sondern vielmehr von relationalen Mustern, bzw. Beziehungsgefügen und Dynamiken ausgeht (vgl. Granovetter 1974; Abott 1995/2001; Barabási & Réka 1999; Bearman 1993; Fuhse & Schmitt 2010, Häußling 2010; Stegbauer & Häußling 2010; Stegbauer 2018). Der Untersuchungsgegenstand der computervermittelten Kommunikation ermöglicht es zudem Netzwerkanalysen nicht nur um Strukturanalysen, sondern auch um dynamischere Netzwerkmodelle zu erweitern, die dem Prozesscharakter der Kommunikation besser gerecht werden können (vgl. Albrecht 2013). Das Web 2.0 und sozialen Netzwerkseiten bieten hier einen wertvollen Untersuchungsgegenstand (vgl. Leskovec/Backstrom/Kleinberg 2009; Brandes et al. 2009; Stegbauer 2018). Hier lassen sich auch Arbeiten zu semantischen Netzwerken (vgl. Danowski 1993; Borge-Holthoefer & Arenas 2010) oder Zitationsnetzwerken (vgl. Price/de Solla 1965; Mehler 2007) und ihren Erweiterungen verorten.

Auch wenn die Übersicht zu Forschungen zu sozialen Netzwerkanalysen aus Kommunikationsperspektive keinen Anspruch auf Vollständigkeit erhebt, verdeutlicht sie den beziehungsgenerierenden Charakter von Kommunikation für bzw. in Netzwerken. Krisenkommunikation an sich hat hingegen noch keine wissenschaftlich fundierte Rolle in der Netzwerkforschung gefunden, auch wenn es vereinzelt Ansätze zur vernetzten Krisenkommunikation gibt, die aber eher Gesichtspunkte des Web 2.0 und nicht primär eine Netzwerktheoretische Perspektive für Kommunikationsformen zu Krisenzeiten implizieren (vgl. Schulz/Utz/Glocka 2012).

Die Perspektive der relationalen Netzwerkforschung bietet mögliche Erklärungsansätze, wie (soziale) Netzwerke mit Unsicherheit umgehen (z.B. zu Krisenzeiten). Frühere Ansätze hierzu finden sich bspw. in Studien von White, Boorman und Breiger (1976) oder Rosental et al. (1985) zu Kulturalisierungsprozessen in Netzwerken. Annäherungen von Netzwerk- und Kulturanalysen lassen sich bereits seit den 1990er Jahren finden und liefern Erweiterungen der Netzwerkanalyse im Sinne kultureller Kontextualisierung (vgl. Hepp 2008). Auch technologische Entwicklungen und Kontexte (z.B. Web 2.0) führten zu zunehmenden Analysen von ›Netzkulturen‹ (Castells 2001; Fuhse 2008; Hepp 2010; Stegbauer 2010; Stegbauer 2016). So hat bspw. Stegbauer (2018) digitale Kulturalisierungsprozesse am Beispiel von Shitstorms untersucht. Bei den meisten Ansätzen bleibt dabei allerdings die konkrete Art und Weise der Berücksichtigung von Kultur eher unklar (vgl. Hepp 2010) und die Übertragungsmechanismen kultureller Aspekte in Netzwerken bedürfen weiterer wissenschaftlich fundierter theoretischer Auseinandersetzungen.

Insgesamt lassen sich diverse Forschungsansätze und Untersuchungen dem Themenfeld der nachhaltigen Krisenkommunikationsprozesse in dynamischen Kontexten zuschreiben. Hier erweist sich eine interdisziplinäre Perspektive als gewinnbringend, wenngleich eine allumfassende Skizzierung bestehender und aktueller Forschung schwer möglich ist.

In der vorliegenden Arbeit soll daher in erster Linie mit relevanten Perspektiven und Ansätzen der Forschungslandschaft verschiedener Fachdisziplinen gearbeitet und ausschließlich theoretische Fundierungen, die explizit dem Forschungsinteresse dienlich sind, skizziert werden. Die Arbeit versucht daher Lücken in der wissenschaftlichen Diskussion nachhaltiger Krisenkommunikationsprozesse unter Komplexitätsberücksichtigung zu identifizieren und zu schließen.

1.2 Aufbau und Zielsetzung der Arbeit

Eigendynamische Prozessverläufe von Krisen und nicht vorhersehbare Invisible-Hand-Prozesse stellen (nicht nur) die organisationale Krisenkommunikation vor Herausforderungen. Diese Entwicklungen erfahren durch Vernetzungstrends im Kontext des Web 2.0 zunehmend an Auftrieb und Einfluss. Langfristige und flexible Lösungsansätze im Umgang mit größter Unsicherheit könnten hier eine Antwort sein, um essenzielle Handlungsspielräume zu Krisenzeiten erhalten und nutzen zu können. Die Gestaltung und Pflege nachhaltiger Beziehungen zu bedeutsamen Akteuren in der vernetzten Unternehmensumwelt könnte hierbei zentrale Aufgabe der Krisenkommunikation sein.

Dabei stellt sich die grundlegende Frage, *wie* sich nachhaltige Krisenkommunikation unter Berücksichtigung von Komplexität und Invisible-Hand-Prozessen erklären und gestalten lassen kann.

Ziel dieser Arbeit ist es in erster Linie ein wissenschaftlich fundiertes Verständnis komplexer Zusammenhänge für die nachhaltige Krisenkommunikation zu erarbeiten und mögliche Sensibilisierungsansätze aufzuzeigen.

Hierfür ist es notwendig zunächst ein grundlegendes Kommunikationsverständnis für die Arbeit theoretisch zu skizzieren. In **Kapitel 2** werden daher für die Fragestellung relevante theoretische Ansätze und Modelle dargestellt (Kapitel 2.2), um Kommunikation als reziproken, sozialen und dynamischen Prozess erfassen zu können. Hierfür wird insbesondere der reziproke und beziehungskonstituierende Charakter von Kommunikation unter Kulturalisierungsaspekten beleuchtet (Kapitel 2.3). Des Weiteren werden diese theoretischen Implikationen speziell für die organisationale Kommunikation angewandt und wesentliche Veränderungen und Herausforderungen im Kontext des Web 2.0 und Vernetzungstrends aufgeführt (Kapitel 2.4). Unerlässlich ist es hier eine organisationstheoretische Perspektive für unternehmerisches Verhalten und Handeln zu skizzieren (Kapitel 2.5). Dazu sollen Perspektiven des Neoinstitutionalismus insbesondere durch das etablierte Kommunikationsverständnis ergänzt und für Überlegungen zu Kontexten der Krisenkommunikation ›nutzbar‹ gemacht werden. Vor dem Hintergrund des genannten Erkenntnisinteresses wird dabei ein Krisenverständnis erarbeitet, welches die Krise als komplexen Prozess fasst und für dessen Konstitution und Verlauf die (Krisen-)Kommunikation eine zentrale Rolle spielt.

Diese Abschnitte bilden die Basis für Überlegungen zur Bedeutung der nachhaltigen Kommunikation im Kontext des Web 2.0 in **Kapitel 3**.

Zunächst werden dabei Kernelemente der Nachhaltigkeitsdiskussion und Trends historisch definiert und (kritisch) auf Organisationsperspektiven projiziert (Kapitel 3.1). Hierfür werden Parallelen zwischen Kulturalisierungsentwicklungen und nachhaltigen Prozessen identifiziert. Die Zusammenführung der Begrifflichkeiten Kommunikation und Nachhaltigkeit resultiert in der Skizzierung zweier wesentlicher Perspektiven. In dieser Arbeit soll es daher explizit um Kommunikation gehen, die selbst nachhaltig gestaltet ist und im Idealfall zu nachhaltigen Entwicklungen (z.B. in der Beziehungspflege zu Anspruchsgruppen) resultiert (Kapitel 3.2). Des Weiteren wurde die Relevanz nachhaltiger (Krisen-)Kommunikationsprozesse, insbesondere im Rahmen der Digitalisierung und ihrer Implikationen, beleuchtet (Kapitel 3.3).

Kommunikation in Zeiten des Web 2.0 lässt sich als komplexes System charakterisieren, welches sich u.a. durch invisible-Hand-Prozesse auszeichnet. In **Kapitel 4** wird daher die Perspektive auf nachhaltige Kommunikationsprozesse (zu Krisenzeiten) um die der Eigendynamik ergänzt. Dazu werden zunächst Grundzüge komplexer Kommunikation im Web 2.0 (Kapitel 4.1) sowie kommunikative eigendynamische Wandelprozesse beleuchtet (Kapitel 4.2). Anschließend werden relevante Theorien und interdisziplinäre Ansätze, insbesondere der Kommunikationswissenschaft und Soziologie, auf ihre Erklärungsanteile bezüglich kommunikativer eigendynamischer Prozesse überprüft und skizziert (Kapitel 4.3). Zur weiteren Darstellung komplexer (kommunikativer) Entscheidungskontexte wird das Cynefin-Modell genutzt (4.4) und durch kritische Überlegungen Kategorien für unsichere Handlungskontexte abgeleitet und erweitert. Darauf aufbauend wird eine bildliche Systematisierung entwickelt, die theoretische Erkenntnisse aus den vorangegangenen Abschnitten nutzt und durch das Erkenntnisinteresse um weitere theoretische Überlegungen und Kategorien, speziell für die Krisenkommunikation, ergänzt (Kapitel 4.5).

Überlegungen zu Kontexten der Krisenkommunikation basieren hier auch auf Annahmen der vernetzten Informationsgesellschaft und der daraus resultierenden gesteigerten Komplexität. In **Kapitel 5** wird daher das Forschungsinteresse bzgl. nachhaltiger, eigendynamischer Krisenkommunikationsprozesse um die Perspektive der Netzwerkforschung erweitert. Insbesondere Ansätze der relationalen Netzwerkforschung liefern einen wertvollen Betrachtungsfokus, wenn es darum geht, den Aufbau und die Pflege sozialer Strukturen zu analysieren (Kapitel 5.1). Ansätze und Überlegungen zu komplexen Mustern und Wirkungsweisen von Beziehungsgeflechten von Netzwerken wurden theoretisch skizziert (Kapitel 5.2) und

Abbildung 1: Aufbau und Fragestellungen der Arbeit
Wesentliche Zielsetzungen und Grundstruktur der Arbeit

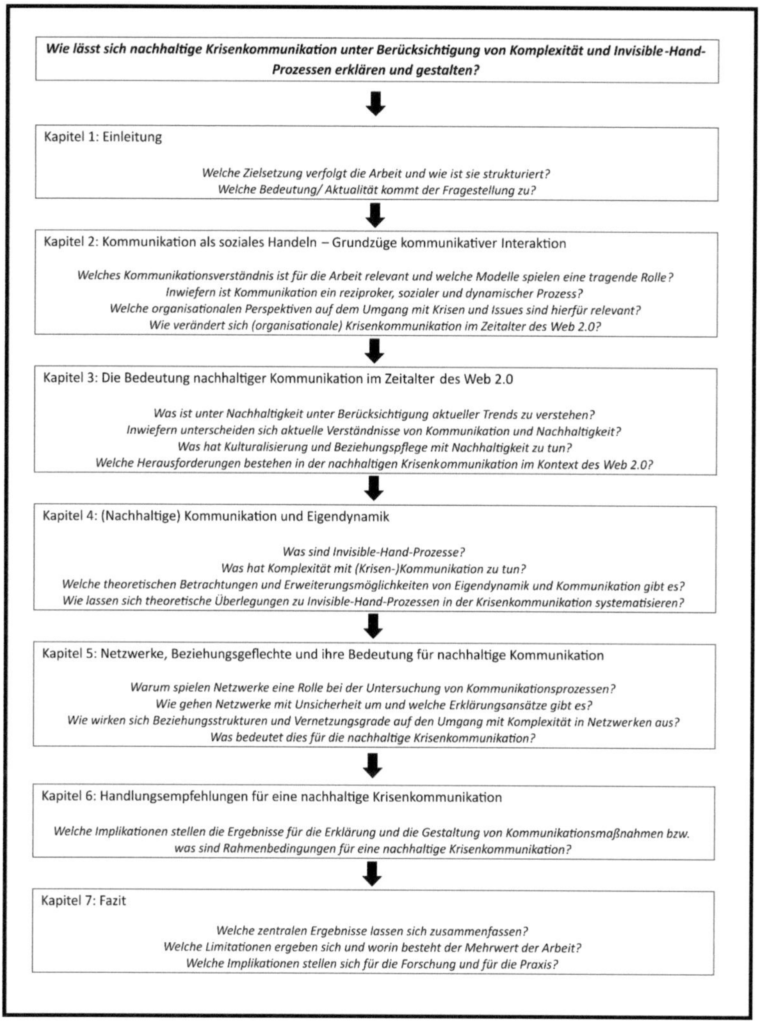

Wie lässt sich nachhaltige Krisenkommunikation unter Berücksichtigung von Komplexität und Invisible-Hand-Prozessen erklären und gestalten?

Kapitel 1: Einleitung

Welche Zielsetzung verfolgt die Arbeit und wie ist sie strukturiert?
Welche Bedeutung/ Aktualität kommt der Fragestellung zu?

Kapitel 2: Kommunikation als soziales Handeln – Grundzüge kommunikativer Interaktion

Welches Kommunikationsverständnis ist für die Arbeit relevant und welche Modelle spielen eine tragende Rolle?
Inwiefern ist Kommunikation ein reziproker, sozialer und dynamischer Prozess?
Welche organisationalen Perspektiven auf dem Umgang mit Krisen und Issues sind hierfür relevant?
Wie verändert sich (organisationale) Krisenkommunikation im Zeitalter des Web 2.0?

Kapitel 3: Die Bedeutung nachhaltiger Kommunikation im Zeitalter des Web 2.0

Was ist unter Nachhaltigkeit unter Berücksichtigung aktueller Trends zu verstehen?
Inwiefern unterscheiden sich aktuelle Verständnisse von Kommunikation und Nachhaltigkeit?
Was hat Kulturalisierung und Beziehungspflege mit Nachhaltigkeit zu tun?
Welche Herausforderungen bestehen in der nachhaltigen Krisenkommunikation im Kontext des Web 2.0?

Kapitel 4: (Nachhaltige) Kommunikation und Eigendynamik

Was sind Invisible-Hand-Prozesse?
Was hat Komplexität mit (Krisen-)Kommunikation zu tun?
Welche theoretischen Betrachtungen und Erweiterungsmöglichkeiten von Eigendynamik und Kommunikation gibt es?
Wie lassen sich theoretische Überlegungen zu Invisible-Hand-Prozessen in der Krisenkommunikation systematisieren?

Kapitel 5: Netzwerke, Beziehungsgeflechte und ihre Bedeutung für nachhaltige Kommunikation

Warum spielen Netzwerke eine Rolle bei der Untersuchung von Kommunikationsprozessen?
Wie gehen Netzwerke mit Unsicherheit um und welche Erklärungsansätze gibt es?
Wie wirken sich Beziehungsstrukturen und Vernetzungsgrade auf den Umgang mit Komplexität in Netzwerken aus?
Was bedeutet dies für die nachhaltige Krisenkommunikation?

Kapitel 6: Handlungsempfehlungen für eine nachhaltige Krisenkommunikation

Welche Implikationen stellen die Ergebnisse für die Erklärung und die Gestaltung von Kommunikationsmaßnahmen bzw. was sind Rahmenbedingungen für eine nachhaltige Krisenkommunikation?

Kapitel 7: Fazit

Welche zentralen Ergebnisse lassen sich zusammenfassen?
Welche Limitationen ergeben sich und worin besteht der Mehrwert der Arbeit?
Welche Implikationen stellen sich für die Forschung und für die Praxis?

auf eigendynamische Kontexte übertragen. Dazu werden bedeutsame Anhaltspunkte in der relationalen Netzwerkforschung identifiziert, die den Umgang mit Komplexität und Unsicherheiten (z.B. zu Krisenzeiten) beleuchten (Kapitel 5.3). Auf Grundlage der erarbeiteten Erkenntnisse wird anschließend die nachhaltige Krisenkommunikation in Netzwerken erläutert und dargestellt (Kapitel 5.4) sowie Implikationen für Rahmenbedingungen und Sensibilisierungsmaßnahmen nach Handlungskontexten skizziert.

Kapitel 6 dient dazu, auf Grundlage vorangegangener Abhandlungen wesentliche Punkte und Kernaussagen im Rahmen des Erkenntnisinteresses als Empfehlungen für eine nachhaltige Krisenkommunikation darzustellen. Hierfür werden wesentliche Erkenntnisse und Ergebnisse der Arbeit zusammengefasst und als Handlungsempfehlungen zur Sensibilitätssteigerung dargestellt.

Abschließend werden in **Kapitel 7** zentrale Ergebnisse knapp skizziert (Kapitel 7.1) und grundlegende Limitationen und Erkenntnisgewinne der Arbeit umrissen (Kapitel 7.2). Hierfür wurde zwischen Implikationen für Forschung und Praxis unterschieden.

Zentrale Zielsetzungen und Fragestellungen werden in Abbildung 1 dargestellt und skizzieren den Aufbau der Arbeit.

1.3 Methodisches Vorgehen

Die Arbeit basiert auf einem umfassenden interdisziplinären Literaturstudium, wobei insbesondere Publikationen der Kommunikationswissenschaft (verstärkt im Bereich der symbolisch-relationalen Krisenkommunikation), der interkulturell angewandten Forschung, der relationalen Netzwerkforschung sowie der Komplexitätsforschung berücksichtigt wurden. Grundlage der Arbeit bilden daher verschiedene theoretische Einschläge und Richtungen, die – der Fragestellung entsprechend – zusammengeführt wurden. Die verwendete Literatur diente in erster Linie dazu, grundlegende Charakteristika der Disziplinen zu skizzieren und ist nicht als erschöpfend anzusehen, da bspw. auch historische Abrisse nur in einem der Fragestellung entsprechenden Ausmaß dargestellt wurden.

Interdisziplinarität spielt eine zunehmend bedeutsame Rolle in der aktuellen nationalen und internationalen Forschungslandschaft (z.B. Interkulturelle Wirtschaftskommunikation, Sozialpsychologie, Wirtschaftspsychologie, Biochemie usw.) und lässt aufschlussreiche Synergien von Natur- und

Geistes- bzw. Sozialwissenschaften zu (bspw. in der Netzwerkforschung). Für diese Arbeit konnten so Problemstellungen und Erkenntnisgewinne über disziplinäre Grenzen hinaus identifiziert werden.

Viele Problemstellungen, bspw. in der Komplexitätsforschung werden eher allgemein dargestellt. Ziel der Arbeit sollte es hier sein, die verschiedenen theoretischen Ansätze systematisch zusammenzuführen und um Überlegungen zur nachhaltigen Kommunikation zu Krisenzeiten zu ergänzen.

Hierfür wurden abschnittweise ausgewählte Theorien der Sozial- und Verhaltenswissenschaften (insbesondere auch der Kommunikationswissenschaft) identifiziert und auf ihr Erklärungspotenzial von Invisible-Hand-Prozessen bzw. eigendynamischen Kommunikationsprozessen überprüft und systematisiert. Im nächsten Schritt wurde versucht Lücken der Diskussion zu schließen bzw. Ergänzungen vorzunehmen. Eine Systematisierung vorhandener Erklärungsansätze und Modelle (z.B. des Cynefin-Modells) konnte hier genutzt werden, um Erkenntnisse speziell für die Krisenkommunikation unter Nachhaltigkeits- und Komplexitätsaspekten zu gewinnen und diese weiterzuentwickeln. Ziel war es hier in erster Linie wissenschaftlich fundierte Erklärungsansätze zu identifizieren und zu erweitern, sowie abschließend auch praxisnähere Sensibilisierungsstrategien zu erarbeiten.

Die Literaturrecherche und -aufführungen sind auch als *eine* Perspektive bzw. ein Ansatz zur möglichen Bearbeitung der Fragestellungen zu verstehen. Aufgeführte Literaturangaben der berücksichtigten Quellen, lassen allerdings auch darauf schließen, dass ein prägnanter Teil der relevanten Literatur für die Arbeit erfasst und gesichtet wurde. Die Literaturarbeit konnte in diesem Sinne sowohl Lücken in der wissenschaftlichen Diskussion identifizieren als auch vorhandene Ansätze zusammenführen und erweitern. Anknüpfende empirische Untersuchungen könnten Aufschluss über die Umsetzbarkeit erarbeiteter Systematisierungen liefern. Diese konnten im Rahmen der Arbeit allerdings nicht realisiert werden.

2 Die Grundzüge kommunikativer Interaktion

»Was menschliche Kommunikation ist und wie menschliche Kommunikation funktioniert, wissen wir alle« (Heringer 2014, S. 9).

II Preview

Kommunikation ist komplex und umfasst eine Fülle an Verständnissen und Definitionsmöglichkeiten. Auch für die organisationale Kommunikation stellt sich – insbesondere in Krisenzeiten – die Frage nach einem verbindlichen Kommunikationsverständnis, welches in Zeiten des Web 2.0 bestehen und Phänomenen wie dem ›Dark Social‹ und den ›Fake News‹ begegnen kann.
Im folgenden Kapitel soll geklärt werden, wie sich der Kommunikationsbegriff aus theoretischer und praktischer Sicht konstituieren lässt und welche Rolle Kommunikation in sozialen und dynamischen Prozessen im Zeitalter des Web 2.0 zukommt.

Der Begriff der Kommunikation weist eine inflationäre Definitionsvielfalt auf (vgl. Bolten 2018; Röhner & Schütz 2016) und lässt sich daher nicht erschöpfend fassen. Ursprünglich lässt sich der Begriff auf das lateinische Wort ›communicare‹ zurückführen, welches so viel wie ›Mitteilung‹ oder ›Unterredung‹ bedeutet (Röhner & Schütz 2016, S. 2).

Resultierend aus verschiedenen Kommunikationsmetaphern, dem Wandel der Bedeutung des Kommunikationsbegriffes und der Berücksichtigung nicht direkt beobachtbarer Kommunikationsaspekte, entstand eine Fülle von Definitionen des Begriffes ›Kommunikation‹. Bis heute wächst die Anzahl an Definitionen stetig und der Kommunikationsbegriff erfährt immer neue Bedeutungszuschreibungen (Röhner & Schütz 2016, S. 5).

Matuszek (2013) sieht Kommunikation als grundlegende Notwendigkeit für jeglichen Informationsaustausch. Zwar lässt sich Kommunikation als universelles Phänomen betrachten, allerdings unterscheiden sich Erklärungsansätze, nicht nur interdisziplinär, teilweise massiv. Für naturwissenschaftliche Fachrichtungen stehen überwiegend funktionale Aspekte der Kommunikation im Vordergrund. Geisteswissenschaften befassen sich hingegen eher mit Kommunikationsinhalten. Für Verhaltenswissenschaften spielen wiederum eher Besonderheiten zwischenmenschlicher Bezeigungen eine Rolle: »Sie alle sind daher auch im weitesten Sinne Kommunikationswissenschaftler. Je nachdem, unter welchen Gesichtspunkten sie Kommunikationsprozesse untersuchen, werden sie allerdings zu verschiedenen Ergebnissen gelangen« (Bolten 2018, S. 11).

2.1 Kommunikation als Begriff

Unter Kommunikation können demnach unterschiedliche Arten der Informationsvermittlung von Dialogen von Angesicht zu Angesicht (face-to-face) bis hin zum einseitigen Rezipieren von Werbeinhalten über Massenmedien verstanden werden (Röhner & Schütz 2016, S. 2).

Cooley (1909, S. 61) bezeichnet Kommunikation als Mechanismus, durch den menschliche Beziehungen erst verwirklicht und realisiert werden können. Dieser Mechanismus umfasst ebenso Symbole, wie Mimik, Gestik, Stimmlage, Wortwahl, Geschriebenes sowie auch das Medium der Übermittlung, über Zeit und Raum hinweg.

Der Kommunikationsbegriff an sich ist auch deshalb schwer fassbar, weil er sich im ständigen Wandel befindet. In der Literatur finden sich nicht nur Anpassungen inhaltlicher Schwerpunkte, sondern auch zunehmend umfangreichere Definitionsversuche. Wo vor der Einführung und Entwicklung von Computertechnologie und Internet insbesondere Briefverkehr, Telegramm und Telefonie unter medienvermittelter Kommunikation verstanden wurden, bilden Chatten, E-Mail-Kommunikation, Kommunikation via Microblogs und sozialen Netzwerkseiten aktuell einen festen Bestandteil der Definition (Röhner & Schütz 2016, S. 4).

Den Begriff der Kommunikation verwendeten bereits Shannon und Weaver (1964, S. 3f.) für ein breites Spektrum und betitelten hiermit Prozeduren, die von jemandem ausgelöst jemand anderen beeinflussen können: »In some connections it may be desirable to use a still broader definition of communication, namely, one which would include the procedures by means of which one mechanism (...) affects another mechanism (...)« (Shannon & Weaver 1964, S. 3). Dies umfasst nicht nur die schriftliche und mündliche Sprache, sondern auch Musik, Ausdrücke von Kunst, wie Tanz und Theater – mit anderen Worten alles menschliche Verhalten (ebd.). Auch Heringer (2014, S. 11) betitelt jegliche Form der Beeinflussung eines Systems durch ein anderes als Kommunikation.

Ein weiterer Grund für die Vielfalt des Kommunikationsbegriffes ist der Einbezug nicht direkt beobachtbarer Bestandteile der Kommunikation. Eine Kommunikationssituation unter Menschen kann für einen Außenstehenden nur teilweise wahrgenommen werden. Kognitive und affektive Prozesse, wie etwa die Bildung einer Meinung sowie resultierende Reaktionen mit unmittelbarer (z.B. Lachen) oder langfristiger Auswirkung (z.B. Veränderung von Einstellungen), sind für Beobachtende zunächst nicht direkt einsehbar (Röhner & Schütz 2016, S. 4).

Die kontinuierlich und stetig wachsende Anzahl und Möglichkeiten verschiedener Kommunikationsformen lassen dennoch die Identifikation von Schwerpunktbereichen zu.

Kommunikation hat jedenfalls einen Ausdrucks- und Mitteilungseffekt. Laut Schützeichel (2015, S. 49) handelt es sich um eine durch die bedeutungsgleiche Verwendung von Symbolen herbeigeführte Austauschbeziehung zwischen Menschen.

Auch Burkart (2003, S. 17) definiert Kommunikation als einen »Proze[ss] der Bedeutungsvermittlung zwischen Lebewesen«. Kommunikation dient in diesem Sinne dazu, Bedeutungen und Sinn zu stiften, bzw. die jeweilige Interpretation ebendieser gemeinsam zwischen Sender und Empfänger zu teilen (Sellnow & Seeger 2013, S. 11).

Hierbei handelt es sich nicht um etwas Statisches, sondern vielmehr um ein Geschehen, einen dynamischen Vorgang, der sich zwischen mindestens zwei Lebewesen ereignen muss (Burkart 2003, S. 17). »Ein kommunikatives Handeln (oder Verhalten) nur eines einzigen Menschen (oder Tieres) kann einen derartigen Proze[ss] bestenfalls initiieren, stellt ihn jedoch nicht dar« (ebd.). Keller (1994, S. 104) stellt Kommunikation als jedes intentionale Verhalten dar, das in der Absicht vollzogen wird, dem anderen auf eine »offene Weise etwas zu erkennen zu geben«.

Zusammengefasst verfügt der Begriff der Kommunikation über eine große Anzahl an Definitionsmöglichkeiten. Vielen Definitionen ist allerdings gemein, dass Kommunikation als ein Prozess der Bedeutungsvermittlung zwischen mindestens zwei Lebewesen verstanden wird, bzw. es einen sendenden Akteur, eine Nachricht und einen empfangenden Akteur gibt.

2.2 Kommunikationstheoretische Grundlagen

»Kommunikation ist als soziale Handlung mindestens so alt wie die Menschheit, als wissenschaftliches Thema jedoch noch (vergleichsweise) recht jung« (Rommerskirchen 2017, S. 111). Das Erkenntnisinteresse an Kommunikation verdichtet sich erst zu Beginn des 20. Jahrhunderts zu den ersten theoretischen Erklärungsversuchen und Kommunikationsmodellen (ebd.). Mit der ›kommunikativen Wende‹ in den 1970er Jahren rückten grundlegende soziologische Theorien (vgl. Habermas 1981; Luhmann 1975), ihren Fokus auf Kommunikation und rückten diese in den Mittelpunkt der theoretischen Reflexion sozialer Phänomene. Die soziologische Theorie räumt der Kommunikation zunehmend eine zentrale Rolle ein und ist so auch als kommunikationsbewusst zu bezeichnen (vgl. Schützeichel 2015).

Charles H. Cooley und Charles Sanders Peirce begründen mit ihrem pragmatischen Ansatz die Entstehung der nordamerikanischen Soziologie (Rommerskirchen 2017, S. 111). Bedeutsame Bereiche der Soziologie wurden in diesem Zuge miteinander verknüpft und soziale Phänomene in ihrer Komplexität transparent gemacht. Ferdinand de Saussure gilt als Begründer der modernen Linguistik und entwarf durch seinen strukturalistischen Ansatz ein einflussreiches Modell der Sprache als Zeichensystem (Saussure 1916). Dennoch blieben die Annahmen über Kommunikation auch danach noch weitgehend heterogen.

Claude E. Shannon und Warren Weaver (1964) veranlasste der damalige technische Fortschritt zur Erstellung ihres Sender-Empfänger- Modells, das den Kommunikationsprozess auf die Vermittlung von Informationen reduziert und heute aufgrund seiner Monolinearität kritisiert wird. Charles W. Morris (1964) erweiterte das Konzept der Kommunikation um die pragmatische Ebene und verknüpfte in seinem Diskurs zur Semiotik Kommunikation mit sozialem Handeln (Rommerskirchen 2017, S. 111). Untermauert wird dieses Konzept etwa durch den Pragmatismus und die Psychologie, die die Bedeutung von Zeichen und die Interpretation von Symbolen als Grundlagen menschlicher Kommunikation verstehen (ebd.).

Aus theoretischer Perspektive lassen sich hierbei drei wesentliche Ebenen von Kommunikation identifizieren und verdichten – die informationstechnologisch-mediale Ebene, die Inhaltsebene (Was?) und die Beziehungsebene (Wie? Wozu?; Bolten 2018, S. 12ff.).

Diesen Ebenen wiederum lassen sich eine Vielzahl an Modellen und Theorien zuordnen. Im Folgenden sollen aus Übersichtszwecken exemplarische Modellperspektiven genannt werden, die für das verwendete Kommunikationsverständnis von Relevanz sind. Röhner & Schütz (2016) unterscheiden zwischen sog. *Encoder-/Decoder-Modellen, Intentionalen Modellen, Dialog-Modellen* und *Modellen der Perspektivübernahme.*

Encoder-/Decoder-Modelle zielen auf die informationstechnologische Ebene ab und verstehen unter Kommunikation einen Prozess, bei dem Informationen mit Hilfe von Codes (z.B. Sprache) verschlüsselt bzw. encodiert werden. Verschlüsselte Informationen werden über den jeweiligen Kommunikationskanal zu den Empfängern der Botschaft geleitet und müssen wiederum entschlüsselt bzw. decodiert werden (Röhner & Schütz 2015, S. 15). Hier wird überwiegend auf ein Verständnis bezüglich der Verschlüsselung (Encodierung), Übertragung und Entschlüsselung (Decodierung) von Botschaften abgezielt und versucht Erklärungen dafür zu finden, wie eine Botschaft optimal übermittelt werden kann (ebd.). In diesem Rahmen können auch mögliche Störquellen thematisiert werden, um einen verbesserten Kommunikationsablauf zu erzielen (Conti 2012, S. 27). Ein klassisches Encoder-Decoder-Modell ist bspw. das Sender-Empfänger-Modell von Shannon und Weaver (1964; siehe Kapitel 2.2.1).

Auf der Inhaltsebene der Kommunikation lassen sich Intentionale Modelle verorten. Sie fokussieren eher auf die »Absicht des Kommunikators, dem Rezipienten das ›Gemeinte‹ zu übermitteln« (Röhner & Schütz 2016, S. 15). Grundlegend ist hierbei die Frage, *wie* Kommunikation gelingen kann. Ein prägnantes Beispiel für Intentionale Kommunikationsmodelle bildet die Sprechakt-Theorie von Saussure (1916; vgl. 2.2.2).

Modelle der Perspektivübernahme beschäftigen sich hingegen laut Röhner & Schütz (2016) vor allem mit der Frage, wie Menschen einander besser verstehen können. »Hier geht es auch um die Bereitschaft der Beteiligten, die Situation mit den Augen des anderen zu betrachten« (ebd.). Goffman (1971) thematisiert diese Perspektivenübernahme in seiner Theorie der symbolischen Interaktion (vgl. 2.2.3).

Dialog-Modelle zielen auf die Beziehungsebene der Kommunikation und versuchen zu erklären, wie gemeinsame Wirklichkeit konstruiert wird bzw. werden kann (Röhner & Schütz 2016, S. 15f.).

Diese genannten wesentlichen Modell-Typen der Kommunikationsforschung und die erfolgte Auswahl exemplarischer zugehöriger Modelle sollen hier eine Orientierungsfunktion erfüllen und Aufschluss über den Kommunikationsbegriff in Bezug auf die übergeordnete Fragestellung geben.

Folglich gibt es zahlreiche Modelle zur Erklärung des Prozesses der Kommunikation, welche sich im Hinblick auf ihre wissenschaftliche Tradition, Komplexität und inhaltlichen Schwerpunkte unterscheiden. Im Folgenden sollen exemplarisch kommunikationstheoretische Ansätze erläutert und das in der Arbeit genutzte Kommunikationsverständnis skizziert werden.

2.2.1 Sender-Empfänger-Modell (Shannon & Weaver)

Das als Transmissionsmodell bezeichnete Kommunikationsmodell von Shannon und Weaver lässt sich zu Encoder-Decoder-Modellen zählen. Ihr Aufsatz von 1964 »The Mathematical Theory of Communication« zielte im Wesentlichen darauf ab, *wie* Informationen durch angepasste Kanäle ›besser‹ übertragen werden können. Als fundamentales Problem wurde dabei die genaue Reproduktion von Mitteilungen zu verschiedenen Zeitpunkten identifiziert. »The system must be designed to operate for each possible selection, not just the one which will actually be chosen since this is unknown at the time of design« (Shannon & Weaver 1964, S. 31). Dieses informationstechnologische Verständnis von Kommunikation stellt primär die Optimierung des Informationsflusses in den Vordergrund. Kommunikation wird in einem mathematischen Sinne als die Übertragung von Informationen von einem Sender zu einem Empfänger innerhalb eines Kanals verstanden, der mit bestimmten Störquellen[1] konfrontiert sein kann (ebd.). Das aus der behavioristischen Psychologie und an Anlehnung an Reiz-Reaktions-Modelle[2] entwickelte Verständnis des Sender-Empfänger-Modells wird einer relationaleren Auffassung von Kommunikation nicht gerecht; u.a. da die Inhalte der Kommunikation hierbei vernachlässigt werden. Hierbei werden auch dem Sinn, den Bedeutungskontexten und den Inhalten der Kommunikation keine Beachtung geschenkt.

Dennoch sind Ansätze ebensolcher Modelle für ein holistisches Kommunikationsverständnis bedeutsam, da auch aktuelle Kommunikationsszenari-

---

1 Die Autoren nennen in diesem Zusammenhang den Begriff des ›Rauschens‹, der alles umfasst, »was von der Informationsquelle her nicht vorgesehen ist« (Conti 2012, S. 27).

2 Jedes kommunikative Verhalten löst eine Reaktion aus (ob es sich nun nur um die Encodierung handelt oder eine kommunikative Antwort).

en (z.B. im Internet) medial geformt sind und bzw. durch die Existenz oder Abwesenheit von Kommunikationskanälen konstituiert werden (Bolten 2018, S. 13). Meist wird dieser Umstand beteiligten Akteuren erst beim Auftreten von Problemen, z.B. Störquellen wie Serverausfall oder Funklöchern, bewusst (ebd.). Kommunikation wird in diesem Sinne als asymmetrische Transmissionshandlung verstanden, in der der Empfänger keine aktive Möglichkeit hat, auch als Sender zu fungieren. »Man kann in diesem Fall auch von einer Form der Einbahnstraßenkommunikation sprechen« (Bolten 2018, S. 17).

Für den zur Bearbeitung der Fragestellung genutzten Kommunikationsbegriff ist das Modell insofern von Bedeutung, als Kommunikation u.a. auch als Reiz-Reaktions-Mechanismus verstanden werden kann und oft in der gängigen Praxis, z.B. von Unternehmen, auch immer noch so verstanden und instrumentalisiert wird. Auch für die Krisenkommunikation spielt dieses Verständnis heute noch bis zu einem gewissen Grad eine Rolle und sollte kritisch überprüft werden.

2.2.2 Die Sprechakt-Theorie (Saussure)

Richtet sich die Perspektive auf den inhaltlichen Aspekt von Kommunikation, wird ersichtlich, dass nicht nur Worte, sondern auch alle anderen Formen von Zeichen, wie Gesten oder Laute auch inhaltsvermittelnde Funktionen besitzen (Bolten 2018, S. 14f.). Zeichen können natürlichen Ursprungs oder künstlich geschaffen sein. Indem Zeichen (bspw. Wörter) etwas repräsentieren, übernehmen sie eine symbolische Funktion. Entscheidend hierfür ist, dass es sich um konventionalisierte Zeichen einer Sprachgemeinschaft handelt und ein gemeinsames ›Zeichenrepertoire‹ der Kommunizierenden zur Verständigung vorhanden ist (ebd.). Zeichen sind laut Ferdinand de Saussure dabei scheinbar willkürlich zugeordnet[3]:

3 Von besonderer Bedeutung ist in diesem Zusammenhang die These der ›Arbitrarität‹ sprachlicher Zeichen. Nach Saussure (1916) weisen Zeichen eine bilaterale und dyadische Struktur auf. »Das Zeichen bezeichnet ein Ganzes, welches ein Signifikat und einen Signifikanten enthält. Der Signifikant ist das Lautbild, das Signifikat die Vorstellung. Das Zeichen ›Fußball‹ weist also zum einen das phonetische Lautbild Fußball, zum anderen die Vorstellung eines Fußballes auf« (Schützeichel 2015, S. 39). Zeichen sind arbiträr, da jegliche Zusammenhänge zwischen Signifikanten und Signifikat, nicht natürlich, sondern konventionell, sind (ebd.).

> »Das Band, welches das Bezeichnete mit der Bezeichnung verknüpft, ist beliebig; und da wir unter Zeichen das durch die assoziative Verbindung einer Bezeichnung mit dem Bezeichneten erzeugte Ganze verstehen, so können wir dafür auch einfacher sagen: das sprachliche Zeichen ist beliebig« (Saussure 1916, S. 79)[4].

Mit Hilfe des Mediums ›Sprache‹ ist es möglich, eine potenziell unbegrenzte Vielzahl an sprachlichen Zeichen zu entwickeln (Burkart 2003, S. 23).

Saussures Theorie der Sprache als Zeichensystem in seinem Werk »Cours de linguistique générale linguistique générale«, versteht Sprache daher als abstraktes übergeordnetes System von Zeichen (*langue*) in dem das eigentliche Sprechen (*parole*) losgelöst untersucht werden kann. Dieses eher inhaltsbezogene Kommunikationsverständnis unterstreicht den Symbolcharakter der menschlichen Kommunikation und erfreut sich auch heute noch großer Beliebtheit, insbesondere in der sprachwissenschaftlichen Forschung.

Kommunikation wird nicht mehr nur als handlungsauslösender Prozess, sondern vielmehr selbst als Handlung begriffen. Kommunikation ist somit auch handlungskonstituierend.

2.2.3 Kommunikation als symbolische Interaktion (Goffman)

Eine systemische Sichtweise des Verhältnisses von Sender und Empfänger begründete Ervin Goffman mit seinen Werken zur sozialen Interaktion, die sich Modellen der Perspektivübernahme zuordnen lassen. Laut Goffman ist der Sender einer Information immer auch gleichzeitig Empfänger ebendieser und umgekehrt (Goffman 1971, S. 26). »(...) [P]articipants are described simultaneously as senders and receivers, transacting and co-creating meaning through the ongoing and simultaneous exchange of a variety of messages using multiple of channels« (Sellnow & Seeger 2013, S. 11). Diese Rückkopplung veranlasst kommunizierende Individuen dazu, sowohl Informationen zu empfangen als auch die von ihnen selbst kommunizierten Informationen zu verarbeiten und eine gewisse Informationskontrolle auszuüben (Bolten 2018, S. 17). Hier ist es daher nahezu unmöglich sich die soziale Welt ohne Kommunikation zu erschließen (vgl. Weick 1995). Laut Goffman (1955, S. 5) eignet sich vielmehr jedes Individuum durch Sozialisation Deutungsmuster für

---

4 Ähnliche Erkenntnisse begründete Chomsky (1957) mit der Unterscheidung von ›Kompetenz‹ und ›Performanz‹ in Bezug auf die Autonomie der Linguistik bzw. der Autonomie der Syntax.

seine (symbolische) Umwelt an: »[E]very person lives in a world of social encounters«. So gewinnen Kontinuität und Legitimation erst durch wiederholte Interaktionen an Bedeutung: »(…) [C]ommunication is both dynamic and cumulative in that it is heavily influenced by past experiences« (Seelnow & Seeger 2013, S. 11).

Hierbei können sich sowohl die Kontextbedingungen der Kommunikation über die Zeit hinweg verändern als auch bestehende symbolische Umwelten von Anfang an unterschiedlich sein und als Quelle für Missverständnisse bspw. durch nicht übereinstimmende Zeichenrepertoires der Kommunizierenden identifiziert werden (vgl. Goffman 1971).

Kommunikation wird hier ebenso durch den Kontext der Kommunizierenden als auch durch den Kontext der Kommunikation selbst beeinflusst (Seeger & Sellnow 2013, S. 12).

Durch die Verwendung eines interaktionalen Kommunikationsbegriffs erlangt der Aspekt der interpersonalen Beziehungsgestaltung an Bedeutung. Mit jeder interpersonalen kommunikativen Handlung wird daher die Beziehungsebene der Beteiligten Akteure (neu) definiert und beeinflusst die weitere Gestaltung der Inhaltsebene. Kommunikation ist somit beziehungsgenerierend bzw. beziehungsformend. Dies beschreibt Luhmann (1975) als selbstreferenzielle Kommunikationsprozesse, in dem eine neue kommunikative Einheit immer auch aus der Rekursivität auf ein anderes kommunikatives Ereignis entsteht (Bolten 2018, S. 19).

Watzlawick stellte kommunikative Interaktion in diesem Zusammenhang als interdependentes Zusammenspiel von Inhalts- und Beziehungsebene dar. Der Inhaltsaspekt übermittelt die ›Daten‹ und der Beziehungsaspekt gibt an, wie diese Daten aufzufassen sind (Watzlawick/Beavin/Jackson 2003, S. 55f.). Die Interdependenz von Inhalts- und Beziehungsebene lässt sich gut in der Wirtschaftskommunikation beobachten, etwa wenn häufig scheinbar irrationale Schwankungen von Börsenkursen nachvollzogen werden. So ist der ›Blasen-Effekt‹ des Marktes zu Beginn des 21. Jahrhunderts ein prägnantes Beispiel dafür, was im engeren Sinne unter dem Begriff der Investor Relations kontinuierlich und strategisch praktiziert wird (Bolten 2018, S. 19).

Die systemische Perspektive, wie sie hier erläutert wurde, beinhaltet einen weiteren zentralen Aspekt der Kommunikation – die nicht-menschliche Kommunikation (z.B. bei Börsenschwankungen), die im Folgenden näher diskutiert werden soll.

2.2.4 Nicht-menschliche Kommunikation (Latour)

Kommunikation kann unabhängig davon entstehen, ob Menschen (direkt) beteiligt sind oder nicht, d.h. Kommunikation muss nicht immer menschlich sein. Neben Menschen besitzen auch Dinge Handlungskraft[5]. Auch andere Organismen, wie tierische oder pflanzliche Zellen können miteinander kommunizieren bzw. tauschen Informationen aus. Aber auch nicht-lebende Systeme/Mechanismen können kommunizieren: »Ozonlöcher, Mikroben, Reagenzgläser, Computer bilden mit Menschen ein großes Kollektiv. Wenn wir handeln, treten grundsätzlich andere Kräfte in Aktion. Nur in den kurzen Momenten, in denen neue Assoziationen von Dingen und Menschen entstehen, [ist] das Soziale erkennbar« (Ruffing 2009, S. 7).

Ein gutes Beispiel hierfür liefern, wie bereits erwähnt, scheinbar irrationale Aktienentwicklungen und Kursschwankungen auf Börsenmärkten. Bruno Latour (1994) spricht hier von der sog. *technischen Mediation*. Technische Mediation betitelt den Umstand, dass Entwicklungen nicht immer steuerbar sind. »(…) [T]hings have gotten out of hand, but still remain somehow with us, taking their places in our lives and assuming their own roles in our activities (…)« (Belliger & Krieger 2016, S. 32).

Mit seinem Klassiker von 1991 der modernen Soziologie »Nous n'avons jamais été modernes« (Wir sind noch nie modern gewesen) plädiert Latour dafür, die strikte Trennung von Natur und Gesellschaft zu überdenken, wie sie bei Vertretern der Moderne wie Kant oder Habermas postuliert wurde. Natur, Dinge und Menschen sind laut Latour (1991) in vielerlei Beziehung reziprok miteinander verbunden und manifestieren sich in hybriden Netzwerken. Latour spricht hier von einer Symmetrie zwischen menschlichen und nicht-menschlichen Akteuren: »The one is not the subject and the other the object. The one is not active while the other is passive. The one does not determine the other. They both have agency and thus there is a symmetry between them« (Belliger & Krieger 2016, S. 33).

Dinge könnten heute daher nicht mehr nur noch als willensfreie ›Objekte[6]‹ angesehen werden, sondern vielmehr als ›Quasi-Objekte‹ verstanden werden, die ein Eigenleben netzwerkartig entfalten (z.B. das Internet) und

---

5 Dies lässt sich insbesondere im Kontext des Web 2.0 skizzieren.

6 Objekte sind hierbei als ›geronnene‹ menschliche Handlungen zu verstehen (Hepp 2013, S. 105).

ihre Umgebung (wechselseitig) beeinflussen: »The association they enter into is created by means of each translating the other into something greater and more complex (...). The results of these links and interfaces, that is, the result of technical mediation, can be called an ›actor-network‹« (Belliger & Krieger 2016, S. 35). Auf die Akteur-Netzwerk-Theorie soll zu einem späteren Zeitpunkt genauer eingegangen werden (siehe Kapitel 5.1.1).

Allen hier genannten Modellen und Theorien ist gemeinsam, dass sich elementare Bestandteile des Kommunikationsbegriffs durch Überschneidungen und Prägnanz identifizieren lassen, auf die im folgenden Abschnitt näher eingegangen werden soll.

2.3 Zentrale Bestandteile kommunikativer Prozesse

Trotz der Definitionsvielfalt von Kommunikation lassen sich bestimmte elementare Merkmale von kommunikativen Prozessen aus Modellen und Theorien identifizieren, die für das hier verwendete Kommunikationsverständnis von Bedeutung sind.

Zeichenvermittelte Beziehungskonstituierung

Damit sich Kommunikation ereignen kann, ist es laut Burkart (2003, S. 17) notwendig, dass mindestens zwei Akteure[7] miteinander in Beziehung treten bzw. interagieren[8]. Diese können als Sender und Empfänger bezeichnet werden. Die beteiligten Akteure treten miteinander in Beziehung, indem sie Zeichen und Symbole austauschen (entweder direkt, d.h. von Angesicht zu Angesicht, oder indirekt, d.h. medienvermittelt; siehe Kapitel 2.2).

Die Gestaltung der Beziehung zwischen den Kommunizierenden ist daher auch ein zentraler Bestandteil, wenn es darum geht, bestimmte Effekte durch Kommunikation zu erzielen. Kommunikation hat immer auch einen interaktiven Prozesscharakter und ist durch reziproke Beeinflussung der Kommunizierenden gekennzeichnet. »[Communication is a] dynamic and transactive process« (Seeger & Sellnow 2013, S. 11). Kommunizierende Individuen sind aufgrund dieser ›Rückkopplung‹ daran interessiert, einerseits Informationen

7 Diese können menschlicher oder nicht-menschlicher Natur sein.

8 Eine Ausnahme hiervon ist die intrapersonale Kommunikation (bspw. in Form eines Monologs, Röhner & Schütz 2016, S. 5).

zu erhalten und andererseits die von ihnen selbst vermittelten Informationen zu verarbeiten bzw. eine Informationskontrolle zu erlangen (vgl. Goffman 1971).

Kontextuale Aspekte von Kommunikation

Kommunikation findet stets in einem bestimmten Kontext statt: »Kommunikation ist (…) höchst kontextabhängig und Äußerungen werden kontextabhängig verstanden – oder eben nicht verstanden, nämlich dann, wenn Gesprächspartner aufeinandertreffen, die sich in völlig verschiedenen sozialen Kontexten befinden« (Gruber 2010, S. 17). Das jeweilige Kommunikationsklima kann neben anderen Faktoren, wie den herrschenden Kommunikationsregeln, den gesamten Kommunikationsprozess und dessen Resultate beeinflussen (ebd.).

Dabei ist es für eine gelingende Kommunikation notwendig, dass ein gemeinsames Zeichen- und Symbolrepertoire der Interagierenden besteht. Hier bilden deren Verständnis sowie Erfahrungs- und Wissenshintergrund eine bedeutsame Kommunikationsgrundlage (Röhner & Schütz 2016, S. 5). Zudem muss es eine zu übermittelnde Nachricht geben, die den Zeichen und Symbolen entspricht, die von Sender und Empfänger dekodiert werden. Auch müssen hierbei die gesendete und die empfangene Nachricht nicht notwendigerweise identisch sein (z.B. bei Missverständnissen; ebd.).

Diese symbolische Interaktion zwischen Beteiligten erfolgt immer auch in bestimmten Situationen, bestimmten sozialen Konstrukten und unter bestimmten Absichten. Für die Kommunikation können hierbei u.a. sprachliche Zeichen benutzt werden. Aber auch ohne Sprache kann Kommunikation stattfinden. Sprache ist insoweit als eines der vielen Werkzeuge von Kommunikation zu verstehen (Keller/Reichertz/Knoblauch 2013, S. 50).

Modalitäten der Kommunikation

Sowohl das Senden als auch das Empfangen von Nachrichten setzt hierfür geeignete Mittel bzw. Modalitäten voraus. Z. B. spielen im Verlauf direkter Kommunikation der mimische Ausdruck und die Sprache eine Rolle, oder bei der medienvermittelten Kommunikation die entsprechende technische Verbindung (Röhner & Schütz 2016, S. 5). Wie stark die Wechselseitigkeit bzw. Reziprozität ausgeprägt ist, hängt auch mit der Kommunikationsform (z.B. face-to-face vs. Massenkommunikation) zusammen (ebd., S. 6). Es kann in diesem Sinne keine unvermittelte Kommunikation geben. Jede Form der

Kommunikation benötigt ein Mittel oder Medium, durch das hindurch eine Nachricht übertragen bzw. übermittelt werden kann (vgl. Graumann 1972).

Intentionalität

Kommunikation selbst ist sowohl als bewusstes und geplantes als auch als unbewusstes, – auch habitualisiertes zeichenvermitteltes Handeln – zu verstehen. Kommunizierende Personen sind hierbei nicht passiv; allerdings ist nicht jede Aktivität auch direkt beobachtbar. Es können sichtbare (z.B. eine Geste) und nicht sichtbare (z.B. Eindrucksbildung vom Gegenüber) Aktivitäten ausgeführt werden (Gruber 2010, S. 17). Kommunikation kann somit als Ereignis angesehen werden, dass zwischen Akteuren abläuft und eine spezifische Form der sozialen Interaktion darstellt (Burkart 2003, S. 17). Menschliche Kommunikation hat laut Keller, Reichertz und Knoblauch (2013, S. 49) auch stets eine pragmatische Funktion; d.h. es geht immer um menschliche Handlungen und um »deren Koordination oder deren Koorientierung. Hierzu dazu gehören auch die Darstellung und Festlegung der eigenen Identität, der des Gegenübers, des gegenseitigen Verhältnisses und Vorstellungen über die Realität«. Kommunikation ist somit grundlegend für jegliche Kooperation (ebd.).

Zusammenfassend liegt (erfolgreiche) Kommunikation erst dann vor, wenn (mindestens zwei) Akteure ihre kommunikativen Handlungen nicht nur wechselseitig aufeinander richten, sondern darüber hinaus »auch die allgemeine Intention ihrer Handlungen (...) verwirklichen können und damit das konstante Ziel (= Verständigung) jeder kommunikativen Aktivität erreichen« (Burkhart 2003, S. 19). Dies kann allerdings nur erreicht werden, wenn die Bedeutungsinhalte der Sprachgemeinschaft übereinstimmen.

Folglich lässt sich festhalten, dass Kommunikation mehr oder minder intentional erfolgt, beziehungsgenerierend bzw. -formierend ist und meist ein Ziel verfolgt, aber nicht notwendigerweise bewusst geschehen muss. Intentionen können allerdings auch durch nicht-intentionales Handeln ausgelöst werden.

2.3.1 Kommunikation als Reziprozitätspraxis

Wie bereits erläutert, lassen sich rein eindimensionale Definitionen und Modelle des Kommunikationsbegriffes nicht (mehr) legitimieren, da jeder Kommunizierende bspw. auch durch die Doppelstruktur von Sender oder Empfänger geprägt ist. Dies stellt innerhalb des Kommunikationsprozesses eine variable und keine feste Größe dar. Im Laufe der kommunikativen Handlung können sich bspw. Ansichten und Einstellungen verändern. Das Wechselspiel von medialer, Inhalts-, und Beziehungsebene kann zudem neue Handlungszusammenhänge generieren und Kommunikation eher als Handlungsprozess erscheinen lassen (Bolten 2018, S. 19).

Die Handlungen selbst beruhen immer auf dem Verhalten aller Beteiligten und sind insofern durch Reziprozität gekennzeichnet[9]. »Communication has become the social act par excellence, that act by which the psychological individual enters into social relations (…)« (Belliger & Krieger 2016, S. 18).

Dafür spricht auch (siehe Kapitel 2.1.) die etymologische Herkunft des Kommunikationsbegriffs. Der soziale Aspekt von Kommunikation als Begriff ist bereits in dessen Wortstamm erkenntlich, der (vielmehr) umfasst etwas gemeinsam zu machen, etwas mitzuteilen und ebenso mit anderen zu teilen (Albrecht 2013, S. 23). Durch Kommunikation lassen sich Mitmenschen beeinflussen und mittels Zeichen können anderen Beteiligten vermitteln werden, welche Handlungen erwünscht sind (Heringer 2014, S. 12).

Entsprechend der Systemtheorie von Luhmann bzw. der kommunikativen Wende, wird Kommunikation als zentrale Ebene des Sozialen angesehen. Die Ebene der Sprache sowie der interpersonellen Beziehungen bilden hier die abgeleiteten Ebenen (Albrecht 2013, S. 34).

Ein solches Verständnis von Kommunikation wird auch in der Relationalen Soziologie verwendet und betont drei wesentliche Merkmale: (a) den relationalen Charakter von Kommunikation (etwas, das zwischen Akteuren erfolgt), (b) ihre relative Autonomie, die sie unabhängig von den konkreten praktizierenden Personen haben kann sowie (c) der Dynamik, mit der Kommunikation verlaufen kann (Albrecht 2013, S. 34).

Somit soll erst der wechselseitige »stattfindende Proze[ss] der Bedeutungsvermittlung (…) als Kommunikation begriffen werden« (Burkart 2003, S. 19). Das Kriterium der Wechselseitigkeit bzw. der *Reziprozität* steht hierbei im Mittelpunkt.

Die Definitionen von Reziprozität sind vielfältig und teilweise auch unspezifisch. Reziprozität wird meist als grundlegendes Prinzip aus Gabe und Gegengabe dargestellt (Stegbauer 2011, S. 15). Ein direkter kommunikativer

---

9 Das gilt auch dann, wenn einer der Kommunikationsteilnehmer scheinbar nicht reagiert: »Man kann nicht nicht kommunizieren« (Watzlawick/Beavin/Jackson 1969, S. 53).

Austausch kann als eine der am einfachsten fassbaren Reziprozitätsformen gesehen werden. Allgemeinere Formen der Reziprozität entfalten sich oft in schwächerer Wirkung und die Grenzen der Reziprozitätsbeteiligten verschwimmen. Wesentlich ist hierbei die Erkenntnis, dass Individuen in größere Kollektive eingebettet sind und auch hier die Grenzen der Zugehörigkeit verschwimmen können (ebd.).

Auch Max Webers Begriff des ›Sozialen Handelns‹ befasst sich mit dem Prinzip der Gegenseitigkeit. Allerdings steht hierbei nicht die Gegenseitigkeit im Mittelpunkt, sondern vielmehr gegenseitige Erwartungen (vgl. Weber 1980). Georg Simmel (1908) hingegen postulierte, dass »aller Verkehr des Menschen (…) auf dem Schema von Hingabe und Äquivalent« beruht.

> »Das Geben überhaupt ist eine der stärksten soziologischen Funktionen. Ohne dass in der Gesellschaft dauernd gegeben und genommen wird – auch außerhalb des Tausches – würde überhaupt keine Gesellschaft zustande kommen. Denn das Geben ist keineswegs nur eine einfache Wirkung des Einen auf den Anderen, sondern ist eben das, was von der soziologischen Funktion gefordert wird: Es ist die Wechselwirkung.« (Simmel 1908 S. 663)

In Fachgebieten der Ethnologie etwa lassen sich viele klassische Studien finden, die sich mit Reziprozität auseinandersetzen. Eines der bekanntesten Beispiele hierfür ist die Feldforschung von Malinowksi bei den Trobrianern in der Südsee, die komplexe Austauschbeziehungen mit anderen Inselbewohnern durch die Überreichung von Halsketten und Armbändern pflegten (Stegbauer 2011, S. 15). Ähnliche Berichte sammelte Marcel Mauss (1990) in seinem Werk »Die Gabe« und definierte die mit einer Gabe zusammenhängende Grundregel der Verpflichtung, die aus einer Tauschhandlung erwächst. Diese Verpflichtungen können Konsequenzen nach sich ziehen und Beziehungsimplikationen stellen.

Mit Reziprozität ist somit ein Austauschprozess bzw. eine »Erwiderung einer Gabe, einer Tat, einer Rede« gemeint (Stegbauer 2011, S. 15). Stegbauer (2010, S. 113ff.) unterscheidet hier verschiedene Formen der Reziprozität. Die ›direkte Reziprozität‹, die ›generalisierte Reziprozität‹ und Reziprozität des ›Standpunktes‹ sowie die ›Rollenreziprozität‹.

Die ›direkte Reziprozität‹ steht für direkte Tauschhandlungen und ihre zusammenhängenden Grundregeln der Verpflichtungen wie bspw. bei Marcel

Mauss (1990)[10]. Tauschhandlungen sind hierbei in umfassendere Bindungen eingebettet und weitgehend sozial reguliert. Beispielsweise kann ein einzelner ›Tauschakt‹, das Überreichen einer Gabe etwa, weitreichende Auswirkungen entfalten, da der handelnde Akteur stellvertretend für die in einer Beziehung mit ihm stehenden anderen Akteure agiert[11]. Stegbauer (2010, S. 116) postuliert vielmehr, dass diese Art der Gegenseitigkeit keine Annahmen über Vertrauen oder Altruismus fordert und sich weitgehend selbst reguliert[12].

Formen der generalisierten Reziprozität finden sich bspw. in Familienverbänden.

> »Charakteristikum der generalisierten Reziprozität ist, dass sich Gaben und Gegengaben (bzw. Handlungen) nicht mehr gegenseitig verrechnen lassen. Meist äußert sich das so, dass Leistungen innerhalb einer Gemeinschaft erbracht werden. Eine Leistung, die ich heute erbringe, wird mir nicht unbedingt von derselben Person vergolten – die Gegengabe kann durchaus durch eine andere Person erfolgen.« (Stegbauer 2010, S. 118)

Die Reziprozität des Standpunktes und die Rollenreziprozität sind besonders aus Sicht der relationalen Netzwerkforschung von Bedeutung, da es darum geht, wie Perspektivenübernahmen erfolgen können, bzw. wie sich gedank-

---

10 Marcel Mauss' (1990) Überlegungen zu kollektiven Verpflichtungen in seinem Werk »Die Gabe« beschreiben reziproke Verhaltensweisen in sog. ›primitiven Gesellschaften‹. »Mauss' These ist vor allem, dass in der Gegenwartsgesellschaft die komplexen beziehungsstiftenden Riten abgelöst wurden durch einen Austausch, bei dem man auf weitgehende Verpflichtungen verzichtet« (Stegbauer 2011, S. 19).

11 Während die Struktur des Gabentausches zwischen den jeweiligen Tauschpartnern mit Hilfe von Netzwerkanalysen abgebildet werden kann, bleibt die Erfassung kollektiver Verpflichtungen interpretativ und ausschnitthaft. »Die Einbeziehung von indirekten Beziehungen ist also ein bislang ungelöstes Problem« (Stegbauer 2010, S. 116).

12 Hiergegen spricht Granovetters (1985) Idee der ›Embeddedness‹ (siehe Kapitel 5.1) von wirtschaftlichem Verhalten. Reziprozität wird über schwache Verbindungen auch zwischen entfernteren Akteuren sichergestellt. Auch vermittelte und schwache Verbindungen können Informationen verbreiten. Ausführlicher werden Annahmen über die Rolle von Vertrauen und Beziehungsstärke in Kapitel 5.3 beschrieben.

lich in die Perspektive des Anderen hineinversetzen lässt[13] (Stegbauer 2010, S. 119).

Zusammengefasst ist Reziprozität als Austauschprozess zu verstehen und somit auch ein Modus von Kommunikation bzw. Kommunikation wiederum ein Medium der Reziprozität. Jede Form von Kommunikation ist in einer gewissen Art und Weise reziprok und Reziprozität wiederum ohne Kommunikation nicht möglich. »Communication [functions] as circulating systems of fields of messages« (Belliger & Krieger 2016, S. 61).

2.3.2 Kommunikation und Kultur

Die Ausgestaltung reziproker kommunikativer Handlungen verhält sich in jedem Kollektiv unterschiedlich und erfährt nach individuell ausgehandelten Regeln unterschiedliche Konventionalisierungsgrade: »Kommunikation basiert auf reziprokem Wissen« (Heringer 2014, S. 33).

Das lateinische Ursprungswort ›communicare‹ lässt sich, wie bereits erwähnt, nicht nur mit ›mitteilen‹, sondern auch mit ›etwas gemeinschaftlich machen‹ übersetzen. »Kommunikationsprozesse vollziehen sich nicht nur im Sinne eines Informationsaustausches, sondern sind grundlegend dafür, dass zwischenmenschliche Beziehungen und damit auch Lebenswelten im Sinne von Kulturen überhaupt hergestellt bzw. ›gemeinschaftlich gemacht‹ werden können« (Bolten 2012, S. 24). Umgekehrt bedeutet dies, dass jede einzelne kommunikative Handlung beziehungsrelevante Implikationen stellt und Beziehungen durch Kommunikation generiert bzw. formiert werden.

Offenkundig wird dies auch bspw. bei der Betrachtung kommunikativer Stile, die durch konventionalisierte Kontexte geprägt werden. Bolten (2018, S. 22f.) beschreibt einen Kommunikationsbegriff, der wesentliche Aspekte verschiedener Modelle und Theorien (siehe Kapitel 2.2) vereint. Kommunikation wird daher auch als Resultat eines wechselseitigen Zusammenspiels von vier wesentlichen Komponenten definiert. Kommunikation besteht hierbei aus der verbalen (z.B. lexikalische, syntaktische Mittel), der paraverbalen

---

13 Überlegungen hierzu erarbeitete etwa Theodor Litt (1919). Genauer wurde die Reziprozität des Standpunktes überdies von Alfred Schütz (1971) beschrieben. »Die zugrundeliegende Überlegung ist die der Vertauschbarkeit der Standorte: ›Würde man den Platz eines bestimmten anderen einnehmen, so wäre man in derselben Distanz zu den Dingen, die er erreichen kann‹« (Stegbauer 2010, S. 119).

(z.B. Lautstärke, Typografie usw.), der nonverbalen (Gestik, Mimik, Format usw.) und der extraverbalen (z.B. Zeit, Kontext usw.) Ebene (ebd.).

Der sog. *Kommunikative Stil* bzw. die Inhaltsebene gibt so Aufschluss sowohl über den Kontext als auch über die Beziehungsebene der Kommunizierenden. Welche Realisationsform der einzelnen Komponenten für die Kommunikation gewählt werden ist abhängig zum Kontext, der wiederum auch von der Komponentenrealisation geprägt werden kann (Bolten 2018, S. 22f.). Beispielsweise werden formale Kommunikationssituationen oft durch ein Protokoll geregelt und verlangen nach einem bestimmten konventionalisierten kommunikativen Stil (ebd.). Kommunikative reziproke Konventionalisierungen spielen somit auch eine zentrale Rolle in der Begründung kultureller Akteursfelder.

Stephanie Rathje (2009) beschreibt Kommunikation als Produkt aus Durchdringung und Wechselwirkung einer Gesellschaft bzw. als kulturgebunden.

> »[…] [A] culture should be seen as a continuously interacting population of interpretive forms articulated within some social formation. […] culture is made up of [communicative] practices. One can view culture as the interpretive contexts for all social actions so that it can be computed as an envelope from them as well as shaped by them.« (White 1992, S. 289f.)

Ähnlich wie bei dem Kommunikationsbegriff umfasst auch der Kulturbegriff eine Fülle an Bedeutungszuschreibungen und Definitionen, sodass es schwer ist, eine verbindliche und widerspruchsfreie Definition zu erstellen[14]. Kultur ist nichts Einheitliches und die Arten und Weisen, wie über ›Kultur‹ gesprochen und verhandelt wird, sind oft heterogen (Stegbauer 2018, S. 4).

Dennoch ist es für die Fragestellung unerlässlich, eine Definition zu skizzieren, da jede Kommunikation ihren Ursprung in einer Kultur einer Sprach- und Interaktionsgemeinschaft hat. Jede kommunikative Handlung ruft diese

14 In der Literatur wird zwischen engen und erweiterten Kulturbegriffen unterschieden. ›Enge‹ bzw. absolute Begriffe bezeichnen eine ›Hochkultur‹ im Sinne der ›schönen Künste‹, wie sie bspw. im Feuilleton einer Zeitung beworben werden. Erweiterte Kulturbegriffe umfassen neben lebensweltlichen und geschlossenen Begriffsverständnissen (z.B. Nationalkulturen) auch offene und vernetze Verständnisse von Kultur. Ein holistischer Kulturbegriff zeichnet sich diesbezüglich auch durch ein ›Sowohl-als-auch‹ aus (vgl. Bolten 2018).

Kultur einerseits auf und andererseits verändert sie diese Handlung gleichzeitig auch immer (Keller/Reichertz/Knoblauch 2013, S. 49). Dies lässt sich u.a. an kommunikativen Stilen erkennen (vgl. Bolten 2018). Die Praxis der Kommunikation ist somit Ausdruck der Kultur einer Gesellschaft und zugleich begründet und verändert sie diese aufs Neue (ebd.).

Der Begriff der Kultur lässt sich vom lateinischen Wort ›colere‹ ableiten und bezieht sich auf ›Pflegehandlungen‹ bzw. Reziprozitätsverhältnisse, die sich auf vier weitere Bedeutungen aufteilen lassen; nämlich ›bebauen‹ bzw. die Pflege der natürlichen Umwelt z.B. durch Ackerbau, ›ansässig sein‹, die Pflege des sozialen Lebens durch z.B. Bewohnen einer Sozialen Umwelt, ›ausbilden‹ bzw. die Pflege und Veredelung des Selbst z.B. durch Bildung und das ›Verehren‹ (bzw. die Pflege der Beziehung zu übernatürlichen Instanzen z.B. durch Religion; Bolten 2018, S. 18ff.).

Kultur ist somit immer auch das Ergebnis menschlicher Pflege zur Natur, zu anderen Menschen, zu sich selbst und zu übernatürlichen Instanzen.

Die Pflegehandlungen zwischen menschlichen und nicht menschlichen Akteuren sind – wie es bereits Latour (1991) beschrieben hat – reziprok. Je nach Handlungsfeld bzw. Akteursfeld werden die unterschiedlichen Reziprozitätsbereiche zwar vorhanden sein, aber unterschiedlich stark in ihrer Gewichtung ausfallen. Durch unterschiedliche ›Zugkräfte‹ bzw. individuelle Gewichtungen und Ausprägungen der Pflege der vier Bereiche verdichten sich bzw. konventionalisieren Reziprozitätsbeziehungen zu einer Kulturspezifik, die individuell und kollektiv ist. »›Kultur‹ konstituiert sich in der Vernetzung (Prozess) und als Netzwerk (Struktur) dieser vielfältigen (multirelationalen) Reziprozitätsdynamiken von Akteuren eines Handlungsfeldes« (Bolten 2018, S. 40).

Nach dem Verständnis von Bolten ist Kultur somit grundsätzlich kontextbezogen, da sie sich aus der Vernetzung und somit als Netzwerk vielfältiger Reziprozitätsdynamiken konstituiert (vgl. Bolten 2012, S. 20): »[J]edes Akteurshandeln realisiert sich im Spannungsfeld aller vier Reziprozitätsdynamiken.«

Kultur soll hier als holistisch begriffen und daher als netzwerkartig und mehrwertig verstanden werden. Kultur wird so nicht als statische Beschreibung einer Gruppe, sondern vielmehr als ein dynamisches soziales Konstrukt verstanden, das sich mit der Zeit durch die Interaktion seiner Beteiligten verändert (Köppel 2007, S. 41ff.). Möglichkeiten der Erneuerung und Veränderung der Kultur einer Gesellschaft beruhen somit auch auf der Mikrokulturentwicklung in bestimmten Situationen (Stegbauer 2016, S. 210). Kultur ist somit kein geschlossenes System, sondern immer auch offen für Neuerungen und Neuinterpretationen, da in jeder sozialen Situation Interpretationen (neu) ausgehandelt werden können bzw. müssen (Stegbauer 2016, S. 2).

Kulturentwicklung kann somit als eine Kette von Abfolgen verstanden werden, die ein Repertoire bilden und die Neuausrichtungen in Folgesituationen erleichtern können. Jedes ›Kettenglied‹ kann hierbei prinzipiell Veränderungen vornehmen und kulturelle Innovationen initiieren[15] (ebd.).

»Kultur ist nicht (nur) die Hochkultur, die überlieferten Schriften, die Bauwerke, die Kunst der Vorfahren. Die Grundregeln der Entstehung von Hochkultur sind zwar genauso wie die der Alltagskultur solche, die mit Vereinbarungen, Strömungen, gegenseitiger Bestärkung und Konkurrenz zu tun haben (...)« (Stegbauer 2016, S. 2). Kultur soll in diesem Sinne als ›Werkzeug‹ für die Bewältigung des Alltags verstanden werden, die Interpretationen, Bedeutungen, Verhaltensweisen, Verhaltenserwartungen, Normen, Werte und auch Sprache umfasst, um mit anderen Akteuren umgehen bzw. sich verständigen zu können (ebd.)

Ein holistisches Kulturverständnis setzt dementsprechend auch voraus, dass die verschiedenen »Bedeutungsvarianten des Kulturbegriffs (›cultura dei‹, ›cultura animi‹, ›colonus‹, ›agricultura‹) nicht gegeneinander abgegrenzt oder ausgespielt, sondern in ihren gegenseitigen Verweisungszusammenhängen verstanden werden« (Bolten 2018, S. 54). Bolten (2018, S. 53) fasst den holistischen Kulturbegriff folgendermaßen zusammen:

> »[Der Begriff] ist holistisch, ganzheitlich, weil ›Kultur‹ als Netzwerk verstanden wird, in dem sowohl natürliche Umwelt- als auch Selbst-, imaginative und soziale Reziprozitätsdynamiken als sich wechselseitig beeinflussend gedacht werden. Die Besonderheiten oder die ›Kulturspezifik‹ eines solchen Akteursfeldes resultieren, wie eingangs beschrieben, aus der unterschiedlichen Relevanz (...), die den vier Reziprozitätsdynamiken aus Akteurssicht zugewiesen wird, und die auf diese Weise das Handeln und Verhalten der Akteure bestimmt.«

Kultur wird hier somit als Netzwerk konventionalisierter (kommunikativer) Reziprozitätspraxis definiert (vgl. Bolten 2018). Kommunikative Reziprozi-

15 Veränderungen entstehen auch, weil die Abfolge von Gliedern nicht tatsächlich wie in einer ›Kette‹ von Glied zu Glied gleichermaßen erfolgt, sondern Verzweigungen auftreten und Neu-Entwickeltes sich auch über die eigentliche ›Kette‹ hinaus verbreiten kann (Stegbauer 2016, S. 2).

tätspraxen ›konventionalisieren‹, wie bereits erwähnt, durch Wiederholungen und können so für die Akteure eines Akteursfeldes eine hohe Relevanz besitzen, erscheinen normal und plausibel und ermöglichen Routinehandlungen[16]. Konventionalisierte Reziprozitätspraxen ›kulturalisieren‹ und begründen die ›Kulturspezifik‹ eines Akteursfeldes, die sich etwa an Beispielen bestimmter Netzwerkkulturen im Web 2.0 verdeutlichen lassen[17] (vgl. Stegbauer 2018).

Kultur ist demnach individuell und durch Reziprozität auch kollektiv erlernt. Sie ist komplex, dynamisch und damit prägend für die Identität seiner Angehörigen, deren Verhalten und Denkweisen (Köppel 2007, S. 19ff.). Diese ›Kulturalisierungen‹ sind hierbei nicht als statisch zu verstehen, sondern vielmehr durch eine Strukturprozessualität ausgezeichnet, indem sich sowohl Strukturen als auch Prozesse fassen lassen (vgl. Bolten 2018).

Eine Verbildlichung des strukturprozessualen Charakters von kulturellen Akteursfeldern liefert das Sandbergmodell (Bolten 2020). Die unteren Sandschichten sind hierbei relativ stark strukturiert und eher veränderungsresistent. Hier lassen sich sog. Muss-Regelungen ansiedeln, die sich durch eine geringe Prozessdynamik auszeichnen, wie bspw. Normen und Gesetze. Sie sind ›fossiliert‹. In den oberen Bereichen ist der Sand eher fluid und durch Umwelteinflüsse leicht veränderbar und formbar. Soll-Regelungen verfügen demgegenüber über einen hohen kollektiven Verbindlichkeitsgrad und können auch eine längere Gültigkeit besitzen (z.B. Maxime, Leitlinien, kommunikative Stile). Kann-Regelungen schließlich sind mit vergleichsweise jungen Konventionalisierungen gleichzusetzen, verfügen über eine hohe Prozessualität und sind stark kontextabhängig (z.B. gruppenspezifische Regelungen). Alle Schichten sind interdependent und bedingen sich gegenseitig (siehe Abb. 2). So können verschiedene Regelungen auch zwischen den Ebenen ›wandern‹ und sich in ihrem Verbindlichkeitsgrad verändern.

Das Modell verdeutlicht (hier) den interdependenten Charakter von Struktur und Prozessualität kultureller Akteursfelder, die sich kommunikativ konstituieren.

---

16 Wie die Fülle an Definitionsmöglichkeiten des Kulturbegriffs bereits gezeigt hat, ist es schwer das Konzept der Kultur aus nur einer Perspektive darzustellen, sodass auch diese genannte Sichtweise nicht als allumfassend und widerspruchsfrei anzusehen ist. Allerdings ist eine Festlegung einer Perspektive zur wissenschaftlichen Auseinandersetzung an dieser Stelle unerlässlich.

17 Siehe Kapitel 5.1.3.

Abbildung 2: Das Sandberg-Modell nach Bolten

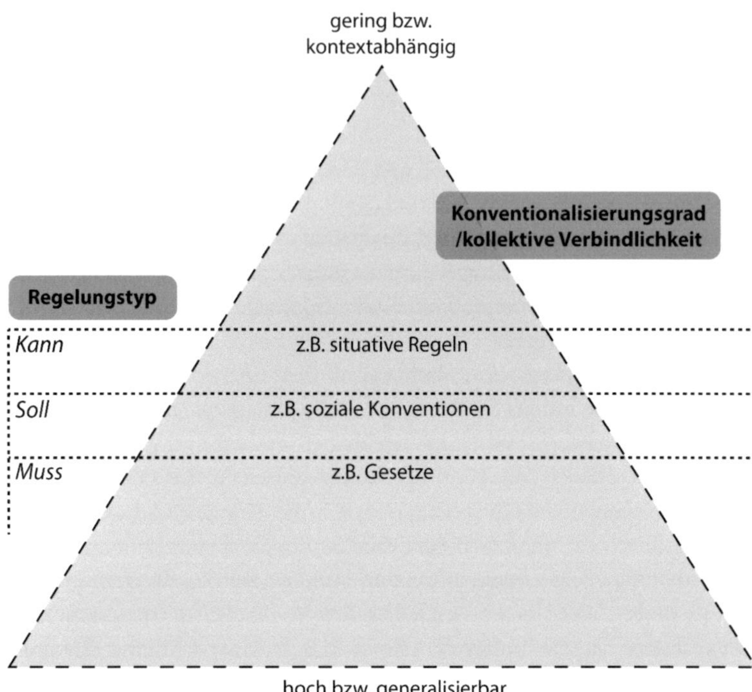

Quelle: Eigene Darstellung nach Bolten (2020)

2.4 Kommunikations- und Kulturalisierungsprozesse 2.0

Die kommunikative Konstitution vieler Akteursfelder hat in den letzten Jahrzehnten große Änderungen erfahren. Zunehmend werden immer umfangreichere, kostengünstigere und mobilere Kommunikationstechnologien entwickelt und im Rahmen des Web 2.0 genutzt. Dies führt u.a. zu erhöhten Informationsflüssen und Vernetzungsmöglichkeiten, die Implikationen für das Erfassen bzw. Definieren von Akteursfeldern bzw. Kulturen stellen.

2.4.1 Zwischen Konvergenz und Kontinuum – die Glokalisierung der Kommunikation

Dass in der Praxis immer wieder auf geschlossene, strukturelle Varianten des Kulturbegriffs zurückgegriffen wird, steht derzeit im Widerspruch zu aktuellen Globalisierungstrends[18] (Bolten 2018, S. 48). Ulrich Beck (1997) erläutert dieses Phänomen mit der Begründung, dass der Übergang von der ersten zur zweiten Moderne noch nicht gänzlich vollzogen sei und Industriestaaten sich noch in einem ›Dazwischen‹ befänden. Diese Erklärung dürfte auch rund 20 Jahre später aufgrund aktueller Beobachtungen in Gesellschaft und Politik teilweise noch Bestand haben. Laut Ambrosius (2018) ist es schwer den genauen Zeitpunkt des Beginns der Globalisierung festzustellen: »In säkularer Perspektive gab es Phasen, in denen sich die internationalen Wirtschaftsbeziehungen besonders dynamisch entwickelten, in denen sie stagnierten oder sich sogar zurückbildeten« (Ambrosius 2018, S. XI). Allerdings lässt sich über einen großen Zeitraum hinweg ein historisches Kontinuum »eines dauerhaft irreversiblen Prozesses mit nur relativer Be- und Entschleunigung« erkennen (ebd.).

Die ›Erste Moderne‹, an deren Ende sich die großen westlichen Industriestaaten befinden, ist charakterisiert durch den Glauben an Strukturen, deren Steuerbarkeit und durch Homogenitätszwänge sowie gleichzeitig Polarisierungen (vgl. Beck 1977).

Die ›Zweite Moderne‹, geprägt durch Globalisierungskontexte, zeichnet sich vielmehr durch Prozess- und Netzwerkdenken aus, da hohe Verände-

18 Der Begriff der ›Globalisierung‹ steht für die Entwicklung von Wirtschaftsbeziehungen zwischen politisch-territorialen ›Gebilden‹. Gemeint ist hier der grenzüberschreitende Austausch von Gütern – also materiellen Waren und immateriellen Dienstleistungen, z.B. Arbeitskräften und Finanz- bzw. Sachkapital. Diese Beziehungen finden im Kontext regionaler oder globaler politisch-ökonomischer Ordnungen oder Systeme statt. Daher sind die Akteure der Globalisierung vielfältig und von Menschen als Unternehmern oder Arbeitnehmern bis hin zu Gebilden wie Staaten zu verstehen. Ein Begriff, der dem der Globalisierung nahesteht, ist der der ›Internationalisierung‹ (Ambrosius 2018, S. IX). »Alle Versuche, Globalisierung und Internationalisierung voneinander abzugrenzen, sind in hohem Maß willkürlich und kaum zielführend. Das gilt letztlich auch für die Unterscheidung zwischen Globalisierung und ›Weltwirtschaft‹« (ebd.). Von dem Begriff der ›Globalität‹ unterscheidet Beck (1997, S. 30) den der Globalisierung als Prozess, »der transnationale soziale Bindungen und Räume schafft, lokale Kulturen aufwertet und dritte Kulturen hervortreibt«. Deterritorialisierung und die weitgehende Mobilität von Lebewesen lassen sich u.a. als Resultate aufzählen (ebd.).

rungsdynamiken die Notwendigkeit der Akzeptanz von Gegensätzen mit sich bringt (vgl. Beck 1997). Beck (2007, S. 29) betitelt die ›Unrevidierbarkeit‹ der entstandenen Globalität[19] als ein zentrales Unterscheidungsmerkmal der Ersten und Zweiten Moderne. Parallel existierende und verschiedene Eigenlogiken der ökologischen, kulturellen, wirtschaftlichen, politischen und zivilgesellschaftlichen Globalisierung lassen sich zudem nur schwer reduzieren und können nur einzeln für sich und in ihren Interdependenzen verstanden werden.

Die Herausforderungen dieser ›Zwischensituation‹ bestehen darin, dass Industrie und Politik einerseits mit der Architektur der ›Zweiten Moderne‹ befasst sind, dies aber andererseits mit Instrumenten der ›Ersten Moderne‹ bewältigen müssen, da kulturelle und gesellschaftliche Denkweisen noch weitgehend von der ›Ersten Moderne‹ geprägt sind (ebd.). Auch lassen sich insbesondere in den vergangenen Jahren – bspw. am Brexit – zunehmend wieder Strukturierungsbestrebungen erkennen.

»Was als Verfall erscheint, könnte, wenn es gelingt, die Orthodoxien, an denen die erste Moderne gescheitert ist, zu überwinden, in einen Aufbruch in die zweite Moderne verwandelt werden« (Beck 2007, S. 25). Die Vorstellung geschlossener Räume ist laut Beck (2007, S. 28) nur noch fiktiv, da kein Land und keine Gruppe sich mehr voneinander bzw. voreinander abschließen kann. ›Flüsse‹ und ›Mobilitäten‹ der Globalisierung lassen sich laut Hepp (2004) nicht mehr an nationalen Grenzen festmachen. Vor diesem Hintergrund ist auch die beschriebene Unsicherheit im Umgang mit dem (holistischen) Kulturbegriff zu verorten, wobei die geschlossene Variante auf die ›Erste‹, die offene Variante auf die ›Zweite Moderne‹ verweist.

Somit werden mit dem Zerfall der Einheit von Nationalstaat und Nationalgesellschaft sowie der »Verbreitung pluralistischer Weltsichten einerseits automatisch auch alle anderen Denkweisen infrage gestellt, die – geprägt durch diese Einheitsvorstellungen und -zwänge – über Jahrhunderte hinweg Einfluss auf individuelle und soziale Selbstverständigungsprozesse genommen haben« (Bolten 2018, S. 48). Die neue Mobilität und Entwicklungen der Kommunikationstechnologien führten u.a. zum Aufbrechen politischer abgeschlossener ›Räume‹ und lassen vor allem seit den 1990ern für das Indivi-

---

19 Bsp. Globale Umweltzerstörungen, transkulturelle Konflikte vor Ort, universal durchgesetzte Ansprüche auf Menschenrechte und etwa Fragen der globalen Armut (Beck 1997, S. 29).

duum vielseitige räumliche Identitäten zu, ohne eine geografische Fixierung zu definieren (Bolten 2018, S. 49).

Globalisierung als Expansion transnationaler Räume und Akteure ist somit auch hochgradig paradox (Beck 2007, S. 71f.). »Globalisierung bedeutet [hierbei] nicht, da[ss] die Welt (...) homogener wird. Globalisierung meint vielmehr ›Glokalisierung‹, also einen hochgradig widersprüchlichen Proze[ss], sowohl was seine Inhalte als auch die Vielfältigkeit seiner Konsequenzen angeht« (Beck 2007, S. 63).

Lebensgeschichten werden nicht mehr von einem Ort aus gedacht, sondern vielmehr vom Lebensprozess selbst. »So wie sich individuelle Identität bei räumlicher Ungebundenheit aus mehr oder minder rasch wechselnden Gruppenzugehörigkeiten heraus konstruiert, so lässt sich auch die Frage nach der lebensweltlichen oder kulturellen Zuordnung des Individuums in erster Linie pluralistisch und prozessual beantworten« (Bolten 2018, S. 49).

Gut sichtbar wird diese ›Glokalisierung‹ am Beispiel des globalisierten ökonomischen Handelns[20]. Beck (2007, S. 81) spricht hier von der sog. *McDonaldisierung*, die als Konvergenz globaler Kultur zugespitzt werden kann. Die Fabrikation kultureller Symbole steht für eine Universalisierung bzw. eine Vereinheitlichung von Lebensstilen und transnationalen Verhaltensweisen, die sich bspw. genauso in einem niederbayerischen Dorf wie in einer Großstadt Singapur – lokal wie global – vorfinden lassen[21] (ebd.). »[We] need

20 Eine ›globale Kultur‹ kann nicht statisch, sondern nur als ein »*kontingenter* und *dialektischer* (und gerade *nicht ökonomisch* auf eine scheinbar einsinnige Kapitallogik reduzierbarer) Proze[ss] verstanden werden – nach dem Muster ›Glokalisierung‹, in dem widersprüchliche Elemente *in ihrer Einheit* begriffen und entschlüsselt werden. In diesem Sinne kann man von Paradoxien ›glokaler‹ Kulturen sprechen« (Beck 2007, S. 91).

21 Diese Entwicklungen sind auch kritisch zu bewerten. Globalisierungskritische Bewegungen haben in den letzten Jahren daher zunehmend an Aufmerksamkeit erfahren und soziale Verwerfungen globalisierter Wirtschaftsentwicklungen thematisiert, die u.a. soziale Unterschiede verschärfen. Lessenich (2003) kritisiert, dass Individuen ökonomisch-rationales Verhalten unterstellt wird und Risiken nicht als Systemfehler, sondern als individuelles Scheitern angesehen werden. Ulrich Beck sieht Konsequenzen für die Stratifizierung der Weltgemeinschaft in den Entwicklungen des ›globalen Reichtums‹, der ›lokalen Armut‹ sowie des ›Kapitalismus ohne Arbeit‹ (2007, S. 63ff.). Globalisierung und Lokalisierung gehen Hand in Hand, können aber nicht von allen Menschen gleichermaßen genutzt werden (vgl. Wallerstein 2010). »Glokalisierung ist zunächst und vor allem eine Neuverteilung von Privilegien und Entrechnungen, von Reichtum und Armut, von Möglichkeiten und Aussichtslosigkeit, von Macht und Ohnmacht, von Freiheit und Unfreiheit« (Beck 2007, S. 101). Reproduzierende Hierarchien,

to understand local socio-cultural realities and at the same time develop a mindset, which integrates perspectives far beyond domestic spheres« (Mutwarasibo & Iken 2019, S. 18).

Entscheidende Träger der Globalisierung bzw. der ›Glokalisierung‹ waren nicht zuletzt neue Kommunikationstechnologien (Castells 2001). Auch mit fortschreitender Globalisierung der Medienkommunikation wird das ›Lokale‹ nicht verschwinden. »The local and the global build a continuum« (Belliger & Krieger 2016, S. 23). Medien können laut (Hepp 2004) vielmehr dazu beitragen, Lokalitäten zu transformieren, indem sie die Intensivierung translokaler Kommunikation verstärken.

Die wachsende interdisziplinäre Bedeutung der Kommunikationswissenschaft spiegelt hier auch gesellschaftliche Entwicklungen wider, die etwa den Massenmedien einen wachsenden Stellenwert von Integration und Koordination gesellschaftlicher Prozesse zuschreiben.

Die Entwicklung der soziologischen Theorie trug auch einer gesellschaftlichen Entwicklung Rechnung, die sich in Begriffen der ›Mediengesellschaft‹ oder der ›Informationsgesellschaft‹ finden lässt (Albrecht 2013, S. 23). Tomlinson (1999, S. 1f.) sieht hierbei Globalisierung als ein sich rasant entfaltendes und immer dichter werdendes kommunikatives Netzwerk von Konnektivitäten und Interdependenzen. Es ist dabei auch kein Zufall, dass die kommunikative Wende Hand in Hand mit einer intensiven Auseinandersetzung mit den Arbeiten der Medien- und Kommunikationswissenschaft einherging (Albrecht 2013, S. 23).

Öffentlichkeit ist heute mehr denn je als Kommunikationsraum zu verstehen, »in dem Nachrichten über zeitliche und räumliche Distanzen verbreitet werden können, Anschluss finden und eingehen in Diskurse, die zwar ganz unterschiedliche Themen behandeln, potenziell aber wechselseitig erreichbar sind« (Albrecht 2013, S. 23). Beck (2007) beschreibt dies mit transnational integrierten und übergreifenden Handlungsräumen. Durch die Entwicklung des Internets zum »übergreifenden, unterschiedliche Kommunikationsformen und -kulturen zusammenführenden Kommunikationsnetz hat

---

die Differenzen kommunaler Identitäten vorantreiben, führen zu ›ungleichen‹ Partnern (vgl. Therborn 2010). »Was für die einen frei Wahl ist, ist für die anderen erbarmungsloses Schicksal« (Beck 2007, S. 102). Auch der Kapitalismus, der laut Zygmunt Bauman (1997) mit gesteigerter Produktivität einhergeht, zerstört die Minimalgemeinschaft zwischen Ärmsten und Reichen. »Kapitalismus schafft die Arbeit ab. Arbeitslosigkeit ist kein Randschicksal mehr, sie betrifft potenziell alle – und die Demokratie als Lebensform« (Beck 2007, S. 107).

diese Entwicklung noch an Dynamik gewonnen« (Albrecht 2013, S. 23). Verbreitungsmedien wie das Fernsehen beanspruchen zwar immer die Rolle eines Leitmediums (von Pape & Quandt 2010, S. 394), doch die stetig wachsende Nutzung des Internets zur öffentlichen und individuellen Kommunikation (und nicht zuletzt die zunehmende Digitalisierung und Vernetzung von auch klassischen Kommunikationsformen wie Büchern) lässt ein Netzwerk von Informationen entstehen, das erfassbar und analysierbar wird (vgl. King 2011). Diese Entwicklungen haben einen neuen Gesellschaftsbegriff hervorgebracht, den der »Netzwerkgesellschaft« (Castells 2001).

2.4.2 Kommunikation als soziale Vernetzung

In der interdisziplinären Diskussion bzgl. des gegenwärtigen Wandels von Medien, Kommunikation und Kultur finden sich zunehmend Referenzen zu Ansätzen der Kommunikations- und Medienwissenschaft, Mediensoziologie sowie Cultural Studies, die auf Konzepte wie Konnektivität und Netzwerke zurückgreifen (vgl. Hepp 2013).

Castells (2001, S. 527) spricht hier von einer historischen Tendenz, dass Funktionen und Prozesse im Informationszeitalter zunehmend in Netzwerken organisiert sind (Castells 2001, S. 527). Laut Albrecht (2013, S. 30) ist Kommunikation selbst als soziales Netzwerk zu verstehen, »das als intermediäres Netzwerk zwischen den interpersonellen Beziehungen und den symbolischen Strukturen der Sprache angesiedelt ist[22]«. Ab den 1970er Jahren verdichten sich Forschungsbestrebungen zu Fragestellungen, wie Akteure über Kommunikation miteinander in Verbindung stehen und welche Beziehungen sich auf diese Weise bilden bzw. auf welche Weise bestehende Beziehungen sich auf die Kommunikation auswirken (Albrecht 2013, S. 27).

Mit Blick auf die kommunikative Wende wird ersichtlich, dass das ›Soziale‹ nicht nur in den Handlungen und Beziehungen zwischen Akteuren begründet wird, sondern vielmehr auch in der symbolischen Repräsentation der Umwelt liegt. Eine relationale Perspektive stellt hier Kommunikation in den Vordergrund und lässt diese als eigenständige Ebene des Sozialen zu (Albrecht 2013, S. 30). Hierbei gibt es laut Albrecht (2013, S. 30ff.) verschiedene Möglichkeiten, Kommunikation als soziale Vernetzung zu begreifen. Kommunikation könnte als Begleiterscheinung des Sozialen, als Instanziierung

22 Nähere Ausführungen hierzu werden in Kapitel 5.1 dargestellt.

von Sprache, oder als genuines soziales Netzwerk verstanden werden. Letzteres versucht Kommunikation als unmittelbare Form des Sozialen zu verstehen. Kommunikation ist hierbei als eigenlogischer Prozess modelliert, der zwar meist intentional, aber auch eigendynamisch von sowohl den Akteuren als auch den sprachlichen Strukturen verlaufen kann (vgl. Mische & White 1998; Monge & Contractor 2003; Hepp 2004). Die traditionelle Differenz zwischen Struktur- und Prozessperspektiven wird so zunächst aufgehoben (Albrecht 2013, S. 34). Laut Malsch et al. (2007) sind Knoten in Kommunikationsnetzwerken Manifestationen kommunikativer Ereignisse bzw. Mitteilungszeichen in Form von Texten oder Äußerungen. Referenzen zwischen diesen Mitteilungen bieten kommunikative Anschlüsse und stellen die Verbindungen zwischen den ›Kanten‹ des Netzwerks dar.

2.4.3 Von der Wissenspyramide zur Cloud-Intelligenz im Web 2.0

Der Begriff der Vernetzung eignet sich auch, um bestimmte Aspekte des Wandels älterer (Massen)-Medien zu neuen ›interaktiveren‹ Medien zu beschreiben. Das Internet verdeutlicht insoweit am aussagekräftigsten Castells (2001) Theorie der Netzwerkgesellschaft.

Sein technologisches Design lässt sich mit dem mehrerer untereinander verbundener Knoten gleichsetzen.

> »Auf der Seite der medialen Kommunikation ändert sich die Form von der Einwegkommunikation zu neuen Kommunikationsformen unter Internetbedingungen. Es sendet nicht mehr ein Sender ein identisches Angebot an ein breites, verstreutes, anonymes Publikum, sondern es können prinzipiell alle Beteiligten sowohl senden als auch empfangen.« (Passoth/Sutter/Wehner 2013, S. 140f.)

Ein breites, verstreutes, anonymes Publikum wird zu einem Publikum, in dem prinzipiell alle zu aktiven Nutzern werden können, die Inhalte individuell zusammenstellen, verändern und gestalten (ebd.). Dies führt auch dazu, dass Massenkommunikation nicht mehr nur von einer Institution ausgeht, sondern theoretisch von jedem einzelnen Akteur im Netz geführt werden kann (Salzborn 2015, S. 47).

Durch die Möglichkeit, dass prinzipiell jeder Inhalte im Web 2.0 erstellen kann, stellen sich allerdings auch Fragen der Verifizierung von Informationen[23] (vgl. Carolus 2013).

Die Nutzung von Partizipationsmöglichkeiten in Foren oder durch Microblogging hat in den letzten Jahren deutlich zugenommen (Jäckel & Fröhlich 2012, S. 91). Laut Passoth, Sutter und Wehner (2013, S. 140) wird auch empirisch beobachtet, »dass mittels der Mechanismen, mit denen diese Publikumskonstruktionen neu eingerichtet werden, netzwerkförmige Strukturen erzeugt werden«. Eine Vielzahl von Plattformen im Internet konfiguriert und organisiert ihre Nutzer als Netzwerke.

Durch neue Kommunikationstechnologien als Träger der Globalisierung verändert sich somit auch die Art und Weise, wie Wissen strukturiert und weitergegeben wird. »[T]he social sites that arrived in the 2000s did not create the social web, but they did structure it« (Madrigal 2012).

Die Veränderungen des Internets seit dem Crash der sog. *New Economy* bezeichnete der Verleger Tim O'Reilly (2005) mit dem Begriff des sog. *Web 2.0*, in dessen Mittelpunkt eine sozio-technische Weiterentwicklung von webbasierten Anwendungen steht. Der Begriff des Web 2.0 unterliegt keiner allgemeingültigen Definition. Dennoch hat er sich seither fest im Sprachgebrauch verankert und ist aus sämtlichen E-Business-Aktivitäten und der weltweiten Online Community nicht mehr wegzudenken (Flätchen 2009, S. 5). »Der Begriff ›Web 2.0‹, wird häufig synonym verwendet mit ›Social Web‹ oder ›Social Media‹ [und] nimmt Bezug auf die Veränderungen, die das Internet seit dem Zusammenbruch der New Economy im Jahr 2000 prägen[24]« (Carolus 2013, S. 14). Laut Kollmann und Häsel (2007) lassen sich hierbei sieben grundlegende Prinzipien des Web 2.0 identifizieren: globale Vernetzung, kollektive Intelligenz, datengetriebene Plattformen, Perpetual Beta[25], leichtgewichtige Ar-

---

23 Massenmedien erfüllen hierbei auch die gesellschaftliche Funktion der Selbstbeobachtung (z.B. Leserbriefe usw.).

24 Mit dem ›Web 2.0‹ werden eine Reihe von Veränderungen zusammenfasst, die Geschäftsmodelle und Entwicklungsprozesse von Software sowie die Nutzungspraktiken des Internets implizieren. Der Begriff des ›Social Web‹ postuliert eine kommunikationssoziologische Sichtweise und betont auch den sozialen Charakter des Internets. ›Social Media‹ sind hierbei Plattformen, die charakteristische soziale Strukturen und Interaktionen im Social Web ermöglichen (Salzborn 2015, S. 45).

25 Dies wird umgangssprachlich auch als ›Bananenprinzip‹ bezeichnet und ist die Bezeichnung für die Idee, ein noch unreifes/mangelhaftes Produkt könne beim Verbraucher ›reifen‹. Positiv ist der Begriff in der Qualitätskontrolle konnotiert, weil inter-

chitekturen, Geräteunabhängigkeit sowie reichhaltige Benutzeroberflächen. Das Web 2.0 bietet daher vielfältige Kommunikationskanäle (Coombs 2012, S. 19).

> »Like many important concepts, Web 2.0 doesn't have a hard boundary, but rather, a gravitational core. You can visualize Web 2.0 as a set of principles and practices that tie together a veritable solar system of sites that demonstrate some or all of those principles, at a varying distance from that core.« (O'Reilly 2005)

Koch und Richter (2007) sehen den Begriff des Web 2.0 als eine Zusammenfassung neuer Techniken, Anwendungstypen und einer Orientierung hin zu den Bedürfnissen einzelner Nutzer und betitelt damit auch eine soziale Bewegung. Diese Betrachtungsweisen verdeutlichen, dass es sich nicht nur um einen Wandel der verwendeten Technologien, sondern auch um einen Wandel der Kultur der Nutzer handelt (Wilhelm 2012, S. 12).

Populäre Anwendungen des Web 2.0 sind z.B. soziale Netzwerkseiten (Facebook, Twitter, LinkedIn usw.), Wikis (Wikipedia) oder Blogs (Blogspot). Social Media verfügen über mediale Infrastrukturen die multiple Vernetzungs- und Rückkopplungsprozesse in Echtzeit und Permanenz ermöglichen. So können neben Online – auch Offlineaktivitäten vernetzt und koordiniert werden (Dolata & Schrape 2018, S. 3), z.B. im Rahmen sozialer Bewegungen wie ›Fridays for Future‹.

Formen der relationalen Beziehungspflege können bspw. wie auf Facebook geschehen oder dadurch, dass Suchmaschinen statistische Ähnlichkeiten zwischen Nutzeraktivitäten erkennen und diese zu einzelnen Profilen verrechnet und u.a. zur Inhaltsaufbereitung und Informationsstreuung genutzt werden. Diese Plattformen beruhen auf Vorstellungen von Netzwerkeigenschaften – also etwa Nähebeziehungen, reziproke Abhängigkeiten und interne Kohäsion – und werden somit auch zu Generatoren von Netzwerkförmigkeiten (Passoth/Sutter/Wehner 2013, S. 141).

Kommunikationskanäle im Internet ermöglichen dabei immer mehr Interaktivität und Konnektivtät von Nutzern: »Internet communication channels emphasize the interactive and interconnected nature (...)« (Coombs 2012, S. 19). O'Reilly bezeichnet dies auch als »harvesting of collective Intelligence« und sieht bspw. ›Hyperlinking‹ als Fundament des Web 2.0. »Web 2.0 refers

ne Prüf- und Qualitätssicherungsmaßnahmen eingespart werden können (vgl. Angermeier 2004).

to applications that promote user-generated content, sharing of that content, and collaboration to create content« (Coombs 2012, S. 20). Durch das Hinzufügen von neuen Inhalten, Seiten und Verlinkungen durch Nutzer werden neue vernetzte Strukturen erstellt. O'Reilly (2005) vergleicht dies mit der Synapsenbildung in einem Gehirn. Durch Wiederholungen oder Intensitätssteigerungen verstärken sich Assoziationen und Vernetzungen des Web 2.0 und wachsen ›organisch‹ als Produkt kollektiver Aktivitäten. O'Reilly spricht in diesem Zusammenhang von einem »global brain« (2005), welches Internet-Anwendungen und -Plattformen umfasst, die die Nutzer aktiv in die Wertschöpfung integrieren – »sei es durch eigene Inhalte, Kommentare, Tags oder auch nur durch ihre virtuelle Präsenz« (Walsh/Haas/Kilian 2011, S. 6).

Diese Nutzerzentrierung sowie die Schaffung zentraler Inhalte durch den Nutzer[26] führen einerseits zu einer gewissen Abhängigkeit der Anwendung, »denn ohne diese aktive Nutzung ist der Nutzen einer Anwendung stark eingeschränkt« (Wilhelm 2012, S. 13). Andererseits führt dieser Netzwerkeffekt auch dazu, dass eine Plattform zugleich besser und attraktiver wird, je mehr Personen sie aktiv nutzen.

Der Netzwerkeffekt des Web 2.0 ist nicht nur positiv zu sehen. Mehr Beteiligung entspricht zugleich auch mehr verfügbaren Informationen über das Verhalten anderer, was auch als Überforderung wahrgenommen werden kann (Jäckel & Fröhlich 2012, S. 91).

Digitale Technologien und Web-2.0-Anwendungen, sind laut David (2013, S. 344) allmählich in das allgemeine gesellschaftliche Repertoire übergegangen und die Übermittlung von Daten und Neuigkeiten in Echtzeit angekommen. Fraglich ist, was der gesellschaftliche Nutzen dieser Entwicklungen ist und was »Nutzer mit diesen Möglichkeiten anfangen [wollen]?« (ebd.).

Angel und Zimmermann (2016, S. 262) sprechen hier von einer Wissensgesellschaft, die sich mit einigen wesentlichen Herausforderungen und Themenkomplexen konfrontiert sieht. Informationsflut, Informationssegmentierung und Informationsbewertung können sich durch mangelnde Kohärenz und fehlende Interdependenz auszeichnen. Auch kann ein Expertendilemma entstehen, da ganzheitliche und partikular segmentierte Interessen aufeinanderstoßen können. Wesentliche Herausforderungen bilden hierbei Artikulations- und Durchsetzung(smöglichkeiten) von Interessen, Handlungsperspektiven, Handlungsoptionen, globalen Akteuren und

26 Wird auch als ›User Generated Content‹ bezeichnet.

lokal Betroffenen, Technikfolgenabschätzung, intendierte Wirkungen und erkennbare bzw. nicht erkennbare Nebenwirkungen (ebd.).

An dieser Stelle wird die Wissensgesellschaft vielmehr zur »Glaubensgesellschaft« (Angel & Zimmermann 2016, S. 262).

> »Glaube – und nicht Wissen – [ist] ein entscheidender Einflussfaktor für (...) Entscheidung[en] (...). Dies könnte – in unserer ins Extreme übersteigerten Wissensgesellschaft – eine hilfreiche Entlastung von Informationsfülle und Daten-, Modellierungs- bzw. Wissenschaftshörigkeit sein und gleichzeitig die Rolle der Menschen und der menschlichen Verantwortung anders oder, besser gesagt, neu zur Geltung bringen.« (Angel & Zimmermann 2016, S. 277)

Zusammengefasst hat sich nicht nur die Art und Weise wie wir kommunizieren stark verändert, sondern auch wie wir mit Wissen kommunikativ umgehen. Wesentliche Merkmale der Wertschöpfung des Web 2.0 sind hierbei Interaktivität, Dezentralität und Dynamik. »Zugleich wird jedoch durch gemeinsame Standards und Konventionen die Interoperabilität sichergestellt und damit die Zusammenarbeit räumlich und zeitlich verteilter Nutzer überhaupt erst ermöglicht« (Walsh/Hass/Kilian 2011, S. 6). Das Web 2.0 prägt durch neue Möglichkeiten des Beziehungs-, Informations-, und Identitätsmanagements ein neues Bild von Öffentlichkeit (Salzborn 2015, S. 48) und stellt wesentliche Implikationen für den Kontext aktueller Kommunikationsprozesse dar.

Kommunikationsprozesse im Kontext des Web 2.0 sind nicht nur für einzelne Akteure von Bedeutung, sondern begründen zunehmend auch die Umwelt von Organisationen bzw. Unternehmen.

2.5 Organisationale Kommunikation – Krisenkommunikation und Issues Management

»Alles Handeln von gesellschaftlichen Teilsystemen, Organisationen und Personen kann (...) als kommunikatives Handeln abgebildet bzw. in kommunikatives Handeln transponiert werden« (Merten 2013, S. 163). Seit der Jahrtausendwende lassen sich zwei dominierende Trends des gesellschaftlichen (wirtschaftlichen, politischen) Handelns identifizieren: »Die Ausdehnung des strategischen Managements auf immer neue Handlungsfelder (...) und die Ausdehnung kommunikativen Handelns auf immer mehr Bereiche des Managements« (Merten 2013, S. 9). Dies beruht auch auf dem globalen Streben nach Optimierung des Einsatzes von Ressourcen jeglicher Art und auf der Tatsache, dass Kommunikation eine »maximal vorteilhafte Ressource darstellt, die sich überall einsetzen lässt, weil Kommunikation als genereller Stellvertreter für alles Handeln fungiert« (Merten 2013, S. 9).

Wer sich mit dem Thema der organisationalen Kommunikation auseinandersetzt, wird unweigerlich auf Thematiken der PR gelenkt (Herrmann 2012, S. 49). »Management von Kommunikation beruht auf der Anfertigung einer strategischen Konzeption für Kommunikation und diese gilt mittlerweile als der Königsweg aller PR und allen Managements und zugleich als beinharter Test auf Kommunikations-Kompetenz« (Merten 2013, S. 9).

Die wissenschaftliche Auseinandersetzung mit Krisenkommunikation erfreut sich insbesondere in den letzten Jahren eines starken Wachstums (Srugies 2016, S. 499). Die meiste Forschung zur Krisenkommunikation stammt aus dem nordamerikanischen oder westeuropäischen Raum. Dies liegt neben fortgeschrittenen Forschungstraditionen im Bereich der Sozialwissenschaften und der Entwicklungen von Public Relations auch daran, dass immer noch die meisten der großen internationalen Medienunternehmen, die die weltweite Berichterstattung formen, in diesem Raum vorzufinden sind. »Despite what might be described as regional bias, important bodies of research, important questions, and significant risk factors may be found throughout the world« (Seeger/Auer/Schwarz 2016, S. 510). Allerdings haben neben wissenschaftlichen Auseinandersetzungen in den vergangenen Jahrzehnten auch zunehmend praxisorientierte Ratgeberwerke der PR-Literatur an Bedeutung gewonnen (vgl. Löffelholz & Schwarz 2008; Srugies 2016). Viele Ansätze beschreiben hierbei eher Selbstverständlichkeiten der klassischen PR (Köhler 2006, S. 76). Herbst (2004, S. 97) reduziert Krisen-PR ausschließlich auf ein Instrument der »herkömmlichen Public Relations während einer gefährlichen, die Existenz der Organisation bedrohenden Situation«. Der starke Bezug zur klassischen Öffentlichkeitsarbeit überdeckt häufig ›Komplexitätsfaktoren‹, die jeder Situation für Krisenkommunikation immanent sind.

Generell befassen sich Theorien der Krisenkommunikation mit Prozessen der Meinungs- und Bedeutungsbildung aller Formen menschlicher Interaktion und Koordination, die von potenziell gefährlichen »high uncertainty events« ausgehen (Sellnow & Seeger 2013, S. 2). Krisenkommunikation befasst sich von daher tendenziell mit normierten Formen der Kommunikation, die sich z.B. im Krisenfall an explizite Regeln hält. Im deutschsprachigen Raum wurde z.B. der Krisennavigator, – ein ›Spin-Off‹ der Christian-

Albrechts-Universität in Kiel – sowie die internationale Forschungsgruppe zur Krisenkommunikation an der Universität Ilmenau gegründet (Böttger 2013, S. 60). Allerdings fordert die erhöhte Komplexität, bedingt durch Globalisierungsprozesse und das Web 2.0, mehr und mehr auch eine interdisziplinäre Orientierung der Forschung. Eigendynamische Entwicklungen fordern daher nicht nur Struktur-, sondern auch Prozesslösungen.

Oft befassen sich wissenschaftliche Untersuchungen mit Teilbereichen des Kommunikationsmanagements. Dies ist aufgrund der Komplexität, insbesondere im globalen Handlungsraum, ersichtlich. Interdisziplinäre Fragestellungen heutiger Kommunikationsgestaltung bedürfen somit auch weiterer Forschung (Schmidt 2013, S. 7). Auch grundsätzliche Probleme akteursfeldübergreifender Kommunikationsgestaltung müssten stärker adressiert werden. Damit das Forschungsfeld der Krisenkommunikation aktuellen Entwicklungen wie etwa transnationalen Krisen standhalten kann, sollten laut Srugies (2016, S. 506) interdisziplinäre Verknüpfungen und verschiedene kulturelle Kontexte berücksichtigt werden.

2.5.1 Organisationstheoretische Perspektive auf Krisenkommunikation

Die Gründe für die Relevanz, die der organisationalen Kommunikation zugesprochen werden, lassen sich in wesentlichen Perspektiven auf die Funktionsweisen einer Organisation finden. Unter Organisationen sollen im Folgenden alle sozialen Gebilde gefasst werden, die dauerhaft Ziele verfolgen und zu diesen Zwecken formale Strukturen ausgebildet haben. Diese Strukturen dienen u.a. dazu Aktivitäten der Mitglieder auf ebendiese Ziele auszurichten (Kieser & Walgenbach 2013, S. 6). In diesem Sinne kann auch die Bezeichnung des Unternehmens als Organisation verstanden werden und soll nicht weiter differenziert werden. Eine gesonderte Betrachtung verschiedener Organisationstypen bzw. Unternehmenstypen ist an dieser Stelle gleichermaßen im Rahmen des Erkenntnisinteresses nicht zielführend und soll daher nicht erfolgen.

Lange Zeit herrschte in der Organisationstheorie das Paradigma, dass formale Strukturen einer Organisation nur Bestand hatten, wenn sie zu einer effektiven und effizienten Leistungserstellung beitrugen. Der Zusammenhang zwischen Technologie und formaler Struktur ließ sich empirisch jedoch nichtgänzlich belegen; stattdessen konnte ein Zusammenhang zwischen Umwelteinflüssen und Organisationsstruktur aufgedeckt werden

(Jörges-Süß & Süß 2004, S. 2). Im Wesentlichen haben sich hierbei zwei Forschungsrichtungen entwickelt.

Mikroperspektivische Überlegungen betrachten Organisationen als Institutionen, die selbst institutionalisierte Strukturen erzeugen und so ihre Umwelt beeinflussen.

Eine stärkere Anwendung in der Forschung finden makroinstitutionalistische Perspektiven, die davon ausgehen, dass Organisationen nur Strukturen adaptieren, die auch von ihrer Umwelt erwartet werden und so Legitimität zugesprochen bekommen (ebd.) und sich in einem komplexen Beziehungsgeflecht mit ihrer Umwelt befinden. Organisationen orientieren sich hierbei an allgemeinen Erwartungen bedeutsamer Anspruchsgruppen und streben nach Legitimität (vgl. Kirchner 2012), um ihr Überleben zu sichern. Dieses Verhalten ist besonders zu Krisenzeiten ersichtlich. An die Legitimität geknüpft sind Ressourcen, die Organisationen nur dann erhalten, wenn sie den Anforderungen der Umwelt gerecht werden. Daher sind Legitimität[27] und die Erfüllung der Umweltanforderungen existenziell für Unternehmen (Jörges-Süß & Süß 2004, S. 3) und zu Krisenzeiten oft erschwert zu erreichen.

Da Organisationen eher nicht in homogenen Umwelten agieren und verschiedenen, teilweise gegensätzlichen, Ansprüchen gerecht werden müssen (z.B. Effizienz vs. Umweltschutz), ergeben sich Herausforderungen bei der Umsetzung. Um der Umweltdynamik zu begegnen, ohne überlebensnotwendige Legitimität zu verlieren, finden oft symbolische Anpassungen statt; die sog. *Rationalitätsmythen* entstehen (vgl. Kieser & Walgenbach 2013).

Diese Entkopplung von Arbeitsabläufen, oder auch Institutionen an sich, führt für die Organisation zu engeren Handlungsspielräumen. Der Prozess, dass solche Organisationen sich angleichen, die mit ähnlichen Umweltansprüchen konfrontiert sind, wird als sog. *Isomorphismus*[28] bezeichnet (Walgenbach 2001, S. 334). »Organizations tend to model themselves after similar organizations in their field that they perceive to be more legitimate« (DiMaggio & Powell 1983, S. 151). In der Literatur finden sich drei wesentliche Mechanismen, die eine Strukturgleichheit zur Folge haben können: Isomorphismus durch Zwang (z.B. Gesetze), durch Nachahmung (z.B. Wettbewerb) und durch normativen Druck (z.B. Berufsverbände; Jörges-Süß & Süß 2004, S. 4f.).

---

27 Legitimität ist hierbei auch ein Indikator für Institutionalisierung. Institutionalisierung erfolgt in zwei wesentlichen Schritten – durch die Objektivierung und durch die Weitervermittlung der Erwartungsstruktur an Dritte (Kirchner 2012, S. 43).

28 Isomorphismus steht hier in Gegensatz zu Eigenlogik.

Abbildung 3: Überlebenssicherung von Organisationen

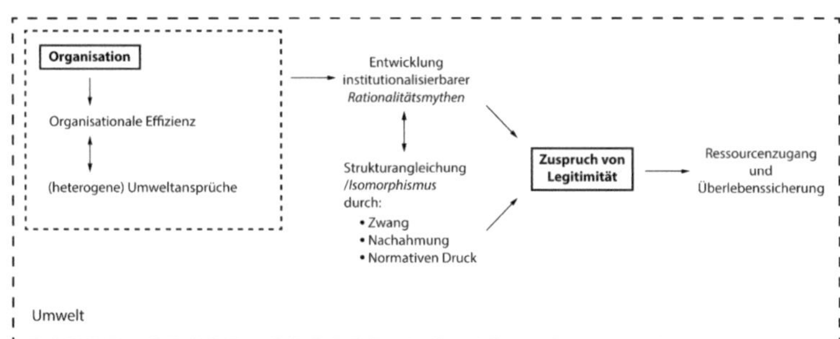

Quelle: Eigene Darstellung in Anlehnung an Jörges-Süß & Süß 2004, S. 3

Mechanismen des Isomorphismus können eine Organisation unbewusst oder bewusst zu entsprechenden Handlungen bewegen. Ob diese Handlungen rational waren, können Akteure aufgrund ihrer angenommenen beschränkten Rationalität[29] eher nicht einschätzen. Zudem werden Anpassungen, Anforderungen und Erwartungen im Laufe der Zeit als selbstverständlich wahrgenommen und nicht mehr hinterfragt (Jörges-Süß & Süß 2004, S. 6).

Generell beinhalten institutionalistische Organisationstheorien das Problem, dass sie viele verschiedene Perspektiven vereinen und keine einheitlichen Termini vorweisen können. »[...] [T]here are as many ›new institutionalisms‹ as there are social science disciplines« (DiMaggio/Powell 1991, S. 1). Auch bleibt weitgehend unklar, durch *wen* und *wie* Rationalitätsmythen institutionalisiert werden, und warum sich nur einige organisationale Regelungen institutionalisieren, andere aber nicht (Jörges-Süß & Süß 2004, S. 7). Hier werden verschiedene strategische Wahlmöglichkeiten trotz erheblichen institutionellen Drucks postuliert (Kirchner 2012, S. 59).

29 Herbert Alexander Simon begründete in den 50er Jahren mit seinem Konzept der Entscheidungsfindung und eingeschränkter Rationalität den sog. *Bounded-Rationality-*Ansatz (siehe Kapitel 4.4.2). Dieser besagt, dass es Menschen nie möglich sein wird gänzlich rationale Entscheidungen zu treffen, da es nie gelingen wird alle relevanten Informationen zu berücksichtigen und ideale Entscheidungsgrundlagen schaffen zu können (vgl. Simon 1990).

Zudem stellt sich die Frage, woher Organisationen wissen, welche Umweltansprüche für sie relevant sind, da ihre Akteure auch immer nur beschränkt rational handeln können. Akteure, z.B. Organisationen, orientieren sich hierbei an anderen Wettbewerbern, die sie für erfolgreich halten.

Ob diese Vorbilder aber tatsächlich erfolgreich sind und eine ›Nachahmung‹ rational ist, können die Akteure nicht gänzlich beurteilen (Jörges-Süß & Süß 2004, S. 8).

Fragwürdig ist auch, dass Organisationen und ihre Mitglieder auf ein eher passives Verhalten reduziert werden. Hierin begründet sich ein Widerspruch zu ressourcenorientierten Ansätzen, die den (aktiven) Ausbau eigener Kernkompetenzen postulieren (ebd.). Entscheidungsrelevante individuelle und kollektive Interessen, strategische und intentionale Verhaltensweisen sowie Machtaspekte werden eher ausgeblendet (Walgenbach 2001, S. 350ff.). Auch sind Organisationen oft gar nicht in der Lage, sich umfangreich ihrer Umwelt anzupassen[30] (vgl. Kirchner 2012).

Dennoch ist es den soziologischen Ansätzen zu verdanken, dass die Reziprozität zwischen Umwelt und Organisation Beachtung bekommt und organisationale Wandelprozesse dahingehend analysiert werden können (Walgenbach 2001, S. 347ff.). Organisationen sind somit in ein komplexes Beziehungsgeflecht eingebettet, dessen Gestaltung und Pflege eine wesentliche Aufgabe zur Existenzsicherung darstellt.

Die Theorie des Neoinstitionalismus soll hier daher erweitert und davon ausgegangen werden, dass Organisationen mit ihrer Umwelt in einem reziproken bzw. wechselseitigen Beziehungsverhältnis stehen und sowohl Organisationen als auch ihre Umwelt sich gegenseitig beeinflussen können.

Zusammengefasst lässt sich festhalten, dass formale Strukturen einer Organisation nicht primär auf ihren technischen Möglichkeiten beruhen, sondern gemäß des Neoinstitutionalismus davon ausgegangen werden kann, dass viele der Programme, Abteilungen, Stellen und Verfahrensweisen von Organisationen mehr oder weniger direkte Reaktionen auf Forderungen und Erwartungen essentieller Anspruchsgruppen der Organisationsumwelt

---

30 Ausgeblendet wird hierbei, dass auch große Unternehmen, wie bspw. Apple oder VW, einen wesentlichen Einfluss auf ihre Umwelt haben und hier auch umgekehrte Anpassungen stattfinden können. Z. B. ist die Grundsteinlegung des VW-Werks 1938 fest in der Geschichte Wolfsburgs verankert. Der Konzern prägt die Region maßgeblich, nicht zuletzt aufgrund seiner ca. 57 700 Beschäftigten im Werk Wolfsburg (vgl. Wolfsburger Statistik 2018).

(Walgenbach 2014, S. 296) und eine Form der Beziehungspflege zu ebendiesen darstellen. Anpassungen werden vollzogen, weil sie von Akteuren erwartet oder von Gesetzen vorgeschrieben werden. Auch werden diese unabhängig von ihren Auswirkungen auf das Arbeitsergebnis und die Effizienz der Organisation oftmals einfach übernommen (Walgenbach 2014, S. 296). Hierin bergründet sich auch ein entscheidendes Verständnis (der Ziele und Intentionen) organisationaler Kommunikation.

Oft wird die Befassung mit organisationaler/unternehmerischer Kommunikation in Verbindung mit Krisenzeiten immanent, da die Legitimation, d.h. der Zugang zu wesentlichen Ressourcen, für Organisationen hier am meisten ins Wanken zu geraten scheint.

2.5.2 Krisen und ihre Wahrnehmung

Der Begriff ›Krise‹ lässt sich vom altgriechischen Wort κρίσις (krísis) ableiten und bezeichnet eine »Abspaltung, (Ent)Scheidung, Unterscheidung oder auch Trennung sowie eine entscheidende Wendung in einer schwierigen Situation, mitunter sogar zum Besseren« (Steinke 2018, S. 33). Das lateinische Wort *crisis* ist in der Medizin noch heute gängig als Bezeichnung für das Stadium einer Infektion und ist eher negativ konnotiert. »Nicht selten wird es verstanden als Ouvertüre zur folgenden Katastrophe mit ihrem für alle Beteiligten unbeherrschbaren und fatalen Ausgang« (ebd.). ›Katastrophen‹ weisen im Gegensatz zu Krisen kaum Ambivalenz in den Möglichkeiten ihres Ausganges auf und werden als Wendungen mit schlimmem Ausgang verstanden (Krystek 1987, S. 9). Katastrophen enden immer negativ und sind die verheerendste Form der Krise. Im engeren Sinne lassen sich Katastrophen auch kontextbezogen als Naturkatastrophen oder technische Katastrophen definieren, die allerdings wiederum Auslöser von Krisen sein können (Salzborn 2015, S. 13).

Im englischen Sprachraum wird der Begriff ›crisis‹ stärker und wertfreier mit einer Entscheidungssituation verbunden und in seinem Ausgang weniger deterministisch gesehen (Steinke 2018, S. 33). »(…) [A] crisis may be defined as a specific, unexpected, non-routine event or series of events that creates high levels of uncertainty and a significant or perceived threat to high priority goals« (Seeger/Sellnow/Ulmer 2003). Sellnow und Seeger (2013, S. 1) schreiben Krisen auch ein gewisses Potenzial für gewünschte Veränderungsprozesse zu:

> »Crises are increasingly important social, political, economic and environmental forces and arguably create more change more quickly than any other

single phenomenon. Crises have the potential to do great harm, creating widespread and systematic disruption. But they may also be forces for constructive change, growth and renewal« (Sellnow & Seeger 2013, S. 1).

Im Chinesischen hingegen besteht das Wort der Krise aus zwei Schriftzeichen, dem der Gefahr bzw. des Risikos und dem der Chance[31].

Der Begriff des Risikos ist hier allerdings von dem der Krise zu unterscheiden. Risiken stellen die »Wahrscheinlichkeit des Eintretens einer Gefahr« (Merten 2008, S. 87) dar, während bei einer Krise die Gefahr bereits eingetreten ist und bis zum Ende der Krise auch per Definition bestehen bleibt (Salzborn 2015, S. 15). Auch in ihrer zeitlichen Dimension sind Risiken von Krisen zu unterscheiden. Gemeinsam ist beiden allerdings die Wahrnehmung von unsicheren Situationen, die Krisenpotenzial beinhalten (Köhler 2006, S. 24). Der Risikobegriff wird meist eher als Bedrohung wahrgenommen und der potenzielle Chancencharakter, der jedem riskanten Verhalten immanent ist, meist negiert (Baumgärtner 2008, S. 42).

Was eine Krise ist, ist somit auch stark perspektivenabhängig und auch fast immer subjektiven Kriterien unterworfen. Krisen sind somit hochgradig deutungs- und wahrnehmungsabhängig.

Interdisziplinär lassen sich verschiedene Forschungsansätze aus sozialer, militärischer, politischer, psychologischer und ökonomischer Perspektive differenzieren. Auch Ansätze innerhalb verschiedener Wissenschaftsdisziplinen weisen nicht nur Einstimmigkeit auf (Salzborn 2015, S. 12).

Generell wird eine Krise allerdings als die Störung einer Gewohnheit gesehen. Merten (2013, S. 153) beschreibt Krisen als einen Prozess mit diversen Variablen latenter Ungewissheit, der als Störung von Gewohnheit eine gewisse Aktualität besitzt und damit oft zum Gegenstand öffentlicher Aufmerksamkeit mutiert. Krisen haben hierbei das Potenzial negative oder unerwünschte Ergebnisse für die Akteure auszulösen (Coombs 2012, S. 4).

»Because crises are, by their nature, unpredictable, theorizing about them creates many challenges. In some ways, every crisis may be seen as an entirely anomalous and unique event that, by definition, defies any systematic explanation. It is common to see a crisis as just an accident, an unusual combination of events (...). (...) the fact that crises occur at an increasing and

31 危机 (vereinfacht oder 危機 eher traditionell) mündlich übersetzt nach Xun Luo (2019).

alarming frequency allows (...) to observe similarities, patterns and relationships across many occurrences.« (Sellnow & Seeger 2013, S. 2f.)

Krisen können Erwartungen und Ansprüche von Stakeholdern der Organisation entäuschen und Beziehungen der Organsiation gefährden sowie der deren Reputation[32] erheblichen Schaden zufügen (Coombs 2012, S. 2).

Theoretisch wird zwischen endogen und exogenen Auswirkungen von Krisen unterscheiden, die sich destruktiv oder konstruktiv auf immaterielle oder materielle Ressourcen einer Organisation auswirken können (vgl. Köhler 2006; Roselieb 1999; Krystek 1987). In der Literatur wird zudem zwischen verschiedenen Krisentypen bzw. exogenen und endogenen Ursachen von Unternehmenskrisen unterschieden (Roselieb 1999, S. 88). Bei endogenen Krisen (z.B. Produktionsunfälle, Veruntreuung von Geldern, Produktsabotage, Mitarbeiterentlassungen etc.) liegen die Ursachen innerhalb des Unternehmens bzw. in dessen direktem Einflussbereich. ›Exogene Krisen‹ (z.B. Naturkatastrophen, Unfälle, Verhalten der Wettbewerber oder Kunden) entstammen dem äußeren Umfeld des Unternehmens und unterliegen daher nicht dessen direktem Einfluss (vgl. Hoffman & Braun 2008, S. 138).

Des Weiteren lassen sich theoretisch eine Reihe von Krisenarten unterscheiden (vgl. Herbst 2004; Hillmann 2011). Neben Wirtschaftskrisen bzw. Führungskrisen, technisch-ökologischen Krisen, Produktkrisen, politisch-ideologischen Krisen und gesellschaftlich-personalen Krisen werden oft in diesem Zusammenhang auch Kommunikationskrisen unterschieden. Dies lässt sich allerdings nicht mit dem hier verwendeten Kommunikationsbegriff vereinbaren, da alle Krisen auch kommunikativ geschaffen sind. Kommunikation lässt sich daher als Bestandteil bzw. Konstituent einer Krise verstehen, wenn bspw. eine negative Ausprägung vor allem durch fehlerhafte oder nicht nachhaltige Krisenkommunikation erfolgt. Abhängig von den Ursachen sind auch die daraus resultierenden Arten von Krisen nicht immer trennscharf zu sehen. »Die aufgezeigten Arten können ebenso wie die Ursachentypologien daher nur eine Orientierung geben und ein Hilfsmittel sein, um der Krisen entgegenzuwirken« (Salzborn 2015, S. 23).

---

32 Reputation stellt ein essenzielles Kapital eines Unternehmens dar und kann als allgemeine Bewertung des Unternehmens durch seine Anspruchsgruppen verstanden werden. »Dabei kann es zu den positiven Techniken der Selbstdarstellung gezählt werden, wenn Glaubwürdigkeit und Vertrauenswürdigkeit herausgestellt werden« (vgl. Hetze 2013, S. 138).

Die Ausführungen verdeutlichen, dass eine Definition des Krisenbegriffes – insbesondere für betroffene Organisationen – zielführend sein kann, da die synonyme Verwendung von anderen Begrifflichkeiten, wie Risiko, Katastrophe etc. deren Handhabung erschwert und andere Handlungsoptionen impliziert. Auch die Unterscheidung in Krisentypen kann Aufschlüsse über Handlungsmöglichkeiten geben.

Abbildung 4: Implikationen verschiedener Krisenperspektiven

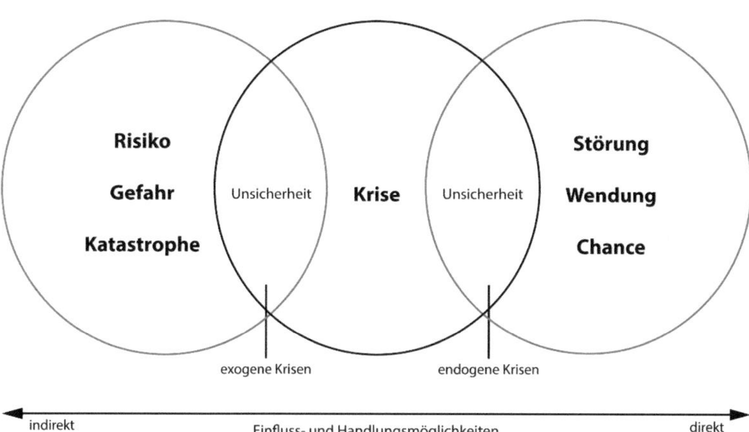

Quelle: Eigene Darstellung in Anlehnung an Krystek (1987, S. 10)

Aufgrund der Perspektivenabhängigkeit von Krisen kann es auch zu unterschiedlichen Entscheidungen gegenüber potenziell krisenrelevanten Situationen kommen. Hier sind nicht nur die Anzahl und die Art der Krisensymptome zur Identifizierung einer Krise relevant, sondern auch die Entscheidung der betroffenen Akteure, ob und wie diese Krisensignale identifiziert und interpretiert werden (Mast 2008, S. 98).

Die Entscheidung, ob eine Krise vorliegt bzw. in welchem Umfang und deren Thematisierung liegt nicht nur bei dem betroffenen Akteur, sondern vielmehr bei allen potenziellen Akteuren der Öffentlichkeit[33], die direkt von der Krise betroffen sein können[34] (bzw. Anspruchsgruppen des Unternehmens).

---

33 Gerhards und Neidhardt (1990, S. 15) fassen Öffentlichkeit als spezifisches Kommunikationssystem auf, das sich gegenüber anderen Sozialsystemen abgrenzt. Konstituiert wird das System auf der Basis des Austauschs von Informationen und Meinungen. Akteure bzw. Personen, Gruppen und Institutionen bringen bestimmte Themen auf und äußern Meinungen. Öffentlichkeit kann so als ein Diskussionssystem bezeichnen werden. Damit grenzt sich Öffentlichkeit gegenüber anderen Kommunikationssystemen ab und resultiert vor allem aus sprachlicher Kommunikation (ebd.).

34 In der Kommunikationswissenschaft wird Öffentlichkeit nicht als einheitlicher Kommunikationsraum definiert und grundsätzlich zwischen drei Ebenen von Öffentlichkeit unterschieden, denen sich Akteure zuordnen lassen (Gerhards & Neidhardt 1990, S. 24ff.). Die erste sog. Encounter-Ebene stellt durch ihre einfachen Interaktionssysteme die elementarste Form der Öffentlichkeit dar. Sie bildet sich immer dann, wenn unterschiedliche Akteure zufällig aufeinandertreffen und miteinander kommunizieren. Charakteristisch für die Encounter-Ebene ist ihre Privatheit sowie wie ihre ›Zerbrechlichkeit‹ und relative Strukturlosigkeit (ebd.). Die Zweite Ebene der ›Themen- oder Organisationsöffentlichkeit‹ stellt ein thematisch und räumlich zentriertes Interaktionssystem dar. Sie weist einen hohen Organisations- wie Öffentlichkeitsgrad auf. Die Akteure treffen nicht mehr zufällig, sondern geplant aufeinander. Die dritte Ebene der Öffentlichkeit ist die ›Massenmediale-Ebene‹ bzw. Medienöffentlichkeit. Öffentliche Kommunikation vollzieht sich hier primär durch Massenmedien. Die technische Infrastruktur ist weit entwickelt und bietet so eine breite wie kontinuierliche Beeinflussung der öffentlichen Meinung. Die monodirektionale Kommunikation dominiert und eine Differenzierung zwischen Leistungs- und Publikumsrollen zeichnet sich ab. Die Ebenen sind auch als Selektionsstufen zu verstehen (Hartmann 2016, S. 50) und trotz ihrer differenzierten Struktur und Ausrichtung nicht rein autonom zu betrachten. Die höhere Ebene steigert die Leistung der unteren, kann deren Bedeutung aber nicht ersetzen (vgl. Salzborn 2015, S. 17). Auch die Bedeutung des Web 2.0 sollte hier berücksichtigt werden, da Leistungs- und Publikumsrollen zunehmend verschwimmen (siehe Kapitel 2.4). Öffentlichkeit lässt sich nach dem sog. *Arenenmodell* auch als Netzwerk verstehen (siehe Kapitel 5.1.2), indem verschiedene Interaktionsforen überlagert und Verbindungen zu anderen Lebens- und Gesellschaftssystemen bzw. -bereichen herstellt werden. Es existiert daher stets ein Geflecht verschiedener überlappender Kommunikationsarenen mit unterschiedlichen Kristallisationspunkten (vgl. Zerfaß 2010). Somit können Krisen auf der Ebene des Krisenakteurs sowie der Öffentlichkeit als ein »soziales und beobachterabhängiges Konstrukt beschrieben werden« (Löffelholz & Schwarz 2008, S. 22), dessen Entwicklung von der Interaktion der Akteure zwischen und innerhalb der Öffentlichkeitsebenen beeinflusst wird und somit eine starke Rolle von Kommunikation impliziert (Salzborn 2015, S. 17).

2.5.3 Die Krise als Prozessentwicklung und Präventionsansätze

»The best way to manage a crisis is to prevent one« (Coombs 2012, S. 31)

Die Definition von Krisen wird stark in Zusammenhang gebracht mit der Frage nach ihren Auslösern: »[Perspectives] include faulty decision-making, oversights, accidents, natural changes and unexpected events« (Seeger & Sellnow 2013, S. 8). Krisen treten hierbei oft unerwartet auf. Dennoch gibt es meist Warnsignale, die auf eine sich anbahnende Krise hinweisen[35] (Sellnow & Seeger 2013, S. 6). Diese Warnsignale werden in der Literatur auch als ›Issues‹ betitelt. In Abgrenzung zu dem Begriff der Krise ist ein Issue eine sich abzeichnende Thematisierung. »[An Issue is] a trend or a condition (...) that, if continued, would have a significant effect on how a company is operated« (Moore 1979, S. 43).

Im Deutschen wird ein Issue häufig mit einem ›Thema‹ gleichgesetzt. Allerdings sind nicht alle Themen für Organisationen relevant (Durst 2009, S. 34). Daher ist es besser, von Thematisierungen zu sprechen, die Effekte auf die Reputation der Organisation haben können, von öffentlichem Interesse sind und »in ihrer Karriere vom (öffentlichkeitswirksamen) Handeln der beteiligten Akteure beeinflusst werden« (Durst 2009, S. 35).

Issues beginnen meist als schwaches Signal, das Multiplikatoren benötigt, welche Meinungen vorgeben und Anliegen formulieren. Verstärkung erfahren Issues, wenn sie von bereits in der Öffentlichkeit etablierten Gruppen aufgegriffen werden und so auf die Agenda der Medien gerückt werden. Wenn zusätzlich politische Gruppierungen Thematisierungen aufgreifen, kann sich ein Krisen-Issue für das Unternehmen ergeben, das sich zu einem Konflikt entwickeln kann (Hillmann 2011, S. 76).

»In an essence, an issue is a type of problem whose resolution can impact the organization« (Coombs 2012, S. 32).[36] Durch das Interesse der Öffentlichkeit und den Konkurrenzkampf der Medien um Auflagen, Einschaltquoten und Aufmerksamkeit, verstärkt sich die Notwendigkeit (für die Medien) spektakuläre Themen und Meldungen zu verbreiten (Hillmann 2011, S. 83). Eine

---

35 Siehe Kapitel 4.4.

36 In der Literatur wird zwischen verschiedenen Intensitätsebenen von Issues unterschieden. Hillmann (2011) unterscheidet bspw. zwischen gesellschaftlichen Trends, aufkommenden und tatsächlich aktuellen Issues.

wesentliche Herausforderung für wirtschaftliche oder politische Akteure besteht daher in der Beobachtung und der gezielten Begleitung von Themen, die für das Unternehmen, ein Produkt oder ein bestimmtes Vorhaben zukünftig von Bedeutung sein können (Hillmann 2011, S. 75).

Laut Steinke (2018, S. 17) ermöglicht das aktive Management von Issues, »sich zu Themen aufzustellen und fundiert und mit Hintergründen zu äußern, bevor diese zu Krisenthemen heranwachsen«. Wenn daher relevante und öffentlichkeitswirksame Themen bzw. Botschaften im Unternehmen und seinem Umfeld beeinflusst oder gesteuert werden sollen, muss Kommunikation auch strategisch geplant werden bevor eine Meinungsbildung einsetzt und Thematisierungen durch Medien und Anspruchsgruppen negative Auswirkungen annehmen können (Durst 2009, S. 34).

Informations- und Beteiligungswellen bleiben meist unkontrolliert, aber zeitlich begrenzt. Verschiedene Institutionen konkurrieren zunehmend um die Chance, Vernetzungen im Sinne ihrer Interessen sowohl zu bündeln als auch zu lenken (Jäckel & Fröhlich 2012, S. 100). Dabei ist es essenziell, frühzeitig zu erkennen, ob bzw. warum und mit welchen möglichen Folgen ein Thema das Potenzial besitzt, zu einem Issue zu werden (Hillmann 2011, S. 75).

Vor diesem Hintergrund hat sich das Issues Management zu einer der erheblichsten Grundlagen strategischer Unternehmenskommunikation entwickelt: »Managing an issue involves attempts to shape how the issue is resolved. The idea is to have the issue resolved in a manner that avoids crisis« (Coombs 2012, S. 32). Sellnow und Seeger (2013, S. 9) gehen davon aus, dass Issues zu Krisen mutieren, wenn Warnsignale übersehen und/oder eine mangelhafte Risikowahrnehmung herrscht. Hierbei spielen vor allem Akteurs-, Zeit-, und Inhaltsdimensionen eine Rolle (Durst 2009, S. 36).

Issues Management ist demnach der aktive Versuch, Thematisierungen zu Gunsten der Organisation zu beeinflussen, und hat die Funktion alle Kommunikationsaktivitäten des Unternehmens auf die Beteiligung der öffentlichen Meinungsbildung hin auszurichten, um ausgereifte Krisen für die Organisation zu vermeiden (Durst 2009, S. 36). Issues können somit als Krisenindikatoren gesehen werden. Wobei Krisen bereits als Störung eines gewohnten Verlaufs definiert werden, die mögliche Auswirkungen auf die Legitimität bzw. den Zugang zu Ressourcen für die Organisation haben können.

Issues als mögliche Krisenindikatoren zu verstehen resultiert aus dem grundsätzlichen Verständnis von Krisen als Prozessentwicklungen.

Theoretische Ableitungen zu Prozessverläufen für insbesondere Unternehmenskrisen, wurden speziell in der Betriebswirtschaft als Phasenmodelle abgeleitet. Diverse etablierte Phasenmodelle unterscheiden hier zwischen Komplexitätsgraden und postulieren unterschiedliche Phasenanzahlen. Die Grundprinzipien der einzelnen Modelle unterscheiden sich meist nicht sonderlich und orientieren sich oft an dem Phasenmodell von Herbert Pohl (1977). Pohl unterteilt den typischen Krisenprozess anhand der Phasen eines Anfangs, eines Wendepunkts und eines Endes (vgl. Pohl 1977, S. 76). Anfang und Ende einer Krise sind dabei nicht immer an objektive Merkmale[37] gebunden, sondern unterliegen auch der subjektiven Wahrnehmung der betroffenen Akteure. Der Beginn einer Unternehmungskrise ist laut Pohl (1977) daran zu erkennen, dass Entscheidungsprämissen nicht mehr mit den Basiszielen übereinstimmen (Krystek 1987, S. 11f.). Als Wendepunkt wird eine Situation beschrieben, ab der der Krisenprozess entweder positiv oder negativ verläuft. Das Ende einer Unternehmenskrise wird durch eine nachlassende Betroffenheit der Akteure gekennzeichnet. Dies kann sowohl durch die Nichterreichung von Ziele als auch deren endgültiger Aufgabe bewirkt werden (Salzborn 2015, S. 19).

Bedeutsam ist, hierbei zu bedenken, dass nicht jeder Krisenprozess auch alle Phasen durchläuft. Im Idealfall kann eine Krise bereits in ihrem Anfangsstadium durch geeignete Präventionsmaßnahmen aufgelöst werden. Auch ist es denkbar, dass Krisen erst in späteren Phasen beginnen, so dass den betroffenen Akteuren wenig Möglichkeiten bleiben, im Sinne der Prävention rechtzeitig zu handeln[38] (Salzborn 2015, S. 21). Der Krisenprozess kann auch in anfängliche Phasen zurückfallen, wenn Strategien zur Eindämmung erfolgreich sind, die Krisenursache als solches aber noch nicht beseitigt ist. Auch der Zeitraum zwischen Beginn und Ende des Krisenprozesses kann unterschiedliche Längen und Muster aufweisen. Einen ›Standardkrisenablauf‹ kann es somit nicht geben (ebd., S. 22), »denn gerade die Krise ist ex definitionem eine Situation höchster Ungewissheit, die kategorisch ausschließt, dass vorab ein Regelfall überhaupt erkennbar ist« (Merten 2008, S. 91).

---

37 Als Ausnahme gelten objektiv feststellbare Tatbestände wie Liquidität oder Überschuldung, die die Existenz eines Unternehmens determinieren können.

38 Seymour und Moore (2000, S. 63ff.) unterscheiden in diesem Zusammenhang zwischen plötzlichen (Kobra) und schleichenden (Python) Krisenverläufen. Die Kobra trifft das Unternehmen völlig überraschend und unvorbereitet. Aus diesem unerwarteten Eintreten resultiert meist ein Lähmungszustand der Unternehmung, ausgelöst durch eine Überforderung und Orientierungslosigkeit auf allen Ebenen. Die Python schadet dem Unternehmen hingegen eher partiell und schleichend (ebd.).

Der Identifizierung möglicher Krisensignale kommt daher eine große Bedeutung zu und stellt die Grundsätze eines präventiven Krisenmanagements dar (Töpfer 1999, S. 15f.).

2.5.4 Krisenkommunikation und Krisenmanagement

Die Komplexität des Krisenbegriffs sowohl in seinem Verlauf als auch in seinen Ursachen und Wirkungen ist offensichtlich. Auch die Rolle der Kommunikation ist immanent, da Krisen auch immer Kommunikationskrisen sind und sich durch Kommunikationsmaßnahmen beeinflussen und begleiten lassen. Organisationen stehen in einem öffentlichen Fokus (siehe Kapitel 2.5.1) und Krisenkommunikation nimmt eine zunehmend essenzielle Rolle ein, wenn es darum geht, mit dem Spannungsfeld von Interessen zu Anspruchsgruppen umzugehen.

Keine Organisation ist immun gegen Krisen (Coombs 2012, S. 1) und sowohl die Vorbereitung auf Krisenfälle als auch das Beobachten von Krisenpotenzialen sind wesentliche Aufgaben des organisationalen Krisenmanagements (extern und intern). Es ist unmöglich, alle Arten von Krisen zu vermeiden bzw. zu umgehen (bspw. Naturkatastrophen). Einige Krisen können allerdings vermieden werden und die meisten lassen sich sinnvoll kommunikativ begleiten. Krisen können durch Kommunikation nicht nur gelöst, sondern auch ausgelöst werden (Merten 2013, S. 153). Zunehmend wurden daher Kommunikationsfelder in die Analysen der Ursachenforschung von Krisen einbezogen (vgl. Salzborn 2015). Kommunikatives Krisenmanagement hat sich hier als Praxis in vielen Bereichen, wie in der Medizin oder in der Psychologie bewährt (Sellnow & Seeger 2013, S. 2).

> »Crisis has become a more important topic for scholars in a variety of fields including political science, economics/management, sociology, psychology, anthropology, and communication. One reason for this heightened interest is an expansion of the awareness and arguably the frequency of crisis.« (Seeger/Auer/Schwarz 2016, S. 10)

Diese Entwicklungen resultieren auch in erhöhten Krisenpotenzialen für die Unternehmen. Krisenhafte Ereignisse geschehen heute nicht zwingend öfter, sondern zeichnen sich vielmehr zunehmend durch eine höhere Reichweite und ein gesteigertes öffentliches Interesse an ihnen aus. Krisenkommunikation kommt im Krisenmanagement eine besondere Rolle zu, da Kommunikation einen wesentlichen Einfluss auf den Krisenverlauf nehmen kann: »Communication (...) has a profound impact on the subsequent outcomes of a crisis« (Schneider & Jordan 2016, S. 18).

Mit Sicht auf die Strukturen der Mediengesellschaft zeigt sich laut Merten (2013, S. 153), dass nicht nur auf gesellschaftlicher Ebene Risiken und Krisen insgesamt zunehmen werden, sondern die Krisenkommunikation auch selbst riskanter und komplexer wird. Die Kommunikation über Krisen hat laut Merten (2013, S. 163) das Potential, das Ende, aber auch die Potenzierung der Krise zu beeinflussen. Auch können fiktionale Ereignisse reale Ereignisse außer Kraft setzen, so dass die Feststellung von ›Wahrheit‹ zur Disposition steht.

Der Krisenkommunikation als Teil der Unternehmenskommunikation bzw. des Krisenmanagements kommt daher eine bedeutende Rolle zu, wenn es darum geht, kommunikativ und professionell mit Krisen umzugehen (Merten 2013, S. 163). Eine nachhaltig geplante und ausgeführte Krisenkommunikation kann Krisen nicht nur entschärfen, sondern auch verhindern bzw. eindämmen. Krisenkommunikation als Teil des Krisenmanagements ist daher ein Normalfall, der aber gerade deshalb ein Regelwerk für ›Ungeregeltes‹ benötigt (Merten 2013, S. 153).

Der Umgang mit Krisen von Organisationen wird daher stark im Zusammenhang mit der Zuschreibung von Legitimität und somit Ressourcen gesehen. Der Schutz und Erhalt der (positiven) Reputation des Unternehmens bzw. seiner Glaubwürdigkeit[39] steht hier an oberster Stelle des Krisenmanagements und wird kommunikativ geführt (siehe Abb. 5).

Der Krisenkommunikation stehen zahlreiche Methoden und Strategien zur Krisenbewältigung zur Verfügung. Ziel des Krisenmanagements ist es stets, Entwicklungspotenziale von Krisen einzuschätzen und eindämmen zu können. Das klassische Krisenmanagement lässt sich exemplarisch auf ein paar wesentliche Kernelemente reduzieren:

> »Crisis management represents a set of factors designed to combat crises to lessen the actual damage inflicted. Put another way, it seeks to prevent or lessen the negative outcomes of a crises and thereby protect the organization, stakeholders, and industry from harm. Crisis management has evolved from emergency preparedness, and drawing from that base, compromise a set of four interrelated factors: prevention, preparation, response, and revision.« (Coombs 2012, S. 5)

39 Siehe Kapitel 5.4.

Abbildung 5: Überlebenssicherung von Organisationen durch Kommunikation

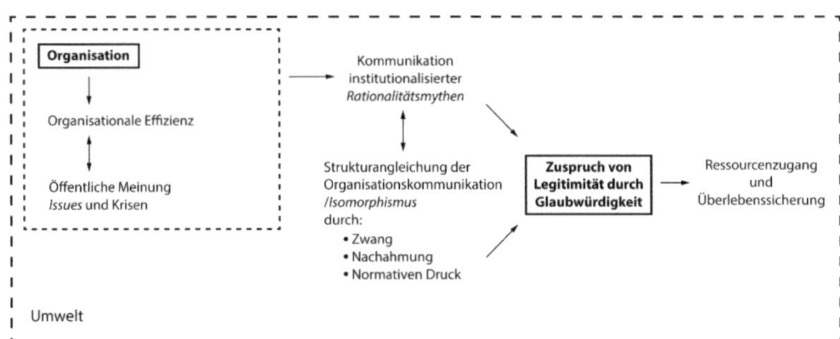

Quelle: Eigene Darstellung in Anlehnung an Jörges-Süß & Süß (2004, S. 3)

Krisenkommunikation kann somit als fortwährender Entwicklungs- und Initiierungsprozess geteilter Meinungen und Ansichten zwischen Gruppen, Communities und Individuen angesehen werden, die zum Ziel hat, schädliche Auswirkungen einzudämmen und auf Gefahren angemessen zu reagieren (Seeger & Sellnow 2013, S. 13). Böttger (2013, S. 60) definiert Krisenkommunikation in diesem Zusammenhang als sozialen »Aushandlungsprozess im Kontext von als bedrohlich und disruptiv wahrgenommenen Situationen, denen Beobachter intuitiv oder strategisch den Krisenstatus zuschreiben«.

Aus zeitlicher Perspektive umfasst Krisenkommunikation öffentliche und nicht-öffentliche Kommunikationsprozesse in der Antizipation von Krisen, während akuter Krisen und nach Krisen. Löffelholz (2005) schlägt daher eine systematische Differenzierung von Krisenkommunikation vor und unterscheidet anhand inhaltlicher Dimensionen. Hier ist vielmehr die Kommunikation *über* Krisen (Sachdimension) sowie die Kommunikation *in* Krisen (Sozial- und Zeitdimension) zu unterscheiden (Löffelholz 2005, S. 186). Organisationen können sowohl Gegenstand einer Berichterstattung über eine Krise sein als auch selbst über die Krise kommunizieren (Salzborn 2015, S. 27). Krisenkommunikation kann somit aus der Perspektive des Unternehmens oder der Perspektive des öffentlichen Interesses an einem Thema erfolgen (Thießen 2011, S. 86). Speziell die Kommunikation über Krisen birgt das Risiko, Kommunikationsziele zu verfehlen und im schlimmsten Fall die eigentliche Ausgangskrise zu überschatten. Dies ließ sich bspw. des öfteren im VW-

Abgasskandal beobachten. Die Versprechungen des Konzerns, die Krise transparent untersuchen zu lassen, haben durch von der Presse aufgedeckten Vertuschungsversuche an Glaubwürdigkeit verloren (vgl. Ott 2017).

Aus sozialer Perspektive bezieht sich Krisenkommunikation auf individuelle und organisierte Akteure, die im Krisenkontext an Kommunikationsprozessen teilnehmen oder interagieren. Aus sachlicher Perspektive werden sämtliche Kommunikationen betrachtet, die den Krisenprozess[40] zum Inhalt haben. Dies schließt u.a. die strategische Krisenkommunikation von Organisationen im Rahmen der Pressearbeit sowie journalistische Konflikt- und Krisenberichterstattung ein (vgl. Böttger 2013).

Seeger & Sellnow (2013, S. 14) sehen somit wesentliche Funktionen von Krisenmanagement darin, die unternehmerische Umwelt zu ›scannen‹, auf Krisen zu reagieren und Lösungsmöglichkeiten anzubieten. Im Idealfall liegen durch ein frühzeitiges Aufdecken von möglichen Krisenpotenzialen noch ausreichend Handlungsspielräume und Entscheidungsmöglichkeiten für die jeweilige Organisation vor.

2.5.5 Krisenkommunikation und Web 2.0

Das Web 2.0, insbesondere Social Media, spielt in der Unternehmenskommunikation eine zunehmend bedeutsame Rolle und kann Kommunikationspotenziale erweitern (z.B. Reichweite und Effizienz). Vor dem Hintergrund der wachsenden Internationalisierung von Unternehmen, der steigenden Bedeutung von Bildern in den Massenmedien und der Entwicklung neuer Kommunikationsformen stehen Organisationsabteilungen, die sich mit Krisenkommunikation beschäftigen, zum Teil vor erheblichen Herausforderungen.

Das Internet, bzw. insbesondere soziale Medien, bietet eine ideale Umwelt, in der sich ›entzündliche‹ Konflikte immer wieder entladen können (Stegbauer 2018, S. 166). Dies kann u.U. plötzlich passieren und die Krisenkommunikation kann zur Kommunikationskrise führen. Unabhängig davon, ob eine Krise langsam oder schlagartig ausgelöst wurde, kann sich beides negativ auf die Reputation und Glaubwürdigkeit eines Unternehmens auswirken (Böttger 2013, S. 59).

---

40 Mit dem Krisenprozess wird demgemäß die Gesamtdauer einer Krise bezeichnet, die sich je nach zugrunde gelegtem Phasenmodell in mehr oder weniger Phasen unterteilen lässt (Böttger 2013, S. 60).

Mit der Etablierung des Web 2.0, insbesondere der steigenden Popularität von Social Media, wachsen auch die möglichen Berührungspunkte (Touchpoints) mit den unternehmerischen Anspruchsgruppen[41] (Holzinger & Sturmer 2012, S. 165). »The Internet is an important evolutionary step in crisis communication (…) [and] [u]sers can find information, connect with other users, and express their concerns more easily with the Internet than with traditional communication channels« (Coombs 2012, S. 19). Dies hat zur Folge, dass die Aufmerksamkeit von Mediennutzern sich zunehmend auf eine steigende Anzahl von Medienkanälen verteilt und die (öffentliche) Wahrnehmung von einzelnen Maßnahmen sinkt (Holzinger & Strumer 2012, S. 165). Bei den Rezipienten entsteht eine Reizüberflutung. Dieser Informationsüberfluss senkt demnach auch die Wahrnehmung von unternehmerischen Kommunikationsaktivitäten: »Social media is responsible for the growing link between crisis communication (…) and the online world. Social media is an evolutionary stimulus because users, not organizations or the traditional news media, now control the creation and distribution of information« (Coombs 2012, S. 21).

Das Web 2.0 hat Anforderungen an die Krisenkommunikation grundlegend beeinflusst und verändert[42] (Seeger & Sellnow 2013, S. 12): »(…) [T]hink of the Internet as hastening the evolution of crisis communication« (Coombs 2012, S. 19).

Zwar bestehen im Krisenmanagement dieselben Ansprüche, Warnsignale und Krisenpotenziale rechtzeitig zu erkennen, aber die Art und Weise wie Informationen gesammelt und verarbeitet werden, ist im Kontext des Web 2.0 mit anderen Herausforderungen konfrontiert. Negative Informationen,

41 Im Bereich des Consumer to Consumer Marketings werden bidirektionale Kommunikationsprozesse von Unternehmen gerne genutzt, um interaktive Möglichkeiten des Web 2.0 auszuschöpfen. Social Media kann z.B. genutzt werden, um von den Konsumenten selbst erstellte produktbezogene Werbeinhalte eigendynamisch-viral zu verbreiten. Wie diese Prozesse sich auswirken, »ob sie kreative Innovationen führen oder aber die Unternehmensintention ins Negative verkehren, lässt sich wie bei ›invisible-hand‹-Prozessen nicht mehr vorhersagen« (Bolten 2018, S. 176).

42 Der Begriff der ›Social Media-Krise‹ wird oft in diesem Zusammenhang genannt. Allerdings wird dieser in einschlägiger Fach- und Branchenliteratur kaum expliziert und die meisten Darstellungen hierzu sind in Erläuterungen zu Online-PR und Krisenkommunikation im Internet eingebettet (vgl. Köhler 2006; Zerfaß 2007). Dabei handelt es sich somit um keine neue Krisenart, sondern eher eine Form der Unternehmenskrise im Onlinekontext (Salzborn 2015, S. 83).

die über soziale Netzwerkseiten verbreitet werden, können für Unternehmen einen erheblichen Imageschaden auslösen. Soziale Medien sollten in diesem Sinne auch als Frühwarnsysteme verstanden werden, um größere Krisen frühzeitig zu verhindern (Coombs 2012, S. 23). U. a. müssen hierfür Kommunikationsmaßnahmen um einiges schneller stattfinden bzw. eingeleitet werden, da bspw. Kommentarfunktionen auf sozialen Netzwerkseiten die Gesprächsentwicklungen wesentlich schneller und unberchenbarer machen (Coombs 2012, S. 21).

Auch ist die Art und Weise, wie in Krisenzeiten kommuniziert wird, anders: »Social media is about interaction and control, not being fed information (...) primary values of social media are listening to what stakeholders are saying, not sending them information, and providing access to information when stakeholders might need it« (Coombs 2012, S. 25). Die zielgruppengerechte Kommunikationsgestaltung ist zur Hauptfrage des heutigen Krisenmanagements mutiert. Diese Anforderung ist allerdings auch schon vor der Einführung des Internets für die Kommunikationsgestaltung fundamental gewesen (Schmidt 2013, S. 7) und die Wahl des Mediums zur Übermittlung stets ein erheblicher Bestandteil der Kommunikation selbst[43] (siehe Kapitel 2.2).

Zudem stellen sich durch User Generated Content auch Fragen des Umgangs mit Fehlinformationen, den sog. ›Fake News‹[44], da im Web 2.0 prinzipiell jeder die Möglichkeit, hat auch nicht-verifizierte Inhalte zu verbreiten (vgl. Carolus 2013). Ein weiteres Problem kann auch durch das sog. ›Dark Social‹ begründet werden. Dark Social (zu Deutsch geheime Netzwerkseiten) ist ein Begriff, der 2012 von dem amerikanischen Journalisten Alexis C. Madrigal geprägt wurde, und sich auf einen nicht beeinflussbaren und nicht überprüfbaren Datenverkehr bezieht, wie er sich etwa in privaten Gruppen sozialer Netzwerkseiten vollziehen kann (z.B. durch E-Mail, Messenger Dienste oder mobile Apps). Madrigal (2012) geht vielmehr davon aus, dass der Großteil sozialer Referenzen im Web 2.0 ›dunkel‹ bzw. privat vollzogen werden. Hier

---

43 Dieser Umstand wird von der sog. Media-Richness-Theory skizziert. Darin wird postuliert, das kommunizierte Inhalte stets in einem Zusammenhang mit gewählten Übermittlungsmedien gedacht werden sollten. Die Reichhaltigkeit eines Mediums kann hier proportional die Mehrdeutigkeit von Inhalten reduzieren (vgl. Lengel & Draft 1984).

44 Siehe Kapitel 5.3.2.

haben Organisationen in Krisenfällen kaum Möglichkeiten, die Meinungsbildung zu beeinflussen bzw. die Wirkung von initiierten Maßnahmen der Krisenkommunikation zu überprüfen.

Die Zunahme an medialen Reizen und die Hinterfragbarkeit von Informationen haben zur Folge, dass auch die Kommunikation von Unternehmen mehr Authentizität entwickeln muss, um glaubwürdig zu bleiben[45]. »Nur wer glaubwürdig und vertrauenswürdig ist, kann vor den Augen des immer kritischeren Nutzers bestehen« (David 2013, S. 345).

Die Herausforderungen und Chancen für die Kommunikation bestehen somit nicht nur in der Entwicklung neuer Strategien, sondern vor allem in der Planung und Umsetzung eines Kommunikationsmixes, der erprobte Strategien und Methoden der Unternehmenskommunikation mit den Möglichkeiten des Web 2.0 vereint (vgl. Schulz 2011, S. 21).

Zusammengefasst lässt sich festhalten, dass klassische Medien aus der heutigen Unternehmenskommunikation genauso wenig wegzudenken sind wie Onlinedienste des Web 2.0. Es ist daher eine integrierte Kommunikationsstrategie gefordert, die alle Zielgruppen präzise und regelmäßiger auf allen möglichen Kanälen erreichen kann (Holzinger & Sturmer 2012, S. 165). Anspruchsgruppen und Stakeholder von Unternehmen agieren im Rahmen des Web 2.0, z.B. als Online-Communities, auch zunehmend als selbstständige Akteure und konfrontieren das Krisenmanagement mit immer mehr Meinungen, Informationszugängen und geringeren Reaktionszeiten. Die Unternehmen sind daher gefordert, Multichannel-Strategien zu entwickeln, mit denen Botschaften ›crossmedial‹ vermittelt werden können. Zunehmende Bedeutung gewinnt eine solche Strategie durch die gesteigerte Individualisierung der Nutzungsmöglichkeiten (Holzinger & Sturmer 2012, S. 165). Auch stellen Fehlinformationen, Gerüchte und private bzw. geheime Netzwerkseiten (Dark Social) eine große Herausforderung für die Krisenkommunikation im Web 2.0 dar.

45 Blumtritt, David und Köhler entwickelten 2010 das sog. Slow Media-Manifest und definierten in 14 Thesen medienübergreifende Kriterien für das Gelingen von Kommunikation und für mehr mediale Qualität. Diese Kriterien lassen sich auch als Anhaltspunkte für mediale Nachhaltigkeit lesen, wie z.B. »Slow Media sind diskursiv und dialogisch, nehmen ihre Nutzer ernst und werben um Vertrauen« (eine vollständige Aufzählung ist unter https://www.slow-media.net/manifest abrufbar).

2.6 Reflexion

1. Welches Kommunikationsverständnis ist für die Arbeit relevant und welche Modelle spielen eine tragende Rolle für dieses Verständnis?
2. Inwiefern ist Kommunikation ein reziproker, sozialer und dynamischer Prozess?
3. Welche Rolle spielen diese Erkenntnisse für die organisationale Kommunikation?
4. Welche organisationalen Perspektiven auf dem Umgang mit Krisen und Issues sind hierfür relevant?
5. Wie verändert sich (organisationale) Krisenkommunikation im Zeitalter des Web 2.0?

Der Kommunikationsbegriff verfügt über eine nahezu unüberschaubare Definitions- und Perspektivenvielfalt. Vielen Definitionen ist gemein, dass Kommunikation als ein Prozess der Bedeutungsvermittlung zwischen Lebewesen verstanden wird. In der Literatur lassen sich im Wesentlichen drei Richtungen von Kommunikationsmodellen finden. Informationstechnologische Modelle, wie bspw. von Shannon und Weaver, eher inhaltsbezogene Modelle, z.B. Saussures Theorien zur Sprachvermittlung, und beziehungs- bzw. perspektivenorientierte Modelle, wie die Annahmen über kommunikative Interaktion von Goffman oder nicht-menschlicher Kommunikation von Latour.

Alle Modellrichtungen haben dabei ihre Berechtigung und geben in ihrer Gesamtheit ein holistisches Kommunikationsverständnis ab. Die Bedeutungsvermittlung zwischen Kommunizierenden kann intentional, oder nicht intentional, mit sprachlichen Zeichen und ohne ablaufen. Das (erfolgreiche) Senden und auch das Empfangen von Nachrichten setzt geeignete Modalitäten und ein gemeinsames Zeichenrepertoire der Interagierenden voraus. Die Handlungen selbst beruhen immer auf dem Verhalten aller Beteiligten und sind durch Reziprozität charakterisiert. Kommunikation ist in diesem Sinne oft habitualisiert und durch einen interaktiven Prozesscharakter sowie reziproke Beeinflussung der Kommunizierenden gekennzeichnet.

Kommunikation ist nicht nur in etymologischer Hinsicht Element sozialer Interaktion, sondern auch maßgeblich für die Ermöglichung konventionalisierter Reziprozitätspraxen bzw. Kulturalisierungen verantwortlich. Nicht zuletzt haben neue Kommunikationstechnologien Globalisierungstrends vorangetrieben und das ›Informationszeitalter‹ eingeläutet. Castells (2001) sieht durch die kommunikativen Konnektivitäten und Interdependenzen die Entstehung der Netzwerkgesellschaft begründet. Die Öffentlichkeit ist im Zeitalter des von O'Reilly geprägten Begriffs des Web 2.0 vielmehr als Wissensgesellschaft zu verstehen, die nicht nur die Art und Weise, wie kommuniziert wird, stark verändert hat, sondern auch wie mit Wissen kommunikativ umgegangen wird. Interaktivität, Dezentralität und Dynamik von Kommunikation stellen nicht nur Organisationen vor neue Herausforderungen.

Der Zugang zu überlebenswichtigen Ressourcen ist nach den Theorien des Neoinstitutionalismus im Wesentlichen an den (öffentlichen) Zuspruch von Legitimität gebunden und geht mit Bestrebungen des positiven Reputationserhalts einher. Organisationen stehen somit in einem reziproken Beziehungsverhältnis mit ihrer Umwelt. Die Krisenkommunikation bzw. das Krisenmanagement spielen eine zentrale Rolle dabei, mit Anspruchsgruppen zu interagieren und Krisen, die für die Reputation des Unternehmens gefährlich werden könnten, frühzeitig zu identifizieren. Vorausgesetzt wird hier, dass Kommunikation Krisen nicht nur auslösen, sondern auch in ihrem Verlauf beeinflussen kann.

Krisen sind stets perspektivenabhängig und als Störung einer Gewohnheit, einhergehend mit öffentlicher Aufmerksamkeit, zu verstehen. Im Idealfall lassen sich Krisen frühzeitig über Issues identifizieren und Meinungen von Anspruchsgruppen im Rahmen des Issues Managements beeinflussen. Im Krisenfall stellt die Krisenkommunikation daher das bedeutsamste Instrument zur Herstellung und Sicherung von Glaubwürdigkeit für die Organisation dar. Das Krisenmanagement hat hier somit die Aufgabe, Entwicklungspotenziale von Krisen einschätzen und auch eindämmen zu können.

Vor dem Hintergrund der wachsenden Internationalisierung von Unternehmen und der Entwicklung neuer Kommunikationsformen im Rahmen des Web 2.0 steht die organisationale Krisenkommunikation zum Teil vor erheblichen Herausforderungen langfristige und nachhaltige Prozesse initiieren und erhalten zu können.

3 Die Bedeutung nachhaltiger Kommunikation im Zeitalter 2.0

III Preview

Was ist nachhaltige Kommunikation und ist sie notwendig, nachdem der Begriff der Nachhaltigkeit in vielen verschiedenen Zusammenhängen verwendet wird und offenbar an Signifikanz verliert? Worin unterscheiden sich nachhaltige und klassische Konzepte der Krisenkommunikation?
Im folgenden Kapitel sollen Nachhaltigkeitsaspekte der Kommunikation erläutert und ihre Anwendungsbereiche für organisationale Krisenkommunikation 2.0 thematisiert werden.

»Nachhaltig zu handeln – das bedeutet für uns, in unsere Zukunft zu investieren« (Zimmermann 2016, S. 13 zit.n. Norbert Reithofer, Vorsitzender des Aufsichtsrats der BMW AG).

Nachhaltigkeit ist laut Nielsen et al. (2013, S. 9) ein aktuell viel diskutiertes Thema. »Das Prinzip dabei ist denkbar einfach – und auch denkbar einleuchtend« (ebd.). Bereits im 19. Jahrhundert wird das Wort ›Nachhaltigkeit‹ im Wörterbuch der deutschen Sprache (Campe 1809, S. 403) als neu vermerkt. Aus der etymologischen Perspektive bedeutet das lateinische Verb ›sustinere‹ in etwa ›aufrecht halten‹, oder ›stützen‹ (Stowasser/Petschenig/Skutsch 1994). Das englische Verb ›to sustain‹ wird zum ersten Mal schriftlich im Jahr 1290 gebraucht: »Two chiefs [...] each able to sustain a nations fate« (Zimmermann 2016, S. 3). Das Adjektiv ›nachhaltig‹ wurde mit ›einen Nachhalt haben‹, später mit ›anhaltend‹ und ›dauernd‹ umschrieben. Dies impliziert die Bedeutung von ›Vorrat‹ und ›Dauerhaftigkeit‹ (ebd.). Grober (2010, S. 19.) beschreibt den

Begriff der Nachhaltigkeit damit, etwas zu ›bewahren‹ oder ›aufrechtzuerhalten‹, bzw. mit Tragfähigkeit.

Nachhaltigkeit ist im Jahr 2020 ein Thema, das sich gesellschaftspolitisch fest verankert hat. Dies zeigt sich z.B. in Forderungen nach nachhaltigen Umweltbeziehungen im Rahmen der ›Fridays for Future‹-Bewegung oder in der Diskussion über eine Sicherstellung nachhaltiger Kommunikation bzgl. der pandemischen Verbreitung des Covid-19-Virus.

In vielen Bereichen spielt das Web 2.0 für Nachhaltigkeitsdiskussionen und -gestaltungen eine entscheidende Rolle und beeinflusst sowohl die Bedeutung als auch die Umsetzung entsprechender Kommunikationsprozesse in diversen Lebensbereichen.

Das Konzept der Nachhaltigkeit hat seit Jahrzehnten eine lange Tradition und stammt ursprünglich aus der Forstwirtschaft. Die älteste Verwendung des Begriffs im deutschen Sprachraum geht auf das Jahr 1713 zurück. Oberhauptmann Hans Carl von Carlowitz verlangte in seinem Werk ›Sylvicultura oeconomica‹ eine »[kontinuierliche], beständige und nachhaltige Nutzung des Waldes« (Zimmermann 2016, S. 3). Nachhaltigkeit bezeichnete lange eine Art der Waldbewirtschaftung, bei der die Holzernte die Regeneration des Waldes gewährleistet (Zornow & Pedersen 2013, S. 84).

Dieses für wirtschaftliche, politische und wissenschaftliche Kontexte unspezifische Begriffsverständnis erfuhr durch den Brundtland-Bericht der Vereinten Nationen von 1987, »Our Common Future«, weltweite Beachtung[1]. Auch hier wurde Nachhaltigkeit zunächst insbesondere mit ökologischen Aspekten in Verbindung gebracht:

> »[Sustainability is] to ensure that exploitation rates stay within the limits of sustainable yields and that finances are available to regenerate resources and deal with all linked environmental effects. (…) [T]he international economy must speed up world growth while respecting the environmental constraints.« (Brundtland-Bericht 1987, Punkt 9)

---

1 Das Wort der Nachhaltigkeit erscheint in seiner modernen, erweiterten Bedeutung zum ersten Mal im Jahr 1972 im Bericht an den *Club of Rome* über die ›Grenzen des Wachstums‹ (Grober 2010, S. 220). Gemäß den Vorgaben des Club of Rome hatte die damalige Forschungsgruppe ihre Untersuchungen und Datensammlungen auf fünf wesentliche Trends beschränkt: beschleunigte Industrialisierung, rasches Bevölkerungswachstum, verbreitete Unterernährung, Erschöpfung nicht erneuerbarer Ressourcen, zunehmende Verschmutzung der Umwelt (Grober 2010, S. 224).

Nachhaltigkeit kann auch als Überbegriff verstanden werden, der sich u.a. auf eine entsprechende Lebensweise z.B. hinsichtlich der Umwelt bezieht: »Sustainable global development requires that those who are more affluent adopt life-styles within the planet's ecological means« (Brundtland-Bericht 1987, Punkt 29). Aber auch andere Lebens- und Themenbereiche können nachhaltig gestaltet werden (Zornow & Pedersen 2013, S. 84). Dennoch wurden im Brundtland-Bericht auch Aspekte beleuchtet, die über ökologischen Ansätze der Diskussion hinausgehen. Außerdem wurden Handlungsempfehlungen zu Einstellungen und anderen Verhaltensweisen gegeben: »It is important therefore that there should be a qualitative as well as a quantitative improvement« (Brundtland-Bericht 1987, Punkt 32).

3.1 Nachhaltigkeit als Beziehungspflege

Im Jahr 2020 ist die Verwendung des Begriffs ›Nachhaltigkeit‹ mit der in der Forstwirtschaft typischen Bedeutung weitgehend in den Hintergrund gerückt und wird in diversen Zusammenhängen[2] gebraucht (Zornow & Pedersen 2013, S. 84). Es wird ersichtlich, dass die Prämisse, etwas ›nachhaltig zu gestalten‹, mit einer auf Dauer ausgelegten Beziehungspflege in verschiedenen Bereichen einhergeht:

Nachhaltigkeit als langfristiger Prozess

Aus der forstwirtschaftlichen Perspektive gehen zentrale Botschaften für die aktuelle Nachhaltigkeitsdiskussion hervor, wie Langfristigkeit, Bestandssicherung und die intergenerationelle soziale Verantwortung. Im Fokus steht eine Handlungsmaxime bzw. ein auf den Gesamtnutzen abgestimmter Schutz von Ressourcen[3] (Zimmermann 2016, S. 3). Der Begriff ›Nachhaltigkeit‹ umschreibt heute nicht mehr nur einen Weg zur langfristigen Vorratserhaltung, sondern vielmehr den Zustand von Dauerhaftigkeit (vgl. Büchi 2000) und somit z.B. eine bestandssichernde Beziehungspflege zu endlichen Ressourcen[4]. Nachhaltiges ist somit auch langfristiges Denken.

---

2 Im rechtlichen Sinne ist Nachhaltigkeit bspw. mit (mehr oder weniger intentionalen) Wiederholungen bzw. wiederholten Handlungen verbunden (vgl. Zornow & Pedersen 2013).

3 Dies ist theoretisch auf alle denkbaren gesellschaftlichen Bereiche übertragbar.

4 Diese Ressourcen können theoretisch tangibler und nichttangibler Natur sein.

Matuszek (2013, S. 31) beschreibt, dass Nachhaltigkeit gleichzeitig »nach vorne und nach hinten gerichtet« bzw. beständig ist. Sie kann folglich nicht als ein Zustand betrachtet werden, der in einem Schritt zu erreichen ist, sondern muss »als ein sich entwickelnder, zielorientierter Lern- und Gestaltungsprozess verstanden werden« (Brugger 2010, S. 22). Es handelt sich um einen permanenten Wandelprozess, der auch Selbstreflexion erfordert: »(...), sustainable development is not a fixed state of harmony, but rather a process of change (...) change(s) are made consistent with future as well as present needs« (Brundtland-Bericht 1987, Punkt 30).

Generationenperspektive

Nicht nur in der wissenschaftlichen Literatur wird Nachhaltigkeit mit der Generationengerechtigkeit in Verbindung gebracht. Bedürfnisse der Generation der Gegenwart sollen befriedigt werden. Gleichzeitig soll sichergestellt werden, dass auch künftige Generationen[5] ihre Bedürfnisse befriedigen können (Hauff 1987, S. 47). Auch im Brundtland-Bericht wird dies betont:

> »(...) [T]he ability to make development sustainable to ensure that it meets the needs of the present without compromising the ability of future generations to meet their own needs [is of importance]. The concept of sustainable development does imply limits – not absolute limits but limitations imposed by the present state (...).« (Brundtland-Bericht 1987, Punkt 3)

Hier stehen somit Aspekte der Beziehungspflege zu zukünftigen Generationen im Mittelpunkt.

Grundpfeiler der Nachhaltigkeit

Nachhaltigkeit wird in der aktuellen wissenschaftlichen Diskussion auch als ein Konzept verstanden, das ökologische, soziale und ökonomische Dimensionen miteinander verknüpft (vgl. Grunwald 2016). Das *Dreieck der Nachhaltigkeit* ist eine Begriffsfigur, die spätestens seit dem Brundtland-Bericht der Vereinten Nationen gebräuchlich ist (Grober 2010, S. 21). Dies kann anhand des Begriffs der Lebensqualität[6] verdeutlicht werden: »Während aus ökono-

---

5 In Zusammenhang mit dem Zukunftsaspekt kann auch von der Idee der Inter-Generationen-Gerechtigkeit gesprochen werden.

6 Die Lebensqualität bzw. *Quality of Life* ist ein fester Bestandteil des Nachhaltigkeitsdenkens geworden. Ansätze wie das Modell der Bedürfnispyramide von Abraham Maslow aus den frühen Siebzigern führten nicht zuletzt zum Überdenken politischer, kul-

mischer Sicht Wohlstand und Komfort erstrebenswert sind, wird Lebensqualität aus ökologischer Sicht vor allem durch die Sicherung bestehender Ökosysteme erreicht« (Brugger 2010, S. 17).

Nachhaltigkeit wird daher häufig in Verbindung mit der Beziehungspflege zu drei wesentlichen Prinzipien gebracht: *Effizienz-*, *Konsistenz-* und *Suffizienzprinzip* (vgl. Schaltegger & Sturm 1990; Huber 1995; Linz 2002).

Effizienz wird insbesondere im technisch-innovativen Sinn als Verringerung des Stoff- und Energieeinsatzes pro Produktions- oder Dienstleistungseinheit verstanden (Schaltegger & Sturm 1990). Auch das Konsistenz-Prinzip (Huber 1995) bezieht sich auf den wirtschaftstechnologischen Aspekt nachhaltigen Agierens. Konsistenz bezeichnet die Übereinstimmung von eingesetzten Materialien mit jenen, »die in der Natur bzw. in natürlichen Kreisläufen vorkommen« (Brugger 2010, S. 23). »Soll also nicht die ökonomische zugunsten der ökologischen Dimension vernachlässigt werden, erweist sich auch das Konsistenz-Prinzip als limitierter Lösungsansatz« (ebd.). Hier setzt das Suffizienzprinzip an (Huber 1995), das u.a. eine Verringerung der ökonomischen Standards anstrebt und gleichzeitig Effekte des Effizienz- und Konsistenz-Prinzips zu maximieren versucht (Brugger 2010, S. 23). Dies soll vor allem durch einen Wertewandel initiiert werden bzw. durch die Abwendung von tangiblen zu nichttangiblen Werten (Kleinhückelkotten 2005) – bzw. zu ›Genügsamkeit‹. Das Suffizienzprinzip setzt daher, »anders als das Konsistenz- und Effizienzprinzip, vor allem auf der Ebene der Lebensstile an und verlangt nach elementaren Veränderungen der Lebensweise« (Brugger 2010, S. 23). Nachhaltigkeit muss laut Zimmermann (2016, S. 2) daher auch zum Teil der Geisteshaltung werden.

Vielen der genannten Aspekte des Konzepts der Nachhaltigkeit ist gemein, dass es sich um eine dauerhafte und beständige Weise der Beziehungspflege handelt. Dazu gehören die vorausschauende Beziehungspflege zu zukünftigen Generationen und jene zu Ressourcen der Umwelt. Nachhaltigkeit beschreibt in erster Linie die beständige Beziehungspflege zu verschiedenen Lebensbereichen. Das Ziel sind der Aufbau und der Erhalt langfristiger Reziprozitätsbeziehungen und deren ›Pflege‹.

---

tureller Konzepte. Die fünf Ebenen der Pyramide erfassten zentrale menschliche Bedürfnisse. Sichtbar wurde hierdurch allerdings auch, dass das ›gute Leben‹ nicht allein von der Befriedigung biologischer Grundbedürfnisse abhängt, sondern vielmehr auch sinnstiftende Aktivitäten zur Selbstverwirklichung gehören (Grober 2010, S. 38f.).

3.1.1 Kritische Überlegungen zum aktuellen Nachhaltigkeitsbegriff

Durch globale Entwicklungen und endliche Ressourcen hat sich der Begriff der Nachhaltigkeit so stark verbreitet, dass er sich heute in der Alltagssprache etabliert hat. Er kann sich auf Rohstoffe, Energien, aber auch immaterielle Güter wie Aufmerksamkeit, Zeit und Kommunikation beziehen (Merten 2013, S. 160). Es lässt sich daher vermuten, dass er ambivalent besetzt ist.

Nachhaltige Entwicklungen müssen nicht immer positiv sein. Auch negative Entwicklungen bzw. negativ ›gepflegte‹ oder aufgebaute Beziehungen können beständig und nachhaltig sein. Dies verdeutlichen bspw. digitale Shitstorms, die der Unternehmensreputation nachhaltig bzw. langfristig schaden, von ›Dauer‹ sein können und Kulturalisierungseffekte mit sich bringen[7].

Durch die vielfältige Verwendung besteht zudem die Gefahr, dass er zu einem Modebegriff wird bzw. geworden ist (Zimmermann 2016, S. 2). In diesem Zusammenhang geht Moutchnik (2012, S. 129) davon aus, dass Unternehmen Begriffe wie Corporate Social Responsibility (CSR) dem expliziten Nachhaltigkeitsbegriff vorziehen, da eine höhere Rendite damit assoziiert wird. »Für viele ist es noch immer ein Wort, das eine wichtige und unverzichtbare Größe für die Lösung der globalen Probleme darstellt (…). Für andere ist es eine hohle Chiffre, die durch die übermäßige Verwendung (fast) völlig entwertet wurde« (Angel & Zimmermann 2016, S. 258).

Der Begriff wird nahezu inflationär bspw. in Parlamentsreden, politischen Deklarationen, Strategiepapieren oder den Medien gebraucht (Grober 2010, S. 16). Zimmermann (2016, S. 2) spekuliert ferner über dessen Abschaffung: »Nachhaltigkeit kommt in den denkwürdigsten Zusammenhängen vor und ersetzt zahlreiche Synonyme«.

Gottschlich (2017, S. 23) geht davon aus, dass die Verwendung des Begriffes weiterhin notwendig bleiben wird, allerdings um ein Verständnis von Nachhaltigkeit als Diskursmöglichkeit erweitert werden sollte. Diese Akzentuierung sichert somit selbst ihre ›Attraktivität‹ und wird in diesem Sinn anschlussfähig und nachhaltig. Der Begriff der Nachhaltigkeit soll hierbei nicht zum »eschatologischen Heilsversprechen«, sondern stets kritisch reflektiert und überprüft werden (Gottschlich 2017, S. 464).

7 Im Folgenden soll allerdings die Thematisierung positiver nachhaltiger Entwicklungen im Vordergrund stehen.

> »Es liegt in der Sache der Natur, dass Nachhaltigkeit keine Modeerscheinung und kein Schlagwort bleiben kann. Sollte Nachhaltigkeit als Thema, als issue, an Aktualität und Wichtigkeit einbüßen, kann und darf dies eigentlich nur geschehen, wenn sich tatsächlich Nachhaltigkeit als grundlegendes, unumgängliches und in vielen Bereichen und Sphären entscheidendes Gedankengut durchgesetzt hat und sich entsprechende Denkweisen und kommunikative Praktiken eingebürgert haben.« (Nielsen et al. 2013, S. 17)

Um handlungsleitend werden zu können, muss der Begriff somit problem- und kontextbezogen mit Inhalten und Bedeutungen gefüllt werden (Grunwald 2016, S. 29). »An inherent difficulty in the applications of these concepts is that, by nature, they are rather imprecise. (…) [but] it can be counterproductive to seek definitions that are too narrow« (Walker et al. 2004, S. 1).

Zusammengefasst ist Nachhaltigkeit, wie Nielsen et al. (2013) formulierten, »in aller Munde« und in einer Vielzahl von Gesellschaftsbereichen verankert, teilweise als holistisches Konzept. Die Auseinandersetzung mit ihr ist auch für Organisationen daher trivial und soll im Folgenden in erster Linie durch die inhaltliche Bedeutung ergänzt werden.

3.1.2 Nachhaltigkeit aus Organisationsperspektive

Wie bereits aus der Perspektive des Neoinstitutionalismus erläutert (siehe Kapitel 2.5.1), müssen die meisten Unternehmen heute in vielfältiger Weise mit der Gesellschaft interagieren und Beziehungen pflegen, um ihre langfristige Existenz und ihre Ziele zu sichern (Jörges-Süß & Süß 2004). Sie können somit nicht als autonom in ihren wirtschaftlichen Entscheidungen angesehen werden, sondern unterliegen zunehmend gesteigerten Begründungs- und Legitimationszwängen. Gesellschaftsorientierte ›nachhaltige‹ Ansätze von Legitimation werden aktuell in Gesellschaft, Medien und Wissenschaft diskutiert. »These are variously summarized under the heading of sustainability, corporate social responsibility (CSR), accountability, corporate citizenship, triple bottle line, or stewardship« (Andersen et al. 2013, S. 22).

Die grundlegende Frage, ob Unternehmen eine gesellschaftliche Verantwortung wahrzunehmen haben, ist älter. Bereits zu Zeiten der industriellen Revolution beschäftigten Fragen der Sozialpolitik (o.Ä.) industrielle Akteure wie die Krupps in Deutschland oder Jean-Baptiste Godin in Frankreich (Fieseler 2008, S. 17). Anfang des 21. Jahrhunderts wuchs vor dem Hintergrund des Klimawandels, der steigenden Nachfrage nach endlichen Ressourcen und zunehmender sozialer Probleme weltweit auch das Interesse an der sozialen und ökologischen Nachhaltigkeit (Fieseler 2008, S. 18).

Heute haben fast alle Unternehmen ein Konzept zu Corporate Social Responsibility, Sustainability Communications oder Corporate Responsibility entworfen (Brugger 2010, S. 23). Viele von ihnen haben erkannt, dass Sensibilität gegenüber Umwelt und Menschen nicht den Profit verschwinden lässt, sondern neue Geschäftsmöglichkeiten eröffnen kann (Zimmermann 2016, S. 10). Unternehmerische Verantwortung bezieht sich somit auf eine nachhaltige Lebensweise in diesen Bereichen (Zornow & Pedersen 2013, S. 84).

Hierin spiegeln sich auch die im Rahmen des Neoinstitutionalismus geschaffenen Rationalitätsmythen bzw. der organisationale Isomorphismus wider. Heterogenen oder widersprüchlichen Forderungen von Stakeholdern (z.B. nachhaltige/schonende Ressourcennutzung vs. Umsatzsteigerung) wird daher häufig mit symbolischen Instanzen begegnet. Drängende soziale und ökologische Probleme führen zu Ansprüchen an Unternehmen, Umwelt- und Sozialthemen in ihr Handeln zu integrieren und Verantwortung in der globalisierten Welt zu übernehmen. Gleichzeitig wird ihre Leistungssteigerung seitens der Kapitalmärkte immer stärker gefordert (Fieseler 2008, S. 20).

Viele Unternehmensvorstände haben das Thema Nachhaltigkeit als Grundlage zukünftiger Wettbewerbsfähigkeit für sich entdeckt: »Die staatliche Regulierungsdichte wird immer größer, die strategischen Vorteile einer flexiblen Anpassung an Umwelt- und Sozialauflagen wachsen – nicht zuletzt, wenn es um die Sicherung von Kundenloyalität und Reputation geht« (Fieseler 2008, S. 18). Organisationale Anspruchsgruppen setzen zudem eine intensive Beschäftigung mit dem Thema voraus. Dies betrifft insbesondere multinational agierende Unternehmen, die mit heterogenen Anspruchsgruppen konfrontiert werden (Brugger 2010, S. 25).

Aus der Perspektive des Neoinstitutionalismus bestehen Organisationen nur aufgrund der Legitimation, die sie von ihrer Umwelt erfahren. Ähnlich verhält es sich mit Nachhaltigkeit im weitesten Sinne. Missachten sie hier Grundregeln, zerstören sie sich unweigerlich auch selbst[8] (Zimmermann

8 Man beachte hier bspw. den Dow Jones Sustainability Index, den weltweit bedeutendsten Aktienindex für nachhaltig wirtschaftende Unternehmen (Zimmermann 2016, S. 12).

2016, S. 8), da essenzielle Beziehungen zum Überleben der Organisation nicht ›tragfähig‹ gestaltet wurden.

Nachhaltiges Handeln von Organisationen kann zusammengefasst allein aufgrund der vielzähligen Anspruchsgruppen auch vielzählige Ausprägungen und Richtungen annehmen. Ein wesentliches Element, das sich auf alle Bereiche ausdehnt (siehe Kapitel 2) und bei Implikationen der Nachhaltigkeitsdiskussion berücksichtigt werden sollte, ist die (organisationale) Kommunikation.

3.2 Nachhaltigkeit und Kommunikation

Viele medienwirksame Kommunikationskrisen der letzten Jahre – bspw. missglückte Marketingkampagnen oder Kundenkommunikation, die ihre Ziele verfehlt – verdeutlichen, dass ein einziger negativer Vorfall lang aufgebaute Reputationswerte von Unternehmen zerstören kann. Der erneute Aufbau positiver Image- und Reputationswerte ist nach derartigen Vorfällen oft langwierig und kann ressourcenintensiv sein (Salzborn 2015, S. 24). Eine langfristig angelegte Beziehungspflege kann hilfreich sein, um negative Auswirkungen einzudämmen und Vertrauensverluste abzufangen.

3.2.1 Nachhaltigkeitskommunikation vs. nachhaltige Kommunikation

In der Literatur finden sich diverse Konstrukte zum nachhaltigen Handeln von Organisationen. Da Letztere, wie bereits erläutert, durch Kommunikation mit ihrer Umwelt (sozial) interagieren, werden auch hier viele Nachhaltigkeitsbestrebungen mit Kommunikationsmaßnahmen in Verbindung gebracht. »Nachhaltigkeit ist zuerst Handeln. Da aber Handeln keine individuelle Kategorie sein bzw. bleiben kann, (…) ist nachhaltiges Handeln unlöslich mit Interaktion und damit mit Kommunikation verzahnt« (Nielsen et al. 2013, S. 10). Die Kombination von Nachhaltigkeit und Kommunikation lässt verschiedene Deutungsmuster zu (Rothkegel 2013, S. 240). Im Folgenden sollen daher zwei wesentliche Konzepte vorgestellt werden.

Im Vergleich zur Nachhaltigkeit im unternehmerischen Sinne hat der Begriff der Nachhaltigkeitskommunikation erst später Einzug in den wissenschaftlichen Diskurs gefunden (Zornow & Pedersen 2013; Brugger 2010; Prexl

2010). Auch hier fehlt eine allgemeingültige und verbindliche Definition. Brugger (2010, S. 3) schreibt:

> »Unternehmerische Nachhaltigkeitskommunikation umfasst alle kommunikativen Handlungen über soziales und ökologisches Engagement sowie über die Zusammenhänge ökologischer, sozialer und ökonomischer Perspektiven in den drei Teilbereichen Marktkommunikation, Organisationskommunikation und Öffentlichkeitsarbeit, mit denen ein Beitrag zur Aufgabendefinition und -erfüllung in gewinnorientierten Wirtschaftseinheiten geleistet wird.«

Nachhaltigkeitskommunikation wird als Aufgabenfeld oft den Public Relations zugeschrieben und stellt eine Strategie dar, die Reputation eines Unternehmens positiv zu sichern (vgl. Prexl 2010). Viele von Unternehmen adaptierte Ansätze wie CSR sind allerdings nur bedingt geeignet, um eine holistische Nachhaltigkeitskommunikation zu ermöglichen (Severin 2005). Laut Mast & Fiedler (2005, S. 265) kann CSR sich auch dazu entwickeln, lediglich von ›guten Taten‹ zu berichten, um eine positive Selbstdarstellung zu erreichen. Oft werden hierfür allerdings keine Zielformulierungen geboten[9].

Bei der unternehmerischen Nachhaltigkeitskommunikation handelt es sich um ein vergleichsweise jüngeres Forschungsfeld. Wissenschaftliche Beiträge auf diesem Gebiet beschäftigen sich vor allem mit Teilbereichen oder einzelnen Aspekten (Brugger 2010, S. 4). Darüber hinaus akzentuieren gesellschaftsorientierte Ansätze immer nur spezielle Aspekte der Nachhaltigkeitskommunikation. Durch die Einsicht, dass die Kommunikation über Umweltfragen im Kontext eines Leitbildes nachhaltiger Entwicklungen erfolgen muss, wurde dieser Begriff von dem der Nachhaltigkeitskommunikation abgelöst (Michelsen 2005, S. 25). Nachhaltigkeit kann somit im Unternehmenskontext auch als die Kommunikation *von* bzw. *über* nachhaltiges Handeln verstanden werden (Nielsen et al. 2013, S. 10).

Nachhaltiges Verhalten eines Unternehmens steht meist in engem Zusammenhang mit angebotenen Produkten oder Dienstleistungen (Brugger 2010, S. 112). Teilweise abstrakte Werte und Ziele müssen transparent und klar

---

9 Dies wird umgangssprachlich auch als ›Greenwashing‹ bezeichnet. Die Suchmaschine ›WeGreen‹ bietet bspw. an, nachhaltige Produkte und Unternehmen zu identifizieren, und überprüft die Transparenz sozialer und ökologischer Zielvorgaben von Unternehmen. Somit wird der Fokus auf Authentizität, Glaubwürdigkeit und Personalisierung gelegt (www.wegreen.de).

kommuniziert werden, damit sie für Anspruchsgruppen sichtbar sind und einen Wettbewerbsvorteil schaffen können. Hiermit sind Herausforderungen verbunden, da zu abstrakte Kommunikationsziele Aufmerksamkeitsverluste mit sich ziehen können und die Komplexität des Nachhaltigkeitsbegriffs zu Glaubwürdigkeitsproblemen führen kann (vgl. Prexl 2010). Nachhaltigkeitskommunikation ist demnach die Kommunikation *über* Nachhaltigkeit bzw. über nachhaltiges Verhalten und Handeln in/von Organisationen.

Der lexikalische Ausdruck von Nachhaltigkeit und Kommunikation birgt eine weitere Interpretationsmöglichkeit[10]: Er kann sich auf die Vermittlung von Informationen über Prinzipien und Zusammenhänge von Nachhaltigkeit *oder* aber auf nachhaltige Kommunikation beziehen, die »kommunikativ nachhaltig ist, also beständig, Änderungen in beispielsweise Mode, Zeitgeist oder anderen gesellschaftlichen Strömungen überdauernd, auch in (ferner) Zukunft noch Relevanz und Berechtigung haben« (Nielsen et al. 2013, S. 11). Es steht also vielmehr im Fokus, Kommunikation *an sich* nachhaltig zu gestalten, als *über* Nachhaltigkeit zu kommunizieren. »Zu beachten ist die strukturelle Anwendung des Nachhaltigkeitsansatzes auf Medien und Kommunikation (›nachhaltig sprechen‹), nicht nur die rein inhaltliche Auseinandersetzung mit dem Thema (›über Nachhaltigkeit sprechen‹)« (David 2013, S. 348). Kommunikation sowohl nachhaltig zu gestalten als auch gleichzeitig über Nachhaltigkeit zu kommunizieren, schließt sich allerdings nicht aus. Nachhaltige Kommunikation kann demnach auch Nachhaltigkeitskommunikation sein. Allerdings befasst Letztere sich selten oder nicht mit nachhaltiger Kommunikation. Prexl (2010, S. 292f.) geht vielmehr davon aus, dass es sich erst um Letztere handelt, wenn sie so weit wie möglich eine zukunftsfähige und langfristige Unternehmens- und Gesellschaftsentwicklung anstrebt sowie normativen Kriterien der Praxis gerecht wird (Prexl 2010, S. 292f.).

Nachhaltige Kommunikation kann eine Vielzahl von Themen (z.B. CSR, Klimawandel etc.) und Formen (mündlich/schriftlich, intern/extern usw.) umfassen. Zudem kann sie verschiedene interdisziplinäre Perspektiven einnehmen (kommunikationstheoretisch, linguistisch, soziologisch, betriebswirtschaftlich usw.; Nielsen et al. 2013, S. 11).

10 In der Literatur finden sich beide Perspektiven unter dem Begriff der Nachhaltigkeitskommunikation. In dieser Arbeit sollen die Verständnisse aus Gründen der Prägnanz allerdings begrifflich stärker getrennt werden.

3.2.2 Ansätze nachhaltiger (organisationaler) Kommunikation

In der Praxis finden sich zahlreiche Ansätze und Perspektiven, in Form von Best Practices oder Leitlinien, die die Gestaltung effektiver organisationaler (Krisen-)Kommunikation thematisieren (vgl. Zerfaß 2007; Faber-Wiener 2013; Prexl 2010)[11]. Die Perspektive der Nachhaltigkeit wurde hierbei weniger aus einer wissenschaftlichen Perspektive als im Kontext praxisnaher Agenturkommunikation thematisiert.

Als klassisches Kommunikationsmodell für Betrachtungen der unternehmerischen Formen von *integrierter Kommunikation* erscheint die Theorie[12] der Unternehmenskommunikation nach Zerfaß (2007), aus der sich Implikationen für nachhaltige Kommunikationsprozesse ableiten lassen.

Laut Zerfaß (2010, S. 141ff.) sind Unternehmen in ein komplexes Beziehungsgeflecht eingebettet und stehen daher vor dem Problem der zielführenden Koordination ihrer Aktivitäten (siehe Kapitel 2.5.1). Die Vielzahl von Interessen und Handlungsmöglichkeiten müssen im Sinne des organisationalen Erfolges aufeinander abgestimmt werden. Hierbei wird Kommunikation eine zentrale Rolle zugeschrieben.

Sie, verstanden als sprachliche Verständigung, ist hierbei ein essenzieller »Mechanismus zur Handlungskoordinierung, der die Handlungspläne und die Zweckmäßigkeiten der Beteiligten zur Interaktion zusammenfügt« (Habermas 1981, S. 141).

Zerfaß betitelt die integrierte Unternehmenskommunikation als eine Voraussetzung für effiziente Kommunikation. Hier sieht er die Notwendigkeit, dass kommunizierte Inhalte und Unternehmensverhalten übereinstimmen, um eine Glaubwürdigkeit für das Unternehmen zu etablieren bzw. zu halten. Zudem lassen sich weitere zentrale Ziele effektiver Unternehmenskommunikation (z.B. zu Krisenzeiten) identifizieren, die auf eine langfristige Beziehungspflege mit bedeutsamen Anspruchsgruppen abzielen und somit auch für nachhaltige Kommunikation von Bedeutung sind. Authentizität, Transparenz sowie Dialogbereitschaft werden bspw. in Handlungsempfehlungen für gelungene Krisenkommunikation genannt (vgl. Hillmann 2011; Zerfaß 2010).

---

11 Die Analyse und Ausgestaltung nachhaltiger Kommunikationsprozesse ist zentraler Gegenstand dieser Arbeit und soll in den folgenden Kapiteln explizit thematisiert werden. Dieses Kapitel ist als Status quo der Literatur und Forschung zu verstehen.

12 ›Theorie‹ ist hier allerdings in einem praxisnahen Kontext zu verstehen.

Damit Kommunikationsmaßnahmen und Prozesse nachhaltig bzw. beständig werden, ist es zudem notwendig, Kontinuität zu etablieren.

Auch Kolberg (2011) formulierte wesentliche Leitlinien für eine nachhaltige Unternehmenskommunikation: a) Glaubwürdigkeit, b) Transparenz, c) Dialogbereitschaft, d) Kritikfähigkeit sowie e) Kontinuität und Information, um einen kommunikativen Mehrwert zu sichern. Nachhaltige Kommunikation wird zudem als Teil des Reputationsmanagements gesehen, das vor allem beabsichtigt, bedeutsame Werte zu kommunizieren und Vertrauen[13] zu etablieren (Hetze 2013, S. 140).

Nachhaltige Kommunikation lässt sich daher auch auf die Kombination bereits genannter, genereller Nachhaltigkeitsprinzipien projizieren, die als erkennbare Muster fungieren, etwa um Kommunikation in ihrer Anschlussfähigkeit und langfristigen Entwicklung modellieren zu können (vgl. Rothkegel 2013).

Das Prinzip der Effizienz und Effektivität qualifiziert kommunikative Aktivitäten als nachhaltig, wenn sie zum Gelingen der Interaktion der Beteiligten beitragen (z.B. zwischen Organisation und Stakeholdern). Hier spielen u.a. die situative Einbindung und Ausrichtung eine Rolle. Kommunikation, die für die Rezipienten z.B. uninteressant ist bzw. keine Wirkung entfaltet, ist nicht nachhaltig (Rothkegel 2013, S. 253). In diesem Sinn kann sie auch ›ressourcenschonend‹ sein, z.B., wenn Aufmerksamkeitspannen und Informations(über)angebote von Rezipienten beachtet werden sollen (ebd.). Das Nachhaltigkeitsprinzip der Konsistenz zeigt sich in der ›Stimmigkeit‹ von Kommunikation, wenn diese sich kohärent, kohäsiv und mit deutlicher Intentionalität mit Thematisierungen befasst. Dem Suffizienzprinzip »ist Rechnung getragen, wenn Themenwahl und -entfaltung von hoher Relevanz sind. Dies zeigt sich in der Anschlussfähigkeit an die Elaboration von Themen (...)« (Rothkegel 2013, S. 253). Kommunikationsmaßnahmen, die langfristig besonders einprägsam (im Idealfall) positiv in Erinnerung bleiben, wurden daher vermutlich nachhaltig kommuniziert.

3.2.3 Kulturelle Aspekte nachhaltiger Kommunikation

Der Perspektive auf Aspekte der nachhaltigen Kommunikation *an sich* wurde bisher wenig Beachtung geschenkt. Sie bezieht sich, anders als Nachhaltigkeitskommunikation, nicht zwangsläufig auf die Kommunikation *über* nach-

---

13 Siehe Kapitel 5.3.3 für eine nähere Ausführung zur Rolle von Vertrauen.

haltiges Handeln zur Zuschreibung von Legitimität. Vielmehr ist sie *selbst* nachhaltig und darauf ausgelegt, ressourcenorientiert zu agieren sowie langfristige Reziprozitätsbeziehungen mit unternehmerischen Anspruchsgruppen zu pflegen bzw. aufzubauen. Nachhaltigkeitskommunikation kann demnach nur erfolgreich praktiziert werden, wenn entsprechendes Denken kommuniziert und/oder ›gemeinschaftlich gemacht‹ wird. Ökologisches Nachhaltigkeitsdenken würde ohne entsprechende nachhaltige Kommunikation nicht thematisiert werden.

Der Begriff der nachhaltigen Kommunikation ist also weniger als eine Einschränkung im Vergleich zur Nachhaltigkeitskommunikation, sondern vielmehr als perspektivische Spezifizierung zu betrachten. Daher ist die Nachhaltigkeit von Kommunikationsprozessen auch die Bedingung für jene der drei traditionellen Perspektiven (vgl. Rothkegel 2013).

Der Zusammenhang zwischen Kultur und Kommunikation ist hierbei immanent (siehe Kapitel 2.3.2) und demnach auch bei der Diskussion der nachhaltigen Kommunikation unabdingbar.

Wie in Kapitel 2.3.2 thematisiert, spielen Kommunikationsprozesse eine grundlegende Rolle bei der Pflege und Gestaltung von Reziprozitätsbeziehungen bzw. bei der Bildung und Erhaltung gemeinschaftlicher ›Kulturen‹ (vgl. Bolten 2018). Die ›Pflege‹ der vier Bereiche (Umweltreziprozität, soziale Reziprozität, Selbstreziprozität und imaginative Reziprozität) ist somit auch als Aspekt der nachhaltigen Kommunikation zu verstehen.

In Diskursen über Nachhaltigkeitsaspekte (Nachhaltigkeitskommunikation) treten hier von vier Reziprozitätsdynamiken vermehrt nur zwei auf. Kommunikation bzgl. Umweltreziprozität wird häufig mit Nachhaltigkeitsaspekten verbunden bzw. Letztere werden verstärkt mit diesem Bereich in Zusammenhang gebracht (vgl. Grunwald 2016). Auch die Pflege sozialer Reziprozität wird bspw. bei der Thematisierung von Stakeholder-Relations auf Nachhaltigkeit bezogen. Diese Kommunikation bezieht sich allerdings eher auf Nachhaltigkeitsaspekte in der Reziprozitätspflege und thematisiert weniger solche der Kommunikation zur ›Pflege‹. Nachhaltige Kommunikation, wie sie hier definiert wird, kann in Bezug auf alle vier Reziprozitätsbereiche stattfinden. Die Ausgestaltung von deren ›Pflege‹ durch nachhaltige Kommunikation kann in Fragen thematisiert werden, die Umwelt-, soziale, Selbst- sowie imaginative Reziprozität gleichermaßen betreffen. Im Rahmen der sozialen Reziprozität kann z.B. eine authentische und werteorientierte persönliche Beziehung zwischen Akteuren aufgebaut werden, die auch in Krisenzeiten beständig und verbindlich bleibt.

In Kapitel 2.3.2 wurde Kultur als Netzwerk[14] konventionalisierter Reziprozitätspraxis definiert (vgl. Bolten 2018). Kommunikative Reziprozitätspraxen ›konventionalisieren‹ durch Wiederholungen (vgl. Stegbauer 2011) und können so für die Akteure eines Akteursfeldes relevant sein, erscheinen normal und plausibel und ermöglichen Routinehandlungen – sie werden ›kulturalisiert‹.

Das kommunikative Handeln in konkreten Akteursfeldern entwickelt sich umso nachhaltiger, je höher die ›Passfähigkeit‹ der Interdependenzen zwischen den Reziprozitätsdynamiken ausfällt. Diese Kulturalisierungen zeichnen sich sowohl durch Strukturalität als auch Dynamik aus – sie sind als strukturprozessual zu verstehen.

Kommunikation kann in diesem Sinn ›nachhaltig‹ sein, wenn sie konventionalisiert bzw. ›kulturalisiert‹ ist bzw. das Potenzial dazu hat und den Aufbau sowie den Erhalt von Reziprozitätsbeziehungen anstrebt. Wie beim Kulturbegriff lassen sich auch bei Nachhaltigkeit strukturprozessuale Merkmale erkennen. Strukturen werden bspw. durch die in der Literatur verdichteten notwendigen Prinzipien (Konsistenz, Effizienz, Suffizienz) begründet. Strukturen bilden sich durch wiederholte Handlungen und schaffen Routine, Normalität, Relevanz, Plausibilität und in diesem Sinn auch Anschlussfähigkeit. Beispielsweise schafft die kontinuierliche kommunikative Beziehungspflege zu Anspruchsgruppen Vertrauen, wirkt sich positiv auf die wahrgenommene Glaubwürdigkeit (des Unternehmens) aus und wird so nachhaltig.

Prozesse entstehen bei der ressourcenorientierten Beziehungspflege, die (teilweise unvorhersehbaren) Dynamiken des jeweiligen Akteursfeldes unterliegt. Nachhaltige Kommunikation muss an den ›Rändern‹ offen und ›fuzzy‹[15] sein, um veränderungsflexibel und anpassungsfähig zu bleiben und ›bestehen‹ zu können. Ihre Komplexität kann entsprechend nur erschlossen werden, wenn die Strukturprozessualität berücksichtigt wird.

Ähnlich wie beim Sandbergmodell zur Kulturerfassung (siehe Kapitel 2.3.2) kann auch nachhaltige Kommunikation dargestellt werden (siehe Abbildung 5). Sie sollte sowohl vergangenheits- als auch zukunftsorientiert

14 Netzwerkbezüge werden in Kapitel 5 ausführlicher thematisiert.

15 Der Begriff ›fuzzy‹ stammt aus dem mathematischen Bereich und wird seit Mitte der Sechzigerjahre genutzt. Es wird über Beziehung und Unterschiede zwischen der Fuzzy-Set-Theorie und der Wahrscheinlichkeitstheorie diskutiert. Die Fuzzylogik bzw. -theorie, geht davon aus, dass eine unscharfe Logik der realen Welt besser entspricht als eine meist nur unterstellte Präzision bzw. Eindeutigkeit (Lakoff & Johnson 1998, S. 40).

sein und so die kommunikative Glaubwürdigkeit und Anschlussfähigkeit sichern. Die Strukturprozessualität kann auf den durchlässigen Ebenen der Kann-, Soll-, und Muss-Regelungen verbildlicht werden.

Abbildung 6: Nachhaltige Kommunikation

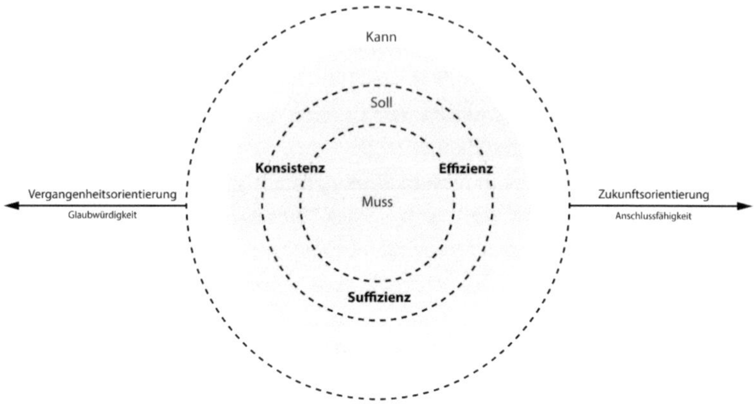

Quelle: Eigene Darstellung

Elemente der Effizienz-, Konsistenz-, und Suffizienzprinzipien können unterschiedlich ›sedimentiert‹ auftreten, aber in ihrer Gesamtheit die Nachhaltigkeit der Kommunikation begründen. Durch Konventionalisierungen von Prinzipien (Effizienz, Konsistenz, Suffizienz) in der Kommunikation kann sie ›nachhaltig‹ werden und durch Anschlussfähigkeit Normalität, Relevanz und Routinehandeln ermöglichen. Die Dimensionen sind interdependent und verdeutlichen den strukturprozessualen Charakter von Nachhaltigkeit.

Organisationale Kommunikation kann als nachhaltig verstanden werden, wenn sie z.B. nach dem Konsistenzprinzip auf eine regelmäßige Kommunikation mit Stakeholdern (z.B. Kunden) abzielt und diese Regelung bspw. in die ›Muss-Ebene‹ sedimentiert ist. Dies vermittelt durch bereits vergangene, ähnliche Kommunikationsmaßnahmen Glaubwürdigkeit. So wird auch in Zukunft Anschlussfähigkeit bei den jeweiligen Stakeholdern gesichert. Des Weiteren ist es möglich, dass es im genannten Unternehmen gewünscht ist (Kann-Ebene), diese relevanten Informationen für Stakeholder nicht nur kontinuierlich und konsistent zu vermitteln, sondern auch präzise darzustellen.

Dies kann die Glaubwürdigkeit des Unternehmens für die Stakeholder erhöhen, weil so z.B. keine Informationen verloren gegangen sind (Effizienz-Prinzip: kein Aufmerksamkeitsverlust) und so Anschlussfähigkeit für weitere Kommunikation besteht. ›Suffizient‹ kann die Kommunikation sein, wenn die angesprochenen Themen tatsächlich von Relevanz für die Stakeholder sind bzw. sein sollen (Soll-Ebene). Des Weiteren kann durch Dialogizität Verbindlichkeit hergestellt werden, wenn Stakeholder die Möglichkeit haben, die Beziehung mitzugestalten, und es sich nicht nur um monodirektionale Kommunikationsmaßnahmen handelt.

Somit sollte nachhaltige Kommunikation Konsistenz-, Effizienz-, und Suffizienz-Prinzipien berücksichtigen, die sich in unterschiedlichem Strukturalisierungs- bzw. Konventionalisierungsgrad (Kann-, Soll-, Muss-Ebene) manifestieren können und sowohl vergangenheits- als auch zukunftsorientiert sind[16].

Die hier verwendeten Beispiele verdeutlichen die Komplexität von nachhaltiger Kommunikation, die sich auf einzelne Kommunikationsmaßnahmen bezieht. Zu überlegen bleibt, ob sie immer alle Prinzipien (Konsistenz, Effizienz, Suffizienz) gleichermaßen berücksichtigen *muss* und dies sowohl für jeden Kommunikationsprozess gilt als auch für ein Kollektiv kommunikativer Handlungen. Kann organisationale Stakeholderkommunikation bspw. als nachhaltig definiert werden, wenn einzelne Kommunikationsmaßnahmen insgesamt wesentliche Prinzipien der Nachhaltigkeit bedienen? Oder *muss* jede einzelne Maßnahme alle Prinzipien in unterschiedlichem Strukturalisierungsgrad aufweisen? Inwiefern können durch Prinzipien und Regeln hier Nachhaltigkeitsdefizite aufgedeckt werden?

Bedeutsam ist auch, dass die Kopplung von Nachhaltigkeit und Entwicklung bzw. Prozess nicht unproblematisch ist, da auch andere Dimensionen der Veränderung, z.B. die Umwandlung von Strukturen, einbezogen werden.

Für den weiteren Verlauf der Arbeit soll davon ausgegangen werden, dass organisationale nachhaltige (Krisen-)Kommunikation als nachhaltig gilt, wenn sowohl das Gesamtkonglomerat an kommunikativen Maßnahmen Prinzipien der Nachhaltigkeit beinhaltet als auch einzelne kommunikative

---

16 Nachhaltige Veränderungen sind damit auch solche, die ausgehandelt wurden, und können als Kette von Abfolgen verstanden werden, die ein Repertoire bilden und die Neuausrichtungen in Folgesituationen erleichtern können. Jedes ›Kettenglied‹ kann prinzipiell Veränderungen vornehmen und kulturelle Innovationen initiieren (Stegbauer 2016, S. 2). Siehe Kapitel 2.3.2.

Maßnahmen idealerweise allen Prinzipien gleichzeitig gerecht werden. Dies könnte sich in der Praxis bspw. so zeigen, dass nachhaltige Kommunikation in Bezug auf die Stakeholder eines Unternehmens insgesamt betrachtet aus Maßnahmen besteht, die Prinzipien (Konsistenz, Effizienz, Suffizienz) zur Beziehungspflege und einzelne Maßnahmen berücksichtigen, die über diese Prinzipien verfügen.

Insgesamt bleibt festzustellen, dass die Kulturalisierung von Akteursfeldern Parallelen zu dem hier verwendeten Begriff der Nachhaltigkeit in Bezug auf Kommunikation aufweist.

Bislang hat sich die aktuelle Nachhaltigkeitsdiskussion nicht wissenschaftlich mit der Thematik auseinandergesetzt, sondern Aspekte und Instrumente der unternehmerischen Nachhaltigkeitskommunikation beleuchtet. Viele theoretische Fragen sind daher noch weitgehend unbeantwortet. Krisenkommunikation bietet hier einen guten Ausgangspunkt für eine strategische nachhaltige Kommunikation (vgl. Albrecht 2011) und besteht idealerweise aus Dialog und Partizipation. Ziel sollte es sein, einen Ansatz zu verfolgen, der eine Win-win-Situation schafft, von der sowohl Marke als auch Konsument profitieren.

3.3 Nachhaltige (Krisen-)Kommunikation und das Web 2.0

> »Wir unterstützen die Behörden bei den laufenden Ermittlungen. Schließlich haben wir selbst das größte Interesse daran, alle Hintergründe und die Verantwortlichen zu kennen«
> (VW-Chef Matthias Müller äußerte sich am 19. Mai 2017 über den Dieselabgasskandal im Handelsblatt, Spiegel Online 2017)

Nachhaltige (Krisen-)Kommunikation von Unternehmen ist in Zeiten des Web 2.0 relevanter als zuvor. Bekannte Krisen wie die ADAC-Affäre aus dem Jahr 2014 oder der Dieselskandal von Volkswagen haben nicht nur in Deutschland eine Sensibilität dafür geschaffen, welche Schäden derartige Krisen für Unternehmen, betroffene Kunden und die getäuschte Öffentlichkeit verursachen können (Steinke 2018:V). War einigen Unternehmen der langfristige schädliche Einfluss der Missachtung negativer Berichterstattung vor einigen Jahren nicht gänzlich bewusst, so wird die Befassung mit öffentlichkeitswirksamen Krisen heute nicht mehr infrage gestellt: »Es dauert zehn Jahre, einem Unternehmen ein positives Image zu verleihen, aber nur zehn

Sekunden, dieses zu verlieren« (Steinke 2018, S. VII zit.n. Warren Buffett). Ein wesentlicher Grund hierfür liegt auch in der an den Gegebenheiten des Web 2.0, in das mittlerweile jedes Unternehmen eingebettet ist. Neue Kommunikationstechnologien als Träger der Globalisierung beeinflussen nicht nur, wie Wissen strukturiert, sondern auch, wie es weitergegeben wird (siehe Kapitel 2.4.3).

Prominente Beispiele (kommunikativer) Krisen und deren Wirkmechanismen im Web 2.0 sind zahlreich und unterliegen komplexen z.T. neuartigen Dynamiken. Steinke (2018) nennt als Beispiele Steve Jobs, als der Börsensender Bloomberg 2008 versehentlich seinen Tod meldete, die Nachricht über den Gerüchte-Blog Gawker[17] große Wellen schlug und damit die Aktie des Unternehmens Apple einstürzen ließ. Auch die Bank ING-DiBa hatte nicht mit einem digitalen Shitstorm von Vegetariern und Veganern gerechnet, als sie eine Werbekampagne ausstrahlte, die mit dem in Deutschland geschätzten Testimonial Dirk Nowitzki in einer Metzgerei spielt. »Das alles sind absurde Krisen. Es sind reale Krisen. Es sind Krisen, auf die nur wenige Firmen vorbereitet sind« (Steinke 2018, S. VIII).

Auch der (immer noch) aktuelle VW-Abgasskandal liefert seit dem Jahr 2016, zu Spitzenzeiten fast täglich, musterexemplarische Beispiele der nicht nachhaltigen Krisenkommunikation. Erkennbar waren hierbei vor allem Dynamiken von Krisenkommunikation, die nicht primär auf die langfristige Reziprozitätspflege mit Stakeholdern ausgelegt ist oder war. Die von VW betriebene Einwegkommunikation ohne das Einbeziehen von Stakeholdern sowie widersprüchliche Aussagen führten zu einem Verlust von Glaubwürdigkeit und Reputation des Unternehmens. Viele Kriterien der nachhaltigen Krisenkommunikation wurden nicht berücksichtigt, was in einer sich ständig ausdehnenden und fortlaufenden Krise resultiert.

3.3.1 Die Relevanz nachhaltiger Krisenkommunikation

Aktuelle und prominente Krisenfälle verdeutlichen die Notwendigkeit durchdachter und nachhaltiger Kommunikationsprozesse, die eine langfristige Wirkung erzielen und bedeutsame Reziprozitätsbeziehungen erhalten können (siehe auch Kapitel 5.4). Hier wird ersichtlich, dass Nachhaltigkeit für die organisationale Kommunikation zukünftig eine bedeutsame Rolle spielen wird und Unternehmen sich langfristig damit auseinandersetzen müssen

---

17 Die Seite wurde im Jahr 2016 nach einem verlorenen Rechtsstreit eingestellt.

(Nielsen et al. 2013, S. 17). Bestehende Regelwerke zu Entscheidungs- und Kommunikationsmaßnahmen im Rahmen der klassischen Krisenkommunikation bzw. des Krisenmanagements können daher aktuellen Entwicklungen und eigendynamischen Prozessverläufen, insbesondere im digitalen Kontext des Web 2.0, nicht mehr gänzlich standhalten (vgl. Gergs 2016; Laloux 2015). Für die Unternehmenskommunikation hat der digitale Wandel daher fundamentale Auswirkungen[18].

Durch das Web 2.0 entsteht eine Organisationsumwelt, die immer komplexer und dynamischer wird, in der Märkte unberechenbarer werden und zukünftige Entwicklungen sowie Krisen schwer vorhersehbar sind. Dabei wird nachhaltige Krisenkommunikation auch durch aktuelle Mediencharakteristika erschwert. Laut Definition ist Nachhaltigkeit mit langfristigem und ausdauerndem Handeln verbunden. Medienereignisse sind im Gegensatz dazu eher kurzlebig und oft nicht an lang andauernden Prozessen orientiert (Brugger 2010, S. 63). Die Ansprüche nachhaltigen Kommunizierens, eine Vergangenheits- und Zukunftsorientierung zu beinhalten, können so oft nicht erfüllt werden.

Nachhaltige Krisenkommunikation muss sich somit auch kritisch mit scheinbaren Widersprüchen auseinandersetzen. Sie sollte nicht als geschlossenes theoretisches Konzept gedacht werden, sondern vielmehr als anschlussfähige Mehrfachstrategie, um zunehmend in ambiguen und komplexen Kontexten zu bestehen (siehe Kapitel 2.4.1; 4).

3.3.2 Herausforderungen der nachhaltigen Kommunikation 2.0

Ansprüche nachhaltigen Kommunizierens stehen sich in der aktuellen medialen Landschaft des Webs 2.0 besonderen Herausforderungen gegenüber (vgl. Kapitel 2.4). Laut Merten (2013) ist die Kommunikation selbst im Zuge der Nachhaltigkeitsdebatte mit endlichen Ressourcen wie Aufmerksamkeitsspannen konfrontiert.

Auf die Unternehmenskommunikation hat der digitale Wandel starke Auswirkungen. Rezipienten sind theoretisch mit einer höheren Transparenz

18 »Märkte sind Gespräche« formulierte schon vor einem Jahrzehnt das *Cluetrain Manifest* und forderte, Gespräche müssten ›mit menschlicher Stimme‹ (vgl. Belz 2008) geführt werden. »Gespräche auf Augenhöhe und mit menschlicher Stimme zu führen ist für die meisten Wirtschaftsunternehmen eine ungewohnte Herausforderung« (David 2013, S. 348).

und einem umfangreicheren Informationsangebot konfrontiert und können sich tendenziell leichter eine Meinung[19] über Unternehmen bilden (siehe Kapitel 2.4). Allerdings bietet das Web 2.0 durch die ›Barrierefreiheit‹ der Contenterstellung auch Möglichkeiten für Fehlinformationen und Gerüchte (vgl. Carolus 2013) und ist für die unternehmerische Krisenkommunikation ein Risikofaktor.

Letztere wird daher zukünftig nicht nur vermehrt den Einsatz und die Bedienung neuer Kanäle fordern, sondern auch eine grundlegend angepasste Haltung, aus der heraus kommuniziert wird. Bedeutsam ist hierbei auch, nachhaltige eindeutig von nicht nachhaltiger Krisenkommunikation unterscheiden zu können.

Des Weiteren ist die strukturelle Anwendung des Nachhaltigkeitsansatzes auf Medien und Kommunikation (›nachhaltig sprechen‹), nicht nur die rein inhaltliche Auseinandersetzung mit dem Thema (›über Nachhaltigkeit sprechen‹) zu beachten (David 2013, S. 348).

Bei der Frage, *wie* (Krisen)Kommunikation nachhaltig sein kann, muss demnach auch der Kommunikationskontext 2.0 berücksichtigt werden.

> »(…) [M]an muss (…) [das] (…) Spannungsfeld von Kommunikation einerseits und technisch-digitaler Massenproduktion andererseits betrachte[n]. Letzteres bringt sie in ein Umfeld technisch erzeugter Wirtschaftsprodukte und damit mitten in die Nachhaltigkeitsdebatte mit den Problemen der Zukunftsfähigkeit von Produktion, Distribution und Konsumtion von Massenobjekten, die gleichermaßen erwünscht als auch zur Last werden [können].« (Rothkegel 2013, S. 237)

Laut Pfeiffer (2004, S. 113f.) sind aus der Perspektive der Unternehmenskommunikation aber nicht nur die konstitutiven und vertrauensbildenden Kommunikationsbeziehungen zwischen den Akteuren zu beachten, sondern auch Fragen nach der Beziehung von Netzwerk und Öffentlichkeit, die zu einem späteren Zeitpunkt beleuchtet werden sollen.

> »Letztlich werden Kommunikationsmaßnahmen, welche eine dauerhafte Bindung mit Kunden und Öffentlichkeit ermöglichen, in wirtschaftlich wie politisch turbulenten Zeiten und bei gesättigten Märkten mit immer ähnlicher werdenden Produkt-Social-Media-Anwendungen bei

---

19 Eine theoretische Beleuchtung des Meinungsbildungsprozesses wäre an dieser Stelle interessant, aber weniger zielführend im Kontext der übergeordneten Fragestellung.

> Software-ProduzentInnen zu den wichtigsten Differenzierungsmerkmalen für Unternehmen gegenüber Konkurrenten. [...] Wenn die Märkte enger werden, gewinnt die Kommunikation mit dem Kunden an Bedeutung. [...] [P]rofessionell organisierte Unternehmenskommunikation wird nur dann nachhaltig Wirkung zeigen, wenn das Unternehmen auch tatsächlich das tut, was es kommuniziert.« (Breidenbach 2010, S. 138)

Breidenbach (2010) thematisiert damit wesentliche Merkmale nachhaltiger gelungener Krisenkommunikation, die sich u.a. in ihrer Authentizität und Dialogfähigkeit zeigen.

Laut Merten (2013, S. 163) tangiert die heutige Mediengesellschaft soziale Gewissheiten und hat das Potenzial, kollektive Ängste jeglicher Art zu verstärken. »Ungewissheiten in der Mediengesellschaft nehmen – trotz des erklärten Anspruchs auf Aufklärung – rapide zu, so dass auch Zahl und Art von Krisen zunehmen«. Zusätzlich steigen Krisenpotenziale aufgrund der erwähnten Zunahme globaler Risiken und Ressourcenknappheiten.

Zu Zeiten der Zweiten Moderne und des Web 2.0 sollte daher weniger fokussiert werden, neue Technologien zu erschließen, die das Produzieren von Inhalten weiter vereinfachen sowie schneller und kostengünstiger ermöglichen. Vielmehr sollten angemessene Reaktionen auf diese Medienformen und Technologien entwickelt werden, um sie politisch, kulturell und gesellschaftlich zu integrieren und konstruktiv nutzen zu können (vgl. Blumtritt/David/Köhler 2010).

Praxisbeispiele zeigen, dass Krisen oft als Auslöser für weitere Krisen fungieren. Die aktuelle Mediengesellschaft fördert deren Auftreten, sodass Krisenmanagement und -kommunikation umfangreicher und bedeutsamer werden. Letztere verlangt zukünftig sowohl nach der Berücksichtigung neuer Kanäle als auch nach einer grundlegend neuen Haltung, aus der heraus kommuniziert wird (David 2013, S. 348).

3.4 Reflexion

1. Was ist unter Nachhaltigkeit unter Berücksichtigung aktueller Trends zu verstehen?
2. Inwiefern unterscheiden sich die aktuellen Verständnisse von Kommunikation und Nachhaltigkeit/Nachhaltigkeitskommunikation von nachhaltiger Kommunikation?
3. Was haben Kulturalisierung und Beziehungspflege mit Nachhaltigkeit zu tun?
4. Was macht nachhaltige (Krisen-)Kommunikation aus?
5. Welche Herausforderungen bestehen in der nachhaltigen Krisenkommunikation im Kontext des Web 2.0?

Der Begriff ›Nachhaltigkeit‹ hat inzwischen eine lange Tradition und stammt ursprünglich aus der Forstwirtschaft. Durch Zusammenhänge globaler Entwicklungen und die Thematik endlicher Ressourcen hat sich der Begriff der Nachhaltigkeit so stark verbreitet, dass er sich heute in der Alltagssprache etabliert hat, aber auch ambivalent besetzt ist. In Forschung und Praxis wird sie häufig mit drei wesentlichen Prinzipien in Verbindung gebracht: dem Effizienz-, dem Konsistenz- und dem Suffizienzprinzip. Dabei wurden ursprüngliche Ideen aus der Forstwirtschaft auch für andere Bereiche anwendbar.

Wie bereits aus der Perspektive des Neoinstitutionalismus erläutert, müssen Organisationen heute verstärkt in vielfältiger Weise mit der Gesellschaft interagieren, um ihre langfristige Existenz und ihre Ziele zu sichern und Legitimationszwängen standzuhalten. Gesellschaftsorientierte ›nachhaltige‹ Ansätze von Unternehmen werden derzeit in Gesellschaft, Medien und der Wissenschaft thematisiert. Allgegenwärtige Ansätze zur Nachhaltigkeit wie CSR werden von Unternehmen oft stark nach außen kommuniziert und in der Literatur meist als Nachhaltigkeitskommunikation definiert. Nachhaltige Kommunikation hingegen soll in dieser Arbeit als nachhaltig ›an sich‹ verstanden werden bzw. als Kommunikationsform, die auf einen nachhaltigen Effekt abzielt, z.B. durch beständige Reziprozitätsbeziehungen zu relevanten Akteuren.

Nachhaltige Krisenkommunikation spielt insbesondere hinsichtlich aktueller und prominenter Krisenfälle für Organisationen eine Rolle. Sie wird auch durch aktuelle Mediencharakteristika des Web 2.0 beeinflusst und stellt die Unternehmenskommunikation vor neue Herausforderungen. Rezipienten sind u.a. mit einer höheren Transparenz und vielfältigen Medienangeboten konfrontiert und können sich tendenziell leichter und schneller Meinungen und (Fehl-)Informationen zu Unternehmen beschaffen.

Zusammengefasst lässt sich nachhaltige Kommunikation auf die Kombination von generellen Nachhaltigkeitsprinzipien projizieren, die als erkennbare Muster fungieren, etwa um Kommunikation in ihrer Anschlussfähigkeit und Glaubwürdigkeit an sich modellieren zu können. Prinzipien der Kulturalisierung sind auch der Diskussion der nachhaltigen Kommunikation immanent und können strukturprozessual die Sicherung von Anschlussfähigkeit und Beständigkeit formulieren. Die Nachhaltigkeit kommunikativer Prozesse besteht somit auch in ihrer Kulturalität, z.B. durch Gewöhnungseffekte hinsichtlich der Beschaffenheit von Kommunikation. Doch wie genau entstehen Strukturen in der Kommunikation? Wie kann (Krisen-)Kommunikation durch Invisible-Hand-Prozesse im Rahmen des Web 2.0 strukturiert und dadurch nachhaltig werden?

4 (Nachhaltige) Kommunikation und Eigendynamik

»Our Questions fix the limits of our answers« (Stam 1976, S. 1)

IV Preview

Kommunikation in Zeiten des Web 2.0 lässt sich als komplexes System, welches sich u.a. durch deterministisches Chaos auszeichnet, charakterisieren. Trotzdem finden sich auch hier noch Strukturen und Ordnungen, z.B. in Form von gesellschaftlich kommunikativem Konsens. Welche Rolle spielen hierbei Invisible-Hand-Erklärungen und warum kann die Befassung mit Komplexitätsforschung für die Krisenkommunikation relevant sein? Welcher Nutzen kann hieraus gezogen werden, wenn komplexe Systeme sich eher erklären als prognostizieren lassen?
Fraglich ist auch, wie (Krisen-)Kommunikation durch Invisible-Hand-Prozesse im Rahmen des Web 2.0 strukturiert und dadurch nachhaltig werden kann. Im folgenden Kapitel sollen theoretischen Betrachtungen von Komplexität und Kommunikation beleuchtet und in einer bildlichen Systematisierung verdichtet werden.

Bestehende Entscheidungs- und Kommunikationsmaßnahmen sowie klassische Handlungs- und Denkmuster werden heutzutage in Unternehmen zunehmend infrage gestellt[1] (vgl. Gergs 2016; vgl. Laloux 2015).

1 Gängige Konzepte, die rein logisch betrachtet Erfolg haben sollten, scheitern häufig aufgrund der Tatsache, dass die grundlegende Annahme von Berechenbarkeit und Ordnung nicht immer zutrifft. Die Annahme der Berechenbarkeit geht auf das newtonsche Weltbild zurück, das die Vereinfachung von Sachverhalten bestärkt. Verein-

Durch das Web 2.0 entsteht eine Organisationsumwelt, die immer komplexer und dynamischer wird, in der Märkte unberechenbarer werden und zukünftige Entwicklungen und Krisen nur schwer vorhersehbar sind. »Chaos, Ordnung und Selbstorganisation entstehen [hierbei] nach den Gesetzen komplexer dynamischer Systeme (...)« (Mainzer 2008, S. 9).

Der Begriff der Komplexität wird im alltäglichen Sprachgebrauch meist als Sammelbegriff verwendet und wird mit Unsicherheitsempfinden in Verbindung gebracht. Als komplex gelten Wirkungszusammenhänge, die nicht eindeutig sind, z.B. in denen sich die Ursache für eine Wirkung nicht klar identifizieren lässt[2] (vgl. Lesch 2020). ›Komplex‹ und ›kompliziert‹ werden hierbei häufig gleichgesetzt und synonym zu ›schwierig‹ verwendet (Steinhorst 2015, S. 23). Der inflationäre Gebrauch (auch im wissenschaftlichen Kontext) und eine große Definitionsvielfalt[3] tragen zu einer zunehmenden Unschärfe des Begriffes bei, welcher auf verschiedenste Kontexte angewandt werden kann bzw. wird. Der Begriff Komplexität muss deshalb auch abstrakt definiert werden[4].

fachungen scheitern allerdings oft bei zunehmender Komplexität (Snowden & Boone 2007, S. 2).

2 Gemäß des sog. *Laplaceschen Dämons* wäre die Berechnung jeglicher Wirkungszusammenhänge zumindest theoretisch möglich. Die Vorstellung entspricht jedoch eines geschlossenen mathematischen Weltgleichungssystems, unter der Bedingung, dass sämtlicher Naturgesetze und aller Initialbedingungen wie Lage, Position und Geschwindigkeit aller im Kosmos vorhandenen physikalischen Teilchen bekannt sind und somit jeder vergangene und jeder zukünftige Zustand berechenbar und determinierbar ist (vgl. Höfling 1994). Im Gegensatz dazu betitelt der sog. *unbewegte Erstbeweger* nach Aristoteles den Umstand, dass es eine ›Kraft‹ gibt, die alle weltlichen Bewegungen verursacht und es daher nie möglich sein wird alle anfänglichen Ursachen zu bestimmen (Akausalität). Diese Theorie wurde später auch als Gottesbeweis herangezogen (vgl. Charlton 1970).

3 Bronner (1992) definiert die Komplexität eines Systems nach der Anzahl seiner Elemente und ihrer Relationen. Die Kompliziertheit ergibt sich hierbei aus der Verschiedenartigkeit der Elemente. Für Luhmann (1975) entsteht Komplexität hingegen erst aus allen Faktoren. Soziologlogische Analysen der Systemtheorie postulieren, dass Komplexität immer nur für ein konkretes Entscheidungsfeld, innerhalb eines bestimmten Systems und einer bestimmten Situation besteht (Willke 1987, S. 16).

4 Das kann bspw. im Hinblick auf eine Differenzierung von System und Umwelt geschehen. Luhmann (2014, S. 5) verweist hier auf das Aktualisierungspotential von Systemen und impliziert, dass Bedingungen (Grenzen) der Möglichkeit ersichtlich sind, aber zugleich, dass die Welt mehr Möglichkeiten zulässt, als Wirklichkeit werden können, und in sich somit auch ›offen‹ strukturiert ist (Luhmann 2014, S. 5).

Christen (1996, S. 13f.) unterscheidet *triviale, intuitive, quantitative* und *Emergenzkomplexität*. Die triviale Komplexität bezeichnet die im Allgemeinen zum Ausdruck gebrachte Ratlosigkeit, die für wissenschaftliches Vokabular eher unbrauchbar ist (ebd.). »Ist also ein Problem im trivialen Sinn komplex, so ist dieser nicht verstanden, und es ist zudem zu erwarten, dass das Erreichen von Verständnis mit beträchtlichen Problemen verbunden ist« (ebd.). Intuitive Komplexität bezeichnet Christen (1996, S. 14) als Komplexitätsbegriff, den z.B. in Lexika vorzufinden ist. Hier wird Komplexität als Zustand verstanden, der beinhaltet, dass »viele verschiedene miteinander verbundene Teile vorhanden sind, welche das Verständnis des Ganzen erschweren (...) [und] die gro[ß]e Anzahl der verschiedenen Detailaspekte schwierige Analysen zum Verständnis des Ganzen erfordert« (ebd.). Auch die Etymologie verdeutlicht den Systemaspekt von Komplexität. Das lateinische Wort *complexus* wird mit ›umgarnt‹, ›zusammengefasst‹, ›unübersichtlich‹ oder ›verflochten‹ gleichgesetzt und daher auch immer ein Referenzpunkt zur Wahrnehmung bzw. Benennung von Komplexität benötigt (Dernbach/Godulla/Sehl 2019, S. 3).

Komplexität als Gegenstand naturwissenschaftlicher Betrachtungen verfügt hingegen über quantitative Aspekte. Bestrebungen ein Maß für Komplexitätsmessungen zu etablieren finden sich zahlreich in der Komplexitätsforschung und werden von Christen (1996, S. 17) unter dem Begriff der ›Emergenzkomplexität‹ gefasst. »›Complexity‹ can be defined as non-linear relations, driven by small forces that result in the emergence of sudden changes that produce unexpected outcomes« (Browning & Boudès 2005, S. 32 zit.n. Morowitz 2002). Der emergente Charakter von Komplexität wird in der wissenschaftlichen Diskussion als irreduzibel und schwer prognostizierbar beschrieben[5].

Die Befassung mit Komplexität ist inzwischen zu einem etablierten Thema für Unternehmen und ihre Umwelt mutiert und aus den Bereichen der Personal- und Organisationsentwicklung sowie der Organisationskommunikation nicht mehr wegzudenken. Gergs (2016, S. 18) nennt beispielhaft drei Dimensionen, mit denen die aktuelle Situation und Komplexität der Unternehmensumwelt beschrieben werden kann: (1) die zeitliche Dimension – Be-

5 Der Komplexitätsbegriff ist im wissenschaftlichen Diskurs somit mit einer Reihe von Problemen verbunden und soll im Folgenden unter allen vier Gesichtspunkten weitergedacht werden.

schleunigung, (2) die sachliche Dimension – Digitalisierung und (3) die soziale Dimension – Globalisierung und Vernetzung.

Im Change-Management wird in diesem Zusammenhang von einer VUKA-Welt[6] gesprochen. Klinkhammer et al. (2015, S. 368) sehen hier einen erhöhten Dialogbedarf[7], da Aushandlungsprozesse aufgrund verschiedener Bedürfnisse einer komplexen Umwelt essenziell für den Erfolg sind. Dazu haben sich zahlreiche Bewältigungsstrategien entwickelt und manifestieren sich u.a. in Methoden des agilen Arbeitens[8] in Unternehmen, wie bspw. Scrum, Design Thinking oder Kanban.

Eine wesentliche Herausforderung für Unternehmen in Zeiten von VUKA und Co., ist die Dynamik und Komplexität von Kommunikationsprozessen; insbesondere im Rahmen des Web 2.0 werden gesellschaftspolitische Entwicklungen z.T. massiv von sog. ›Fake News‹ beeinflusst und können für Akteure nahezu unkontrollierbar werden. Dies lässt sich gut an unbeabsichtigten Ergebnissen von Wahlhandlungen beobachten (vgl. Keller 2003).

---

6 VUKA ist ein Akronym und steht für die englischen Begriffe volatility ›Volatilität‹, ›Unbeständigkeit‹, uncertainty ›Unsicherheit‹, complexity ›Komplexität‹ und ambiguity ‚Ambiguität‹. Ursprünglich stammte der Begriff aus dem militärischen Umfeld zur Beschreibung der multilateralen Welt nach dem Kalten Krieg. Heute wird das Konzept u.a. auf die Bereiche der Organisationsentwicklung und Organisationskommunikation übertragen und soll dabei helfen, die zunehmend komplexe Unternehmensumwelt zu beschreiben (vgl. Laloux 2015). Allerdings ist auch anzunehmen, dass die unternehmerische Umwelt nicht erst in den letzten Jahren komplex geworden ist und die ›VUCA-World‹ auch als Trendbegriff zu verstehen ist. Ansichten einer VUCA-World stellen Unternehmen, insbesondere vor dem Hintergrund der digitalen Transformation vor Herausforderungen und wurden durch weitere Akronyme erweitert bzw. ersetzt. Zum Beispiel stellt das VOPA+-Modell (vgl. Buhse 2014) eine Alternative dar, indem einer zunehmend komplexen Umwelt durch Vernetzung, Offenheit, Partizipation, Agilität *plus* Vertrauen den ›VUCA-Kräften‹ entgegengewirkt werden kann. Hier stehen vor allem transparente Kommunikation, Wissenstransfer und die interdisziplinäre Kollaboration von Teams im Vordergrund.

7 Laut Klinkhammer et al. (2015, S. 368) können in einer zunehmend komplexen Welt nicht alle Ansprüche berücksichtigt werden und »zum Wohle des Ganzen oder der zukünftigen Generationen [muss] Verzicht ausgeübt werden (…)«.

8 Zentrale Annahme agiler Methoden in Unternehmen ist, dass klassische Organisationsstrukturen einem komplexen Umfeld und seinen Wandlungsprozessen nicht standhalten können und neue Denk- und Handlungsweisen (z.B. flache Hierarchien) dabei helfen können, flexibel und wettbewerbsfähig zu bleiben. Dies setzt allerdings auch hohe Erfahrungswerte von Unternehmen voraus und die Einführung agiler Methoden ist nicht überall gleichermaßen sinnvoll (vgl. Laloux 2015).

Krisenkommunikation sieht sich hier zunehmend einer erhöhten Komplexität und Dynamisierung durch Digitalisierung und Vernetzung gegenübergestellt. Zukünftige Entwicklungen lassen sich dabei immer schwerer aus der Vergangenheit ableiten. Gängige Modelle und Theorien der klassischen Krisenkommunikation, die eher eindimensional sind, werden daher immer häufiger als unzureichend befunden. »Es macht den Eindruck, als hätten wir die gegenwärtige Organisationsführung bis an ihre Grenzen ausgereizt, und diese traditionellen Rezepte scheinen eher ein Teil des Problems zu sein als deren Lösung« (Laloux 2015, S. 4).

4.1 Kommunikation 2.0, Komplexität und Chaos

Komplexität ist eine Thematik, die den Einzug in unterschiedlichste Fachgebiete gefunden hat. Mainzer (2008, S. 10f.) geht davon aus, dass viele Schlüsselthemen des 21. Jahrhunderts mit Komplexität zu tun haben. So führten etwa »die Expansion des Universums, die Evolution des Lebens und die Globalisierung von Wirtschaft, Gesellschaft und Kulturen (...) zu Phasenübergängen[9] komplexer dynamischer Systeme«.

Mit zunehmender Komplexität in Wirtschaft und Gesellschaft gingen auch Forschungsansätze zu Konzepten und Verfahrensweisen komplexer dynamischer Systeme einher. Forschungsansätze in diesem Bereich halten zunehmend auch in den Wirtschaftswissenschaft Einzug, um bspw. komplexe Ordnungsmuster besser zu verstehen (Liening 2017, S. 5).

Die Komplexitätsforschung ist ein Resultat interdisziplinärer Denkansätze und beschäftigt sich fachübergreifend mit der Frage, wie Wechselwirkungen vieler Elemente eines komplexen Systems (z.B. Zellen in Organismen oder Märkte und Organisationen) zu sowohl Ordnungen und Strukturen als auch Chaos und Zusammenbrüchen führen können (Mainzer 2008, S. 10). Ziel ist es grundlegende Fragen von Ursache-Wirkungszusammenhängen zu unter-

9 Siehe Kapitel 2.4.1.

suchen. Komplexität beginnt immer dort, wo Erkenntnisgrenzen auftreten und Ursache und Wirkung nicht trennscharf sind[10].

Der Mathematiker Edward N. Lorenz (1963) betitelte das Phänomen, dass selbst kleinste Variationen in den Anfangswerten sehr große Unterschiede im Ergebnissen hervorrufen können, als den Flügelschlag eines Schmetterlings, der in Brasilien angefangen einen Tornado in Texas auslösen könne. Der sog. *Schmetterlingseffekt* ist auch heute noch Gegenstand der Komplexitätsforschung und beschreibt komplexe Systeme, deren Prozesse sich aus mehreren interagierenden Dynamiken aggregieren (Füllsack 2011, S. 58). Von komplexen Systemen ist immer dann die Rede, wenn Teilbereiche, z.B. die Wirtschaft (bspw. Börsenmärkte), als nicht-lineare, dynamische Systeme aufgefasst werden. Der Schmetterlingseffekt der Chaostheorie ist insbesondere zu Krisenzeiten zu beobachten. Ein scheinbar kleiner, anfänglicher Auslöser kann zu einer ausgereiften Krise führen. Diese Erkenntnisgrenzen werden in der Literatur auch als Zufall bezeichnet. Der vermeintliche Zufallscharakter bestimmter Entwicklungen lässt sich meist erst im Nachhinein durch Erklärungen auflösen[11].

Ein gutes Beispiel hierfür ist die PR-Krise des Konzerns H&M aus dem Frühjahr 2018[12]. Der Textilhersteller hatte auf seiner Online-Plattform einen Kapuzenpullover mit der Aufschrift »Coolest Monkey in the Jungle« mit einem dunkelhäutigen Jungen als Model beworben. Daraufhin wurde der Konzern, gerade über soziale Netzwerke, mit Rassismusvorwürfen konfrontiert, der Marktwert brach ein und prominente Werbepartner kündigten ihre Zusammenarbeit (vgl. Stack 2018). Wenige Tage später kam es zu Protesten und Fällen von Vandalismus in südafrikanischen Filialen des Konzerns in Johannesburg. Die Krise nahm ihren eigendynamischen und nicht vorhersehbaren Verlauf. Eine missglückte Werbeaktion eines global agierenden Konzerns führte schlussendlich zu sicherheitsbedingten Schließungen von Läden in Johannesburg. Zwar ist in Südafrika der öffentliche Diskurs über Rassismus

---

10 Grenzen der Erkenntnis werden u.a. auch mit der sog. *Heisenbergschen Unschärferelation* beschrieben. Die Quantenphysik geht vielmehr davon aus, dass zwei komplementäre Eigenschaften eines Teilchens nicht gleichzeitig beliebig genau bestimmbar sind. Die Unschärferelation ist damit von prinzipieller Natur und auch nicht als Folge technischer Unzugänglichkeiten zu verstehen (vgl. Heisenberg 1927).

11 Bereits Aristoteles definierte Zufall als etwas, das das Kausalitätsprinzip nicht verletzt. Mehrere Ursachen können die gleiche Wirkung erzielen, ebenso wie eine Ursache mehrere gleichwertige Folgen auslösen kann (vgl. Aristoteles 1907).

12 Siehe Anhang 8.1.1.

allgegenwärtig und stark von historischen Ereignissen etwa der Apartheid geprägt, allerdings lässt diese Entwicklung tatsächlich Bezüge zur Chaostheorie zu, da es – bspw. in den USA – auch andere Akteursfelder gibt, die eine ähnliche Sensibilisierung vorzuweisen haben, aber keine solche Entwicklungen verzeichneten.

Kommunikationssysteme, wie das Web 2.0, können als komplex und dynamisch betrachtet werden und lassen chaostheoretisch relevante Züge erkennen. Der Begriff des Chaos ist heutzutage im Sprachgebrauch häufig negativ konnotiert und wird mit einem eher als bedrohlich empfundenen Unsicherheitszustand verbunden (z.B. Verkehrschaos).

Interdisziplinär wird ›Chaos‹ allerdings oft mit dem Begriff der Ordnung verknüpft (z.B. in der modernen Physik) und Ordnung und Chaos scheinen in einem reziproken Verhältnis zu stehen. »There is ›order in chaos‹« (Crutchfield et al. 1986, S. 46). In der Wissenschaft wird Chaos[13] sowohl als Anfangszustand einer sich bildenden Ordnung als auch als Verfall eines Ordnungssystems angesehen. Dynamische bzw. Invisible-Hand-Prozesse können also in chaotische Zustände ›kippen‹, um anschließend neue Ordnungen zu stabilisieren (Liening 2017, S. 278).

Deterministisches Chaos beschreibt eine Art Feedback-Effekt, bzw., dass kleinste Unterschiede in Anfangswerten einer Entwicklung (z.B. der Wahrnehmung einzelner Rezipienten einer Werbedarstellung eines Kapuzenpullovers) im Laufe der Zeit zu großen Unterschieden heranwachsen können (z.B. Kursstürze von Aktien). Die Unterschiede wachsen laut Füllsack (2011, S. 59) jeweils im Rekurs auf ihre im vorhergehenden Schritt bereits erreichte Größe. Je größer diese würden, desto schneller wüchsen sie wiederum.

Dies ist bildlich gesehen vergleichbar mit der Metapher einer Lawine, in der sich das System durch das Anwachsen der Schneesammlung sowohl ›von unten‹ als auch ›von oben‹ beständig seinem kritischen Zustand nähert. Das System organisiert seinen kritischen Zustand selbst[14] (ebd.). Ordnungen ent-

13 Die Entdeckung des Chaos hat zu neuen Paradigmen in der Wissenschaft geführt; »On the one hand, it implies new fundamental limits on the ability to make predictions. On the other hand, the determinism inherent in chaos implies that many random phenomena are more predictable than had been thought« (Crutchfield et al. 1986, S. 46).

14 Hier wird von selbst-organisierter ›Kritikalität‹, bzw. ›self-organized criticality‹ gesprochen. Dieses Prinzip wurde z.B. bei der Evolution von Tierarten beobachtet. »Die Phylogenese, also die Entwicklung (...) einer Tiergattung, verläuft demgemäß nicht graduell, sprich stetig und gleichmäßig schnell. Vielmehr wechseln sich in der Regel längere stabile Phasen im Bestand spezifischer Gattungsmerkmale mit kurzen bewegten Pha-

stehen ebenso wie Chaos und Zerfall »in kritischen Zuständen, die von Kontrollparametern eines Systems empfindlich abhängen oder sich selbst organisieren« (Mainzer 2008, S. 10). Diese Zustände werden in der Literatur häufig als Attraktoren bezeichnet, da die Dynamik eines Systems ähnlich wie die Sog-Wirkung eines Wasserstrudels wird. Beispielsweise könnte die kontroverse Online-Bewerbung eines Kapuzenpullovers für den Konzern H&M einen solchen Zustand darstellen.

Gruber (2010, S. 3) verwendet hierfür die Metapher eines Trichters. Konkurrierende Rationalitäten des sozio-kommunikativen Handelns und ihre unbewussten Semantiken seien mit ›seltsamen Attraktoren‹ aus der Chaos-Theorie vergleichbar:

> »Eine Zeit lang kreist das entsprechende (...) [kommunikative] Handeln um diese Trichter herum, die ein bestimmtes sozio-kommunikatives Handeln markieren, wie Wasser um einen Strudel. Der Mittelpunkt des Trichters ist ein fest gefügter Rationalitätsbegriff, wie ihn eine Peer-Group oder ein Einzelner gefordert, vorgelebt oder theoretisch begründet hat: Er kann beispielsweise religiöser, ökonomischer oder politischer Natur sein. Die kreisenden Wasser im Sog sind die ›Kulturfolger‹, deren soziales Handeln sich auf diesen Mittelpunkt (auch unbewusst) ausrichtet.« (Gruber 2010, S. 30)

In einem Akteursfeld kann es viele dieser ›Trichter‹ geben. Im deterministischen Chaos sind somit Dynamiken durch ein nichtlineares Wachstumsgesetz in einem gewissen Sinne vollständig determiniert. Die Chaostheorie betont damit systemimmanente Ordnungsstrukturen und eher nicht unvorhersehbare, ungeordnete Systemzustände.

Von Hayek (2003, S. 17f.) postuliert, dass Ordnungen nicht als Ergebnis von Planungen angesehen werden müssen. Auch wenn einzelne Entwicklungen eines komplexen Systems nicht vorhersehbar sind, könne man das Gesamtverhalten eines Systems modellieren (ebd.).

In der Chaosforschung wird Chaos bspw. mit Hilfe von Computern erzeugt und manifestiert sich meist in Form von hochgeordneten Strukturen.

---

sen ab« (Füllsack 2011, S. 64). Konstanter Wandel in bestehenden Populationen konnte eher nicht beobachtet werden, sondern vielmehr kurze Episoden intensiver Artenbildung nach dem Prinzip des ›punctuated equilibrium‹. Die Übergänge zwischen den Tierarten sind deswegen nicht ausschließlich stetig. »Die Evolution scheint also doch auch Sprünge zu machen« (ebd.).

Ein fundamentaler Aspekt hierbei ist die Tatsache, dass kleinste Ungenauigkeiten im Rechenvorgang sich so potenzieren, dass selbst streng deterministische Gleichungen sich nicht mehr voraussehen lassen[15] (Mainzer 2008, S. 49). Der Ausdruck des Chaos steht dabei also für ein Verhalten, das nicht einfach nur ›vollkommen chaotisch‹ im alltäglichen Wortsinn, also zum Beispiel vollkommen zufällig verläuft, sondern vielmehr als deterministisch zu verstehen ist. Solche scheinbar chaotischen Entwicklungen verlaufen tatsächlich determiniert (bzw. nichtlinear) und sind meist als Prozesse rekursiver Reaktionen »auf den je im Zeitschritt zuvor erreichten Zustand und einen bestimmten Veränderungsparameter« zurückzuführen (Füllsack 2011, S. 58).

Auch der Mathematiker Mandelbrot beschäftigte sich mit Ordnungsstrukturen von scheinbar chaotischen Systemen. Mit dem sog. *Lyapunov-Exponenten* lässt sich theoretisch messen, ob und wie Trajektorien innerhalb eines Zustandsraums bzw. eines komplexen Systems auseinanderdriften, um den Grad der empfindlichen Abhängigkeit (Schmetterlingseffekt) zu erfassen. Diese dabei entstehenden ›Zickzackreihen‹ chaotischer oder zufälliger Zeitreihen bzw. Verläufe erinnern häufig an die unregelmäßigen Küstenlinien von Ländern (Mainzer 2008, S. 49).

Dieses Phänomen beschrieb Mandelbrot (1980) mit der Frage, wie lang die Küste Britanniens sei. Er machte darauf aufmerksam, dass Muster der Zickzackkurve der Landesgrenze bei unterschiedlicher Skalierung z.B. von Flugzeug aus, oder zu Fuß oder bei der Betrachtung einzelner Kieselsteine, sich trotzdem statisch wiederholt, wenn man jeweils von einzelnen Unterschieden absieht. Mandelbrot spricht hier von sog. *fraktalen Mustern*, die sich durch statistische sog. *Selbstähnlichkeiten* bei unterschiedlichen Skalierungen auszeichnen. »Fraktale Zeitreihen mit Selbstähnlichkeit können ein Hinweis auf Chaos sein« (Mainzer 2008, S. 49). Daraus folgt, dass selbst scheinbar chaotische Zustände sowohl einen hohen Prozess- als auch einen Strukturcharakter haben.

Etwa zeitgleich zur Entstehung der Chaostheorie begründete sich die Synergetik – die Lehre vom Zusammenwirken. Hier werden Möglichkeiten ergründet, generelles Gesamtverhalten von Systemen zu modellieren. Die

---

15 »Um die Komplexität einer Zeitreihe und damit einer nichtlinearen Dynamik zu messen, kann der Grad der Nicht-Periodizität oder die empfindliche Abhängigkeit einer Dynamik von ihren Anfangsdaten bestimmen werden« (Mainzer 2008, S. 49). Dennoch sind langfristige Wirkungen aufgrund der Begrenzung technischer Rechenleistung nur schwer prognostizierbar.

Chaostheorie betont somit nicht die Unordnung, die immanente Unvorhersagbarkeit eines Systemzustandes, »sondern vielmehr die systemimmanenten Ordnungsstrukturen – die universellen Eigenschaften gleichartiger Systeme« (Liening 2017, S. 8). In komplexen Systemen wird hier zwischen Regularität und Zufall unterschieden. Typisch für komplexe Systeme sind in der Literatur sog. *Potenzgesetze*, die zwischen Zufall und Regularität stehen und versuchen die Abweichung von Normalverhalten z.B. neue Strukturen oder Innovationen durch Wahrscheinlichkeitsverteilungen[16] zu erschließen (Mainzer 2008, S. 25). Dies ist gerade im Kontext des Web 2.0 bedeutsam, da die Informationsflut in diesem komplexen Informations- und Kommunikationssystem von einzelnen Nutzern kaum mehr kontrolliert und bewältigt werden kann (vgl. O'Reilly 2005). »Das Internet zerfällt (...) nicht nur in die Summe einzelner vernetzter Computer. Mit plattformunabhängigen Computersprachen, wie z.B. Java ist das Netz (2.0) selbst ein gigantischer Computer, in dem die Menschheit wie in einem Supergehirn ihre Dokumente speichert und multimedial animiert« (Mainzer 2008, S. 104). Große Datenmengen und scheinbar zufällige Einzelereignisse können demnach auch gemeinsame Regelmäßigkeiten aufweisen.

Komplexe Systeme wie das Web 2.0 sind durch ihre Dynamik, »d.h. die zeitliche Änderung ihrer Systemzustände bestimmt. Systemzustände hängen von der Wechselwirkung der Systemelemente ab. So entstehen Chaos und Unordnung, aber auch neue Strukturen und Ordnungen durch Selbstorganisation[17]« (Mainzer 2008, S. 38). Prozesse komplexer Systeme sind somit auch immer Produkt ihrer Systemelemente. Da Veränderungsprozesse komplexer Systeme allerdings oft abrupter, scheinbar sprunghafter Natur sind, versagen vielfach gängige altbewährte Lösungswege (vgl. Laloux 2015).

Dies bedeutet für die Kommunikation 2.0, dass Wechselwirkungen einzelner Systemelemente den Systemzustand prägen und diese mitbedacht

---

16 Wahrscheinlichkeit kann subjektiv und objektiv interpretiert werden. »Die Häufigkeitsinterpretation der Wahrscheinlichkeit wird objektiv genannt, da sie sich auf die Häufigkeit von Zufallsereignissen unabhängig vom Beobachter bezieht. Demgegenüber fasst die subjektive Interpretation Wahrscheinlichkeiten als Überzeugungs- und Glaubensstärken von Beobachtern auf, die z.B. Wettquotienten auf Ereignisse abschließen« (Mainzer 2008, S. 25).

17 Komplexitätsgrade lassen sich bspw. durch Attraktoren, Zeitreihen, Fraktale und andere Kriterien bestimmen. »Auffällig ist, dass bei komplexer Strukturbildung zwischen Zufall und Regularität wieder Potenzgesetze auftreten« (Mainzer 2008, S. 38).

werden sollten, wenn es darum geht, Wirkungsweisen, wie die Selbstorganisation im Web 2.0, des ›global brain‹, zu verstehen.

Nichtlinearität bzw. komplexe Dynamiken in Systemen bedeuten somit auch, dass Prozesse nicht bis ins Detail steuerbar sind. Mainzer (2008, S. 115) appelliert dafür, eine Sensibilität und keinen Steuerungswunsch zu entwickeln. Vielmehr sei es nützlich, rechtzeitig sog. *Instabilitätspunkte* und mögliche Ordnungsparameter zu erkennen, die globale Trends dominieren können. Ihre Gesetze zu verstehen bedeute hier nicht, sie berechnen und beherrschen zu können. »Sensibilität für empfindliche Gleichgewichte ist eine neue Qualität der Erkenntnis nichtlinearer Dynamik« (ebd.).

Dies ist auch ein Ansatz, der sich für den Umgang mit eigendynamischen Prozessen und Entwicklungen im Rahmen der Krisenkommunikation anwenden lässt, da konkrete Steuerungsversuche, wie sich an Beispielen aus der Praxis gezeigt hat, oft missglücken und vielmehr eine Sensibilisierung für ›empfindliche Gleichgewichte‹ von Vorteil gewesen wäre[18].

Am Beispiel der organisationalen Krisenkommunikation lässt sich die Schwierigkeit der Steuerung von Kommunikationsprozessen und deren Eigendynamik verdeutlichen, da es selbst in Zeiten der größten Unsicherheit (Krise) gilt, dem ›Druck nach Sicherheit‹ bzw. Steuerungswünschen durch vertrauensbildende, glaubwürdige und nachhaltige Beziehungspflege standzuhalten (siehe Kapitel 5.4).

4.2 Invisible-Hand-Prozesse und kommunikativer Wandel

Ein wesentlicher Bestandteil der ›Unvorhersehbarkeit‹ (bzw. der Auslöser, welcher Instabilitätspunkte zum ›Kippen‹ bringt) z.B. bezüglich des Verlaufs von Krisen in einer komplexen Umwelt, lässt sich auf ›Invisible-Hand-Prozesse‹ zurückführen. Der Begriff der Invisible-Hand-Prozesse beschreibt Entwicklungen, die eine Eigendynamik entwickeln und nur schwer vorhersehbar sind. »Eine invisible-hand-Erklärung erklärt ihr Explanandum, ein Phänomen der dritten Art, als die kausale Konsequenz individueller intentionaler Handlungen, die mindestens partiell ähnliche Intentionen verwirklichen« (Keller 2003, S. 101).

Ursprünglich wurde die Metapher der unsichtbaren Hand durch den schottischen Philosophen Adam Smith (1793) in seinem Buch ›An Inquiry into

18 Weitere Ausführung hierzu in Kapitel 4.5.

the Nature and Causes of the Wealth of Nations‹ geprägt und war zunächst eher religiös konnotiert. Der Begriff hat sich allerdings inzwischen auch interdisziplinär verankert und beschreibt etwa in der Soziologie die Selbstregulierung soziokultureller Ordnungen und in der (kognitiven) Linguistik Phänomene des Sprachwandels (vgl. Keller 2003). Auch in der Ökonomie wird von der unsichtbaren Hand des Marktes (Gruber 2010, S. 176ff.) gesprochen, wenn es z.B. darum geht, Kursschwankungen von Aktien zu erklären. »Eine Invisible-hand-Erklärung ist eine Conjectural History eines Phänomens, das Ergebnis menschlichen Handelns, nicht aber Durchführung eines menschlichen Plans« (Keller 2003, S. 61).

Eine Invisible-Hand-Theorie enthält – idealtypisch ausformuliert – somit drei Stufen.

Auf der ersten Stufe finden die Darstellung bzw. Benennung der Motive, Intentionen, Ziele, Überzeugungen (und dergleichen) statt, die beteiligt sind. Dies umfasst auch die Rahmenbedingungen ihres Handelns. Die zweite Stufe stellt den Prozess dar, in dem aus der Vielzahl individueller Handlungen die zu erklärende Struktur entsteht. Die dritte Stufe umfasst die Darstellung bzw. Benennung der durch besagte Handlungen hervorgebrachten Struktur (Keller 2003, S. 99f.).

Kommunikationsprozesse sind stets einem eigendynamischen Wandel unterworfen. Kommunikative Systemzusammenhänge oder kommunikative Stile entstehen über die Zeit und verändern sich. Nach Bolten (2018, S. 27) gehen kommunikative Veränderungsprozesse einher mit einer langfristigen Tradierung, welche den von ihr betroffenen Akteuren oft nicht bewusst ist. Wenngleich permanent Veränderungsprozesse stattfänden, seien diese doch vorwiegend langsam und unbemerkt. Veränderungsprozesse innerhalb einer Kommunikationskomponente können sich nur durchsetzen, wenn einerseits die Kommunikationsbeteiligten über eine Bereitschaft zur Konventionalisierung verfügen und andererseits ein ›fit‹ zu den anderen Komponenten besteht und die Veränderungsprozesse in Bezug auf das Gesamtsystem für die Akteure Sinn ergibt. »Umgekehrt ist allerdings nicht eindeutig prognostizierbar, ob und in welcher Weise sich ein Komponentenmerkmal als passfähig erweist« (ebd.).

Das unbestimmte bzw. weitgehend unvorhersehbare Zusammenspiel der einzelnen Systembestandteile ist als eigendynamisch anzusehen. Diese Prozesse können von jeder beliebigen Merkmalsveränderung innerhalb einer der vier Komponenten (verbal, nonverbal, extraverbal, paraverbal) ausgelöst werden. Veränderungen einzelner Komponentenmerkmale sind selten monokausal im Sinne isolierter Prozesse beschreibbar, da sie in kommunikative Gesamtzusammenhänge eingebettet sind. Beispielsweise verweisen verbale Veränderungen im syntaktischen Bereich häufig auf sprachökonomische Prozesse, die ihrerseits durch veränderte Bedingungen extraverbaler Merkmale bedingt sein können (Bolten 2018, S. 27ff.). Kommunikative (Veränderungs-)Prozesse tragen somit auch in fundamentaler Weise zur Realitätskonstruktion bei.

Kommunikativer Wandel veranlasste viele Wissenschaftler in der zweiten Hälfte des 19. Jahrhunderts dazu nach entsprechenden Entwicklungstheorien zu suchen. Als Leitmotiv galt es Theorien sog. *spontaner Ordnungen* zu finden. »Spontane Ordnungen sind oft schön. Der ästhetische Reiz solcher Strukturen kann einerseits in ihrem besonderen Verhältnis von Ordnung und Unterordnung begründet sein, andererseits in der Beziehung von Einfachheit und Komplexität« (Keller 2003, S. 10). Mit spontanen Ordnungen sind hier Ordnungen gemeint, die entstehen, ohne in dieser Art und Weise geplant gewesen zu sein. Laut Keller (2003, S. 9) gibt es spontane Ordnungen in allen Bereichen, wie der belebten und auch unbelebten Natur. Spontane Ordnungen im soziokulturellen Bereich sind typischerweise Phänomene individueller Handlungen, die anderen Motiven folgen als dem, eine Ordnung zu produzieren.

Einer natürlichen Sprache kommt hierbei unter all den spontanen Ordnungen eines Akteursfeldes ein ganz besonderer Status zu, da sie sich auch bei relativ restriktivem Steuerungsverhalten, wie etwa im Fall der deutschen Rechtschreibreform, auch als Invisible-Hand-Prozess vollziehen kann (Bolten 2018, S. 27ff.).

Im soziokulturellen Bereich ist etwa die Sprache als Beispiel einer spontanen Ordnung anzusehen (Keller 2003, S. 9). Beispielsweise findet man mit hoher Wahrscheinlichkeit in einer Zeitung aus der Mitte des 20. Jahrhunderts zahlreiche Ausdrücke und Ausdrucksweisen, die heute im gleichen Kontext undenkbar bzw. jedenfalls anders konnotiert wären. Herrmann Paul (1995, S. 41) sieht etwa Veränderungen des Sprachgebrauchs stets als Produkt sowohl aktueller Triebfedern des Individuums als auch der herrschenden Verkehrsverhältnisse. Ein im gesamten Sprachraum vorherrschender Trieb müsse sich folglich auch schnell im Sprachusus niederschlagen.

Die Invisible-Hand-Theorie will, nicht nur bezogen auf die Krisenkommunikation, somit unbeabsichtigte Strukturen, erklären und Prozesse sichtbar machen. »An invisible-hand theory explains not only how a structure came to be, but also why it lasted, or why it didn't« (Keller 1985, S. 223). Elemente komplexer Systeme sind laut Keller (2003, S. 10) keine reinen Zufallsprodukte.

An dieser Stelle stellt sich die Frage nach der Entstehung von Invisible-Hand-Prozessen im Rahmen der Kommunikation 2.0 und welche Rolle hierbei z.B. ›nicht-menschlichen-Akteuren‹ (Latour 2008) – z.B. ›Fake News‹ – zukommt.

Im folgenden Kapitel soll hierfür eine theoretische Übersicht verschiedener Ansätze der Eigendynamik von Kommunikationsprozessen gegeben und erläutert werden. Auffällig hierbei ist, dass theoretische Ansätze zu Invisible-Hand-Prozessen kommunikativer Entwicklungen auch gleichzeitig immer grundlegende (teilweise unterschiedliche) Annahmen zu Komplexität aufstellen. Die Auswahl theoretischer Ansätze ist hierbei nicht erschöpfend und soll in erster Linie zur Orientierung in Bezug auf das Beispiel der Krisenkommunikation dienen.

4.3 Theoretische Betrachtung kommunikativer Eigendynamik

Die theoretische Betrachtung kommunikativer Eigendynamik wirft viele Fragen auf. Etwa wie es dazu kommen kann, dass es überhaupt zum gesellschaftlichen kommunikativen Konsens (z.B. Sprache mit ähnlichen Bedeutungen) kommt, da es unendlich viele Rationalitäten und Maximen sozio-kommunikativen Handelns gibt und komplexe Systeme wie das Web 2.0 sich etwa durch Ansätze des determinierten Chaos charakterisieren lassen. Gruber (2010, S. 29) sieht die Antwort, ähnlich wie bei der Entstehung von Kultur (vgl. Kapitel 2.3.2), in Kumulationseffekten. Wenn viele Akteure nach ähnlichen bzw. gleichen Maximen (meist unbewusst) handeln, setzen sich Deutungen durch, die von den meisten Akteuren gelebt werden. Auch kommunikative Rationalitäten entstehen parallel zur »Rationalität des Überlebens« von selbst (ebd.). Wandelprozesse vollziehen sich hier auch kumulativ durch Anpassungspotenziale. Dies muss nicht immer im Konsens geschehen und es können verschiedene Rationalitäten verschiedener Akteure bzw. Akteursfelder konkurrieren. »Einen Endpunkt finden alle sozialen Rationalitäten in der Rationalität des Überlebens« (Gruber 2010, S. 31). D.h. nur so lange eine bestimmte Anzahl von Akteuren sich dementsprechend verhält oder handelt, kann eine bestimmte Rationalität auch überdauern (ebd.). Eingängige Beispiele hierfür sind der zeitliche Wandel und die Anpassung von Sprache.

Kommunikation, insbesondere Kommunikation in Zeiten von Krisen, steht heute mehr und mehr vor Herausforderungen unvorhersehbarer Entwicklungen. Krisenkommunikation wird im Kontext des Web 2.0 mit einem zunehmend komplexen Kommunikations- und Informationssystem und seinen schwer prognostizierbaren eigendynamischen Ordnungen konfrontiert.

Im Folgenden sollen wesentliche Theorien aufgezeigt werden, welche sich mit der Eigendynamik von Kommunikation in Verbindung bringen lassen. Eine grundlegende theoretische Einordnung und Systematik von Eigendynamik und Kommunikation fehlt bislang in der aktuellen Forschungslandschaft und soll im Folgenden (ansatzweise) vorgenommen werden.

4.3.1 Sprachwandel nach Keller

Eines der prägnantesten Beispiele kommunikativer eigendynamischer Prozesse liefert der Sprachwandel (Ballmer 1985, S. 1). Zeitliche Veränderungen und Anpassungen von Sprache begründete Paul (1995, S. 41) etwa mit kleinsten anfänglichen Veränderungen im ›Sprachusus‹, die zu größeren Wandelprozessen mutieren können.

Die besondere Struktur einer Sprache begründet sich zunächst aus ihrer Vergangenheit. Doch nicht nur vergangene Zustände tragen zu ihrer Konstitution bei, auch gegenwärtige Einflüsse spielen eine Rolle bei ihrer Evolution. Die Rekonstruktion dieser Geneseprozesse ist ein zentraler Bestandteil einer erklärenden Theorie des Sprachzustandes (Keller 2003, S. 10). Wesen, Wandel und Genese stehen hier in engem Zusammenhang. Zukünftige Veränderungen sind dabei die kollektiven Konsequenzen kommunikativen Handelns der Gegenwart (Keller 2003, S. 105). »It is important to note here that not each individual action has the phenomenon in question as a consequence but rather many actions taken together« (Keller 1985, S. 219). Sprache bzw. Kommunikation muss in erster Linie mit gesellschaftlichen Entwicklungen Schritt halten und den Wortschatz ausbauen[19]. Allerdings sind nicht alle Entwicklungen von Sprache damit zu erklären.

Keller (2003, S. 20) sieht Neuerungen in unserer Welt als weder notwendig noch hinreichend für Veränderungen in unserer Sprache. Diese Annahme hängt mit der Auffassung zusammen, dass eine zentrale Aufgabe der Sprache

---

19 Sprachökonomie, Innovation und Evolution sind Faktoren, die auch laut Von Polenz (2000) zum Sprachwandel beitragen.

darin besteht, die Welt möglichst eindeutig abzubilden »und da[ss] Kommunizieren seinem Wesen nach darin bestehe, wahre Aussagen über die Welt zu treffen« (ebd.). Laut Keller würde hier nur ein Aspekt des Kommunizierens beleuchtet. Kommunizieren hieße in erster Linie auf bestimmte Art und Weise beeinflussen zu wollen (siehe Kapitel 2.3.1).

Eine wesentliche Eigenschaft der natürlichen Sprache ist es somit, sich zu (ver)ändern (Keller 2003, S. 21), da durch das alltägliche millionenfache Nutzen zwangsläufig Änderungen entstehen, aber meist unbewusst sind. Keller (2003, S. 28ff.) geht zudem davon aus, dass intentionale Prozesse nicht gleichzeitig geplant sein müssen. Sprachwandel könnte demnach intentional sein (unwahrscheinlich), ohne geplant zu sein (wahrscheinlicher). Intentionale Handlungen lassen sich somit vollziehen, ohne dass sie einem bewusst sind (ebd.).

Kulturelle Phänomene wie der Sprachwandel, können somit nicht nur ausschließlich kausal erklärt werden. »Handlungen werden (...) nicht um ihrer Ergebnisse Willen vollzogen, sondern um ihrer Folgen Willen« (Keller 2003, S. 91). Jede angemessene Erklärung müsse laut Keller (2003, S. 93) hierbei auch über einen nicht-kausalen Anteil verfügen. Eine Erklärung könne allerdings kausale Anteile besitzen. »(...) [S]o-called natural languages are neither natural nor artifical but rather Phenomena of the Third kind« (Keller 1985, S. 211). Phänomene der ›dritten Art‹ setzen sich aus Ebenen des Mikro- und Makrobereichs zusammen. Mikrobereiche sind intentional, Makrobereiche hingegen eher kausaler Natur. »Den Mikrobereich bilden die an der Erzeugung des Phänomens beteiligten Individuen bzw. ihre Handlungen (...). Der Makrobereich bildet die durch den Mikrobereich hervorgebrachte Struktur« (Keller 2003, S. 93).

Ein Phänomen der dritten Art bzw. eine spontane Ordnung, ist somit die kausale Konsequenz einer Vielzahl individueller intentionaler Handlungen, die zumindest partiell ähnlichen Intentionen dienen (ebd.). Keller (2003, S. 99ff.) sieht in der Erklärung des Sprachwandels mittels Invisible-Hand-Prozessen die Spiegelung wesentlicher Eigenschaften von Phänomenen der dritten Art gegeben. Zum einen begründet sich die Tatsache, dass Erklärungen (1) prozessualer Natur sind, (2) dass sie sich aus einer Mikro- und einer Makroebene konstituieren, und die Tatsache, dass sie sowohl etwas mit Artefakten als auch mit Naturphänomenen gemeinsam haben.

Sprachwandel ist somit prinzipiell, auf der Basis von Gesetzen, erklärbar. Aber er ist eher nicht prognostizierbar, und das nicht aus Mangel an Gesetzen, sondern vielmehr, weil das Erfüllen der Prämissen nicht vorhersagbar ist.

Dies hat Sprache mit chaotischen Systemen, wie z.B. dem Wetter, gemeinsam (Keller 2003, S. 106). Invisible-Hand-Erklärung sind hierbei nur Vermutungen, die sich zwar dem Prozess der Beobachtung entziehen, aber trotzdem einen Erklärungswert haben können. »Denn sie kann gut oder schlecht sein unabhängig von der Feststellbarkeit ihres Wahrheitswertes. Gut ist sie, wenn die Prämissen plausibel sind und der Invisible-hand-Proze[ss] zwingend ist. Plausibel und zwingend zu sein, ist das entscheidende Adäquatheitskriterium einer Invisible-hand-Theorie« (Keller 2003, S. 102).

Durch Anfangsbedingungen kann künftiges Verhalten von (Sprach)Systemen theoretisch exakt und eindeutig festgelegt werden. Oft ist es aber schwer, wenn Anfangsbedingungen benannt werden müssen, da meist erst *post festum* »auf der Basis der Existenz des Explanandums« festgestellt werden kann, dass die Prämissen erfüllt waren (Keller 2003, S. 106). »Das heißt, wir kennen das Explanandum, kennen die Gesetze und rekonstruieren die Prämissen« (ebd.). Oftmals sind so auch Überraschungsmomente in Prozessen des Sprachwandels inbegriffen. Zum Verständnis eines Phänomens der dritten Art gehört demnach die Kenntnis seines Bildungsprozesses ebenso, wie die Kenntnis des Resultats seines Bildungsprozesses. »Denn das Phänomen der dritten Art ist nicht eines von beiden – Bildungsproze[ss] oder Resultat –, sondern beides zusammen« (Keller 2003, S. 99).

Zusammengefasst lässt sich festhalten, dass alltägliche und/oder zufällige ›Regelverletzungen‹ in der Sprache eher keine dauerhaften Spuren für ebendiese hinterlassen. »Nur für die systematischen Regelverletzungen gilt, dass sie die neuen Regeln von morgen sind. Was aber erzeugt die Systematizität unserer Regelverstöße? Die Antwort lautet: Wir handeln – ohne dass uns dies bewusst ist – nach bestimmten Strategien bzw. Maximen« (Keller 2003, S. 11). Anzumerken ist allerdings auch, dass Keller lineare Annahmen zu Prozessveränderungen stellt und z.B. diachronen Perspektiven nicht gerecht werden kann.

4.3.2 Kommunikation und Framing

Sprachwandel vollzieht sich somit oft eigendynamisch als spontane Ordnung und besteht sowohl aus bewussten als auch aus unbewussten Prozessen und ist daher – in Referenz auf ein komplexes System – eher erklärbar als prognostizierbar. Auch andere Aspekte, die kommunikatives Handeln beeinflussen, sind unbewusst und können Invisible-Hand-Prozessen unterliegen.

Ein Beispiel hierfür lässt sich im Bereich des Krisenmanagements finden. Organisationen nehmen Krisen häufig erst als solche wahr, wenn sie als Krise (sprachlich) betitelt und z.B. durch die Medien ›gerahmt‹ wird. Erst dann können auch entsprechende Bewältigungsstrategien eingesetzt und Maßnahmen eingeleitet werden. Gerade Massenmedien verwenden journalistische ›Rahmungen‹[20] für ihre Krisenberichterstattung, die von Organisationen nur schwer durchbrochen bzw. beeinflusst werden können, wenn sie einmal in der öffentlichen Meinung verankert wurden (Sandhu 2013, S. 109).

Robert Entman (1993) beschrieb in diesem Zusammenhang Deutungsmuster (insbesondere) politischer Themen, die Informationen für die massenmediale Kommunikation selektieren und strukturieren. Dieses Vorgehen wird in Anlehnung an das Schema-Konzept als sog. *Framing* begriffen.

Framing ist ein Prozess der Wirklichkeitsdefinition, der besonders in Krisensituationen offenkundig relevant wird. Framing bedeutet, bestimmte Aspekte einer wahrgenommenen Realität auszuwählen und sie z.B. in einem Text so sprachlich hervorzuheben, »dass eine bestimmte Problemdefinition, kausale Interpretation, moralische Bewertung und/oder Handlungsempfehlung für den beschriebenen Gegenstand gefördert wird« (Entman 1993, S. X). Framing ist als Prozess der Interpretations- und Deutungsmuster zur Informationsverarbeitung zu verstehen (vgl. Jecker 2014) und spielt eine große Rolle bei der Bedeutungskonstitution beim Sprachverstehen. »Framing wird verstanden als im Rahmen von Verstehens- und Interpretationsprozessen durch sprachliche Kontextualisierung angeleitete Interpretation und Perspektivierung von kognitiven Strukturen« (Fraas 2013, S. 246).

Framing ist als Prozess der mehr oder weniger bewussten Kontextualisierung, Bedeutungskonstitution und Interpretation mit Komplexitätsreduktion, Kategorisierung, Perspektivierung, Selektion und Salienz verbunden und wird in den unterschiedlichen Forschungsrichtungen auf unterschiedlichen Ebenen beschrieben. Das Konzept wird (1) als Prozess der Bedeutungskonstitution beim Sprachverstehen, (2) als Prozess der Interpretation von konkreten Situationen zur Handlungsermöglichung oder (3) als Praxis der Wissens-Aktivierung in komplexeren diskursiven Zusammenhängen bis hin zur strategischen Deutungsarbeit verstanden (Fraas 2013, S. 261).

---

20 Goffman entwickelte mit seiner ›Frame Analysis‹ einen Rahmenbegriff, der Rahmen als eine Perspektive, ein Interpretationsschema versteht, um Probleme zu erkennen und zu verstehen. Hierbei können Rahmen als Organisationsprinzip menschlicher Erfahrungen und Interaktionen verstanden werden (Goffman 1974).

Frames werden seit Jahrzehnten in verschiedenen Wissenschaftstraditionen zur Beschreibung und Analyse von Wissensordnungen und deren Rolle in Verstehens- und Interpretationsprozessen herangezogen. Der Ursprung des Framebegriffs[21] geht auf den Psychiater Gregory Bateson (1972) zurück, der die Exklusion und Inklusion bestimmter Informationen in Nachrichten beschrieb. Das Framing-Konzept entwickelte sich als interdisziplinärer Ansatz. So greifen sowohl kognitionswissenschaftliche und linguistische Ansätze als auch sozialwissenschaftliche Forschungen auf das Frame-Konzept zurück (Fraas 2013, S. 260). Die linguistische Semantik versucht bspw. mit Hilfe des Frame- bzw. Framing-Ansatzes semantische und grammatische Phänomene wie Bedeutungskonstitution, Bedeutungsdifferenzen, Polysemie oder Verbvalenz zu erklären (Fraas 2013, S. 246). Kognitive Prozesse und damit auch Frames und Framing sind nicht unbedingt sprachgebunden, aber sprachgeleitet. D.h. Menschen verfügen auch über Frames, die nicht sprachlich ausgedrückt werden (Geeraerts/Dirven/Taylor 2006, S. 302). Das betrifft Vorstellungen und Konzepte, die eher mit komplexen sinnlichen (visuellen, auditiven, taktilen oder olfaktorischen) Wahrnehmungen verbunden, jedoch nicht lexikalisiert sind.

Sprachlichen Strukturen kommt dennoch für kognitive Prozesse eine tragende Rolle zu. Seit den 1970er Jahren führte diese Erkenntnis zu einem steigenden Austausch zwischen Kognitionswissenschaften und Linguistik und wird in der Kognitionswissenschaft auch als ›linguistic turn‹, in der Linguistik als ›cognitive turn‹ bezeichnet wird (Fraas 2013, S. 266).

In der aktuellen Forschung wird das Frame-Konzept aufgrund seines heuristischen Wertes sowie seines methodologischen Potentials vor allem in Linguistik, Kommunikationswissenschaft und Social Movement Theory eingesetzt und weiterentwickelt. In der Kognitionsforschung (oder der Linguistik) ist die Forschung eher auf Frames als Repräsentationsformate für kognitive Strukturen gerichtet. In anderen Disziplinen, z.B. in der Kommunikationswissenschaft, wird eher auf den Prozess der Aktivierung dieser kognitiven Strukturen in konkreten Situationen geachtet (Fraas 2013, S. 260f.).

Eine integrative Sicht der interdisziplinären Ansätze wird allerdings dadurch erschwert, dass sowohl die begriffliche Klärung als auch der analytische Einsatz in empirischen Studien an die jeweils aktuellen Erkenntnisinteressen der unterschiedlichen Forschungsrichtungen gebunden ist (ebd.). So ist das Konzept zwar produktiv, aber auch umstritten.

---

21 Häufig werden begriffliche Synonyme wie Schema, Skript oder auch ›Map‹ verwendet.

Framing kann als eine theoretische Betrachtung kommunikativer Eigendynamik gesehen werden, da sich im Kontext der Wahrnehmung bzw. Präsentation von Informationen Diskrepanzen ergeben können. Da es meist mehrere Möglichkeiten gibt, dasselbe Ergebnis oder Ereignis darzustellen und zu präsentieren, kann es auch in der Informationswahrnehmung bzw. –deutung zu differierenden Entscheidungen und Ergebnissen kommen (Liening 2017, S. 34). Beispielsweise dürften Begriffe im Zusammenhang mit Migrationsbewegungen wie ›Überfremdungsangst‹ oder ›Flüchtlingswellen‹ andere Interpretation wecken als Begriffe wie ›gemeinsam‹ oder ›zusammenleben‹. Unterschiedliche Darstellungsformen bringen hierbei nicht unbedingt Klarheit. So ist z.B. gerade in der Werbung der Effekt des Framing sehr beliebt, da sich damit u.a. das Kaufverhalten von Konsumenten beeinflussen lässt (Liening 2017, S. 35).

Auch können Frames an sich zu semantischen Unsicherheiten führen, wenn unterschiedliche Assoziationen und Erfahrungswerte mit bestimmten Darstellungsformen korrelieren und Interpretationsprozesse beeinflussen.

Anzunehmen ist hier, ähnlich wie beim Sprachwandel auch, dass Wandelprozesse von Bedeutungskonstitution eigendynamisch verlaufen können. So können ›journalistische Rahmungen‹ von vor zwanzig Jahren eine andere Bedeutung erfahren haben als heute. Fillmore (1975, S. 128ff.) beschreibt diese Frame-Semantik als ›semantic of understanding‹ und nimmt an, dass Bedeutungskonstitution und sprachliche Verstehensprozesse in einem dynamischen Zusammenhang mit menschlicher Erfahrung sowie sozialen Praktiken stehen. Die Ursache semantischer Unterschiede kann ebenso auf konzeptueller wie auf sozialer Ebene liegen. Die Ebenen sind reziprok, da Menschen im Kontext ihrer soziokulturell geprägten Handlungen auch ihre Erfahrungen aufeinander beziehen und hierdurch eine Grundlage für gemeinschaftlich geteilte Deutungsstrukturen schaffen, die als Frames der betreffenden Konzepte modelliert werden können (vgl. Fillmore 1977).

Kognitive Frames sind zum einen mit sprachlichen Strukturen verbunden und steuern Kategorisierungsprozesse und zum anderen spielen sie mit soziokulturellen Erfahrungen zusammen, die Interpretationshintergründe stellen können (Fraas 2013, S. 268). Soziale Systeme sind hier als Ergebnisse sinnstiftender Transaktionsprozesse zu verstehen und Wandelprozesse der Sinnzuschreibung zwar erklärbar, aber nur schwer prognostizierbar.

Ein Beispiel für die Eigendynamik bei der Entstehung von Deutungsmustern durch Frames ist der missglückte Versuch des Klemmbaustein-Herstellers ›Lego‹ im Januar 2019 einen Youtuber aufgrund seiner grafischen

Verwendung von Legobausteinen in seinem Logo der Markenpiraterie zu bezichtigen. Hier rief das Framing des Unternehmens nicht die gewünschten Bedeutungszuschreibungen hervor und löste einen Shitstorm[22] auf sozialen Netzwerkseiten gegen den Konzern aus (Hertreiter 2019, Süddeutsche online). Diese Entwicklung kann mit einer unsichtbaren Hand beschrieben werden. Auch wenn es Erklärungsansätze[23] für die entstandenen Prozesse gibt, lassen sie sich schlecht vorhersagen und waren von Unternehmensseite aus nicht intentional.

Das Framing-Konzept beschreibt somit Ebenen der Sinnstrukturen und (subjektiven) Sinnzuschreibungen, die Interdependenzen und Dynamiken sozialer und sprachlicher Netzwerke unterliegen. Invisible-Hand-Prozesse spielen hierbei eine Rolle und können eher zur Erklärung, als zur Prognostizierung nichtvorhersehbarer Entwicklungen und Sinnzuschreibungen herangezogen werden.

4.3.3 Kommunikativer Konstruktivismus

Wie schon beim Framing Konzept verdeutlicht wurde, ist die Bedeutung soziokulturell geprägten Wissens für die Konstruktion einer Wirklichkeit bzw. ihrer Deutungsmuster ein wesentlicher Aspekt.

Ähnliche Ansätze zur Wirklichkeitserstellung wurden auch im sog. *Sozialkonstruktivismus* verdichtet (vgl. Berger & Luckmann 1969), dessen Denkweisen sich seit den 1960er Jahren in der westlichen Wissenschaft verbreitet haben. »Im wissenssoziologischen Sinne redet man von einem Paradigma, dass nicht zufällig den Umbruch der industriellen Gesellschaft zur nachindustriellen (Wissensgesellschaft) begleitet hat« (Keller/Reichertz/Knoblauch 2013, S. 10). Berger und Luckmann (1969) gehen davon aus, dass die interaktiven Dynamiken sozialer Handlungen Institutionen erschaffen, die mit (legitimatorischem) Sinn erfüllt sind und den Handelnden wiederum so vermittelt werden, dass sie zu sozialen Tatsachen mutieren und für das soziale Handeln bestimmend werden. Konstruktion ist demnach ein sozialer Prozess.

---

22 Siehe Kapitel 4.5.3.

23 Auch Prozesse der Glokalisierung spielen hierbei eine Rolle (siehe Kapitel 2.4.1). »The small and the large do not constitute distinct ontological levels but exist on a continuum. This continuum can be understood as localizing and globalizing. Every event and every story take place not only within a concrete local context, but at the same time within larger frames. Stories can include other stories, just as frames can be within frames going all the way up to a whole world« (Belliger & Krieger 2016, S. 22).

Weiterführungen des sozialen Konstruktivismus resultierten im sog. *Kommunikativen Konstruktivismus*[24], der die Bedeutung der Kommunikation beim Aufbau der Wirklichkeit akzentuiert. »Kommunikation gilt dabei keineswegs nur als ein besonderes Feld der sozialen Konstruktion. Vielmehr wird Kommunikation als die empirisch beobachtbare Seite des Sozialen betrachtet. Genauer: kommunikatives Handeln steht im Mittelpunkt des Sozialen (…)« (Keller/Reichertz/Knoblauch 2013, S. 11) und die menschliche Sozialwelt konstruiert sich überwiegend durch kommunikatives Handeln. Dabei schließt die Vorstellung der kommunikativen Wirklichkeit explizit an der Theorie der gesellschaftlichen Konstruktion der Wirklichkeit an (ebd.). Kommunikation sollte hierbei laut Reichertz (2013) allerdings nicht als alleiniges Steuerungsmittel verstanden werden. Die Konstruktion der Wirklichkeit ist vielmehr eine menschliche Praktik, die durch Identitäten und Beziehungen erzeugt wird. Kommunikation dient so sowohl der Übermittlung von Informationen als auch der Vermittlung sozialer Identitäten und sozialer Ordnungen und ist die Basis gesellschaftlicher Wirklichkeit.

Eigendynamische Elemente lassen sich bei einem zentralen Element des Kommunikativen Konstruktivismus finden – der sog. *Mediatisierung*. Jede Form des kommunikativen Handelns ist in ihrer Ausführung materiell (chatten, SMSen, bloggen, sprechen, visualisieren) bzw. benötigt ein Medium. »Somit ist kommunikatives Handeln auch immer gleichzeitig zielgerichtetes instrumentelles Handeln« (Hornidge 2013, S. 208). Mediatisierung wird in diesem Kontext als Prozess verstanden, bei dem die Gesellschaft in einem zunehmenden Maß den Medien und ihrer Eigenlogik unterworfen und von diesen abhängig wird (Hepp 2013, S. 99). Mediatisierte Welten können als spezifische Akteursfelder (vgl. Luckman 1969) oder soziale Welten (vgl. Krotz & Hepp 2012) verstanden werden, die »in ihrer gegenwärtigen Form auf konstitutive Weise durch medienvermittelte Kommunikation artikuliert werden« (Hepp 2013, S. 107).

Krotz und Hepp (2012, S. 7ff.) beschreiben Mediatisierung als einen langfristigen Prozess, der vergleichbar mit einem Metaprozess ist. In jeder historischen Phase sind somit auch in verschiedenen Kulturen und Gesellschaf-

24 Zum Feld des Konstruktivismus gibt es zahlreiche Ausführungen und Perspektiven bspw. den radikalen Konstruktivismus, den Erlanger Konstruktivismus und den Interaktionistischen Konstruktivismus. Die zentrale Annahme konstruktivistischer Ansätze ist, dass Menschen in ihrem Erkennen der Realität befangen sind und der Zugriff auf eine ›absolute‹ Wahrheit daher nicht möglich ist (vgl. Pörksen & Schmidt 2014).

ten spezifische Formen von Mediatisierung vorzufinden (Hepp 2013, S. 102). Wandelprozesse der Mediatisierung unterliegen so ähnlichen Prozessen und Strukturen, wie sie bereits beim Sprachwandel und Framing-Konzept beobachtet werden konnten.

Dies spielt auch im Kontext der Kommunikation 2.0 eine Rolle, da sich die kommunikative Figuration als Interdependenzgeflechte von (transmedialer) Kommunikation realisieren. Hierbei hat jedes einzelne Kommunikationsnetzwerk eine spezifische kommunikative Figuration herausgebildet: »Es handelt sich hier um ein Interdependenzgeflecht kommunikativen Handelns, bei medienvermittelten Interaktionen artikuliert unter dem Einbezug von Medien« (Hepp 2013, S. 110).

Zusammengefasst verläuft die Konstruktion der Wirklichkeit kommunikativ und Prozesse mediatisierter Wirklichkeitswelten dynamisch. Die im Konstruktivismus angesprochenen nichtlinearen Dynamiken können die Sensibilisierung für Instabilitätspunkte, Krisensituationen und Zukunftstrends genutzt werden (Mainzer 2008, S. 102).

4.3.4 Zirkuläre Positionen im Konstruktivismus

In der Literatur finden sich diverse Perspektiven und Abhandlungen zu Aspekten des Konstruktivismus. Offenkundig wird, dass auch bei der Konstruktion von Wirklichkeit Invisible-Hand-Erklärungen zum Einsatz kommen. Theodor Bardmann (1997) beschreibt mögliche Strukturen eigendynamischer Prozesse des Konstruktivismus als *zirkulär*.

Seine zirkuläre Argumentation stützt sich auf die These, dass Probleme der Kommunikation auf die Selbstbezüglichkeit kommunikativer Verstehensprozesse zurückzuführen sind. Auch Probleme der Forschungsmethodik resultieren aus der Beobachtungsabhängigkeit des wissenschaftlichen Beobachtens. Die kommunikative Konstruktion einer Wirklichkeit entsteht laut Bardmann (1997) somit immer durch Rückbezüge. Hierbei bezieht sich Bardmann auf das Phänomen der zirkulären Verursachungen, dass in den Naturwissenschaften auch unter Titeln wie etwa ›Koevolution‹ oder ›Mutualismus‹ vorzufinden ist[25]. Oft werden in klassischen Werken Zirkularitäten eher als Fehler des argumentativen und wissenschaftlichen Erkundens dargestellt. Der sog. *Zirkelschluss* beschreibt eine These in einem Argument, dass durch Schlussfolgerung aus Prämissen abgeleitet wurde, deren Gültigkeit ebenso fragwürdig ist wie die der These selbst.

Zirkelschlüsse sind hier lediglich irrtümlich eine legitime Form des logischen Erschließens, wie sie bspw. im *Münchhausen-Trilemma*[26] thematisiert werden (vgl. Albert 1968).

Erst Mitte des 20. Jahrhunderts verdichteten sich Anzeichen für die Allgegenwart und die prinzipielle Unvermeidbarkeit zirkulärer Bedingungen. Neu entstandene transdisziplinäre Ansätze wie die Kybernetik fundierten ihre Ansätze auf Aspekten, die unter anderem als *Duck-Chase-Problem*[27] diskutiert wurden (Füllsack 2011, S. 17). Die Problematik wurde von dem Rechtsphilosophen Lon Fuller 1978 veranschaulicht. Fuller beschrieb das Beispiel eines Richters, der eine Anzahl berühmter Gemälde zu gleichen Teilen unter zwei Parteien aufteilen sollte. Dabei stellte sich ihm das Problem, dass jede vorgenommene Zuteilung eines Bildes Implikationen für die Werte der anderen Bilder hätte und somit keine wirkliche gleichwertige Aufteilung möglich wäre. Füllsack (2011, S. 17) spricht hier von *gleichzeitigen Ungleichzeitigkeiten*, die durch ihre generierten komplexen Systeme eine konstruktivistische, kontextuale bzw. ›polykontextuale‹ Erkenntnistheorie nahelegen. Ansätze der Gleichzeitigkeit der Ungleichzeitigkeit finden sich auch in der Globalgeschichte (Komlosky 2011, S. 101). ›Dinge‹ können immer nur in Abhängigkeit von anderen Dingen in ihrer Kontextabhängigkeit und in diesem Sinne als systemabhängig betrach-

---

25 Bereits antike Philosophen, wie Aristoteles, erörterten zirkuläre Verursachungen unter Begriffen »wie hysteron proteron (wörtlich: das Spätere vor dem Früheren), petitio principii (Frage nach der Beweisgrundlage), circulus in demonstrando (Argumentationszirkel), circulus probando (Beweiszirkel) oder circulus vitiosus (fehlerhafter Zirkel)« (Füllsack 2011, S. 17).

26 Das sog. *Münchhausen-Trilemma* ist ein philosophisches Problem, welches die Frage diskutiert, ob es möglich sei, einen ›letzten erkennbaren Grund‹ (im Sinne einer letzten Ursache) zu finden bzw. wissenschaftlich beweisen zu können (vgl. Albert 1968).

27 Das sog. *Duck-Chase-Problem* wurde 1920 in einer Ausgabe der American Mathematical Monthly von Arthur Hathaway thematisiert. Hathaway beschrieb das ›circular pursuit problem‹ mit einem Jagdhund, der in einem kreisförmigen See eine Ente zirkulär verfolgt (vgl. Hathaway 1921).

tet werden[28]. »Jede Aufteilung würde, auch wenn sie anfänglich gleichwertig scheint, vorhersagbar auf ihre Wertigkeit zurückwirken« (Füllsack 2011, S. 17).

Diese Problematik findet sich in nahezu allen sozialen Interaktionen. »Zirkularität ist im Spiel, wenn sich Handelsbeziehungen, Verkehrsstaus oder Besiedelungsmuster bilden (...), wenn Gemeingüter entstehen oder Kooperationen emergieren (...), wenn sich Bekanntschafts- oder auch Informationsnetzwerke zusammenfinden (...), oder wenn Zellen die Bestandteile, aus denen sie bestehen, selbst produzieren« (Füllsack 2011, S. 17). Objekte sind somit auch immer »subjects of Attention« (Glanville 1997, S. 152) und neue Aspekte von Kommunikationsprozessen nie ganz neu, sondern kontextgebunden an einen Ursprung bzw. einen Auslöser gekoppelt.

Keller (2003, S. 106) verortet zirkuläre Erklärungen als Beispiele für Erklärungen mit wenig explanativem Gehalt, da Stringenz allein nicht verantwortlich für die Stärke der Erklärungskraft sei.

Dennoch bilden zirkuläre Positionen, wie sie bspw. im Zusammenhang mit dem Konstruktivismus von Bardmann (1997) verwendet wurden einen bedeutsamen Bestandteil bei der theoretischen Annäherung an Invisible-Hand-Erklärungen, da sie die Erkenntnistheorie um polykontextuale Aspekte erweitern.

4.3.5 Pragmatische Theorien nach Mead

Ideen der Kontextabhängigkeit von (kommunikativen) Handlungen finden sich nicht nur in zirkulären Positionen des Konstruktivismus. Situationsbezüge von Handlungen werden bspw. auch im sog. *Pragmatismus* thematisiert. Die Ideen des Pragmatismus wurden u.a. von Charles S. Peirce (1877) begründet. Er ging davon aus, dass Wissenskonstruktion der Wahrheit primär zu sinnvollen Handlungen führen soll und u.a. sozial bedingt ist.

George H. Mead führte die Definition fort und postulierte, dass problematische Sachverhalte bzw. nicht sinnvolle Handlungen zu neuem Denken anregen und zu neuen Erfahrungen führen. »(...) [T]he whole [society] is prior to the part [the individual], not the part to the whole, and the part is explained in terms of the whole, not the whole in terms of the part or parts« (Mead 1934, S. 7).

---

28 Füllsack (2011, S. 17) führt hier die Netzwerktheorie auf, in der Dinge »als Knoten in anfangs- und endlosen Verweisstrukturen betrachtet werden müssen«. Weitere Ausführungen zur Netzwerktheorie sind in Kapitel 5 zu finden.

Handeln findet hierbei stets in sozialen Situationen statt, die dadurch gekennzeichnet sind, dass sie verschiedene mögliche Handlungsoptionen und Handlungsbedingungen umfassen. »Handelnde erfahren diese Situationen gewöhnlich auf der Basis von präkognitiven Erwartungshaltungen, und auch ihr Verhalten findet in der Regel auf der Basis von habitualisierten Handlungsregularitäten und -routinen statt« (Schützeichel 2015, S. 56).

Routinen erlauben somit einen bestimmten Handlungsraum. Menschen führen sich laut Mead Komponenten des Handlungsablaufs symbolisch vor Augen, um mögliche Störquellen zu identifizieren und mögliche Alternativen zu identifizieren. Einzelne Komponenten von Handlungsvollzügen werden durch die Internalisierung und subjektive Aneignungen von objektiven Bedeutungsstrukturen symbolisch repräsentiert. Diese sind kommunikativen Ursprungs und beruhen auf der Übernahme der Einstellung von anderen, bzw. nur dann, wenn sie auch eine soziale Signifikanz haben (Schützeichel 2015, S. 56). So können auch Störungen des gewohnten Handlungsablaufs neu organisiert werden.

Reflexion ist an problematische Handlungssituationen gebunden und wird als Phase von Handlungen definiert, die dem Umgang und der Kontrolle von Störungen des normalen, habitualisierten Handlungsablaufs dient (ebd.). Handelnde interagieren mit sozialen und nicht sozialen Objekten (bzw. menschliche und nicht menschliche Akteure) in ihrer Situation (vgl. Kapitel 2.2.4). Interaktion wird hierbei von Mead als Adaptation an Situationen oder Akkommodation in Situationen definiert[29]. Nach Mead versuchen Menschen demnach, ihr Verhalten so anzupassen, dass sie stabile und koordinierte Adaptationen *an* und Akkomodationen *mit* sozialen und nicht sozialen Objekten in ihrer Situation erreichen können. Anpassungen an Veränderungen geschehen reflexiv und evolutionär.

Zusammengefasst könnten Ideen des Pragmatismus für die Eigendynamik kommunikativen Handelns bedeuten, dass Handlungen sozial bedingt und durch Routinen geprägt sind. Anpassungsprozesse und Wandlungen vollziehen sich demnach reziprok und reflexiv, um möglichst sinnvolle Handlungen zu garantieren.

---

29 Pragmatisten sehen Interaktion als ein allgemeines Realitätsprinzip. Alle Dinge der natürlichen und sozialen Welt stehen in interaktiven Anpassungsprozessen zu einander. Diese Auffassung weist eine gewisse Parallelität zum Prinzip der ›Wechselwirkung‹ bzw. der Reziprozität auf (vgl. Kapitel 2.3) (Schützeichel 2015, S. 56).

4.3.6 Symbolischer Interaktionismus nach Goffman

Soziale Interaktion (ob mit menschlichen oder nicht-menschlichen Akteuren) kann somit als Schlüssel zur theoretischen Auseinandersetzung mit eigendynamischen Kommunikationsprozessen angesehen werden.

Eine wesentliche Theorie, die zu dem Verständnis von kommunikativer Eigendynamik beitragen kann, ist der *Symbolische Interaktionismus*. Wie bereits in Kapitel 2.2.3 erläutert eignet sich jedes Individuum durch Sozialisation Deutungsmuster für seine (symbolische) Umwelt an. Herbert Blumer (1969) begründete die Schule des symbolischen Interaktionismus und orientierte sich als ehemaliger Schüler Meads auch an seinen Überlegungen zum Pragmatismus. Der Symbolische Interaktionismus wird daher oft irrtümlich als direkte Fortsetzung des Pragmatismus verstanden. »Im Wesentlichen besteht das Handeln eines Menschen darin, dass er verschiedene Dinge, die er wahrnimmt, in Betracht zieht und auf der Grundlage der Interpretation dieser Dinge eine Handlungslinie entwickelt« (Blumer 2013, S. 81). ›Interaktion‹ wird hierbei im Gegensatz zum Pragmatismus z.B. als ›Face-to-Face-Kommunikation‹ verstanden.

Individuen handeln und erleben demnach auf der Basis von Bedeutungszuschreibungen. Dinge, Sachverhalte und Ereignisse ihrer situativen Umwelt, aber auch sie selbst, ihre Körper und Emotionen wie auch die anderen Handelnden sind für Individuen nur relevant, wenn sie als bedeutungsvoll wahrgenommen werden. Diese Bedeutungen werden in der Interaktion mit anderen erworben und auch festgelegt. Sie sind vielmehr auch nicht als starr zu verstehen, sondern sie entstehen in einem permanenten Prozess der interpretativen Auseinandersetzung der Individuen mit ihrer Umwelt (Schützeichel 2015, S. 62). Blumer (2013, S. 64) stellt hierzu drei Prämissen des Symbolischen Interaktionismus auf. Die erste Prämisse geht davon aus, dass Menschen Dingen[30] gegenüber auf der Grundlage der Bedeutungen handeln, die diese Dinge für sie besitzen. Die zweite Prämisse besagt, dass die Bedeutung solcher Dinge wiederum aus sozialen Interaktionen mit Mitmenschen resultiert. Die dritte Prämisse beschreibt, dass ebendiese Bedeutungen in einem interpretativen Prozess, »den die Person in ihrer Auseinandersetzung mit den ihr begegnenden Dingen benutzt, gehandhabt und abgeändert werden« (ebd.).

---

30 ›Dinge‹ umfassen hier Alles, was für Menschen wahrnehmbar ist.

Die Bedeutungen von Dingen, ihre Definitionen und Interpretationen werden von den Menschen in der sozialen Interaktion ausgehandelt. In Anlehnung an Mead unterscheidet auch Blumer zwei grundlegende Interaktionsformen – nicht-symbolische Interaktionen[31] und symbolische Interaktionen (Frindte 2001, S. 26f.).

Hier werden auch eigendynamische Aspekte sichtbar. Die symbolische Welt wird nach Blumer durch permanente Revisionen, Neudefinitionen und wechselseitige Aushandlungen kommunikativ ge-/erschaffen. Die symbolische Welt befindet sich hier in einem permanenten Wandel.

Dies gilt insbesondere für wechselseitige Bedeutungszuschreibungen, denen die Interaktionspartner in kommunikativen Prozessen unterliegen. »Auch sie selbst treten nicht als solche in die Kommunikation ein, sondern nur im Rahmen von zugeschriebenen Bedeutungen, als Objekt von Bedeutungssetzungen« (Schützeichel 2015, S. 62f.).

Auch sieht Blumer eine Grundlage neuer (kommunikativer) Handlungen in ihrer Verkettung mit bereits vergangenen und vorausgegangenen Handlungen. Neue Arten gemeinsamen Handelns entstehen daher nie unabhängig und sind stets kontextgebunden (Blumer 2013, S. 87). Auch die Beobachtungen von Krisen etwa, sind kommunikativ miteinander gekoppelt, da Akteure ihre Einschätzungen und Beobachtungen mit anderen Akteuren ab- und vergleichen (Salzborn 2015, S. 17).

Die interaktiv und kommunikativ ausgehandelten Bedeutungen werden aktiv interpretiert und ggf. neu ausgelegt. Eigendynamische Prozesse haben demnach immer auch einen gewissen tradierten/historischen Erklärungsanteil, der sich auf vergangene Handlungen bezieht und Feedbackprozesse beinhaltet.

Doch nicht alle Handlungen und jedes kommunikative Verhalten lässt sich mit historischen Dimensionen sozialer Ordnungen erklären. Denn, wenn alles aus sozialer Ordnung resultiert, können unvorhersehbare Kommunikationsprozesse nicht erklärt werden.

---

31 Nicht-symbolische Interaktion findet statt, wenn man direkt auf die Handlung eines anderen reagiert, ohne diese zu interpretieren. Nicht-symbolische Interaktion ist in reflexartigen Reaktionen erkennbar, wie bspw. bei einem Boxer, der automatisch seinen Arm einsetzt, um einen Schlag des Gegners zu parieren. Symbolische Interaktion umfasst hingegen die Interpretation der Handlung. Wenn der Boxer den bevorstehenden Schlag seines Gegners als Ablenkungsmanöver vorab identifizieren könnte, würde er eine symbolische Interaktion eingehen, da seine Handlung nicht mehr reflexartig wäre (Frindte 2001, S. 26f.).

4.3.7 Technische Mediation

Symbolische Interaktion spielt auch eine Rolle bei Mediatisierungsprozessen. Wie bereits in Kapitel 2.2.4 erläutert besitzen auch nicht-menschliche Akteure Handlungs- und Erklärungskraft (vgl. Latour 1994) in eigendynamischen Prozessen.

Technische Mediation beschreibt dabei die ›Verselbstständigung‹ von Dingen. »(...) [Technical Mediation is about] things [that] have gotten out of hand, but still remain somehow with us, taking their places in our lives and assuming their own roles in our activities« (Belliger & Krieger 2016, S. 32). Technische Mediation ist hierbei ein Bestandteil der ANT und die Verdinglichung bzw. materielle Objektivierung eines der Kernargumente Bruno Latours (siehe Kapitel 5.1.1): »The association they enter into is created by means of each translating the other into something greater and more complex (...). The results of these links and interfaces, that is, the result of technical mediation, can be called an ›actor-network‹« (Belliger & Krieger 2016, S. 35).

Belliger & Krieger (2016, S. 33) führen hier die Unterscheidung von Technologien erster, zweiter und dritter Ordnung auf, die sich in erster Linie in ihrem Vernetzungsgrad unterscheiden.

> »The more links in the chain the more complex the associations between humans and non-humans (...), Humans, for millions of years, have extended their social relations to other actants with which, with whom, they have swapped many properties, and with which, with whom, they form collectives.« (Belliger & Krieger 2016, S. 47)

Technische Mediation kann mit Eigendynamik von kommunikativen Prozessen in Verbindung gebracht werden, da Objekte sich in Assoziation mit menschlichem Handeln als (mit)handelnde Objekte begreifen lassen. Geräte können bspw. laut Latour (2008) Beteiligte am Handlungsgeschehen sein, die darauf warten figuriert zu werden. Dies bedeutet, dass für (kommunikative) Veränderungsprozesse, z.B. im Web 2.0, die sich als Invisible-Hand-Prozesse vollziehen, sowohl menschliche als auch nicht-menschliche Akteure, wie z.B. Social Bots, eine Rolle spielen.

4.4 Komplexität und Entscheidungskontexte – das Cynefin-Modell

Bei der theoretischen Betrachtung eigendynamischer Entwicklungen und Prozesse im Rahmen der Krisenkommunikation sind somit eine Reihe an Aspekten und Elementen zu beachten. Als Resultat haben sich in Forschung und Praxis eine Reihe an Lösungsmechanismen und Instrumenten etabliert, um in komplexen kommunikativen Akteursfeldern handlungsfähig zu bleiben.

Ein geradezu klassisches Modell in diesem Kontext ist das Cynefin-Modell, welches sich interdisziplinär zum Umgang mit Komplexität etabliert hat (vgl. Snowden 2000). Dies lässt sich auch im weiteren Sinne auf den Kontext der Krisenkommunikation anwenden, da sich hier bedeutsame Aspekte für eine mögliche Kategorienbildung und eine Modellerweiterung ableiten lassen.

4.4.1 Kategorienableitung

Ursprünglich wurde das Cynefin-Modell von Dave Snowden (2000) zum Zwecke des Wissensmanagements und als Organisationsstrategie für IBM entwickelt, um komplexe Probleme in bestimmten Systemen zu beschreiben[32]. Anhand einer Typologie von verschiedenen Kontexten und ihren Komplexitätsgraden sollen Lösungsvorschläge gegeben werden. Das walisische Wort ›cynefin‹ bedeutet so viel wie ›Lebensraum‹ oder ›Habitat‹ und wurde bewusst gewählt, um den evolutionären Charakter von komplexen Systemen zu unterstreichen. »[Cynefin] describes that relationship—the place of your birth and of your upbringing, the environment in which you live and to which you are naturally acclimatized[33]« (French 2013, S. 547). Snowdens Cynefin-Modell verwendet hierbei narrative Elemente zur Beschreibung und Analyse von Komplexität und wird auch mit Weicks Sensemaking-Modell[34] (vgl. Weick 199) in

---

32 Hierfür nutze Snowden auch sog. *Story Circles* und *Knowledge Disclosure Points* (Browning & Boudès 2005, S. 32).

33 Ähnliche Ideen finden sich auch in dem Konzept des *ba*. *Ba* ist ein japanisches Konzept der Wissensgenerierung und beschreibt einen gemeinsamen ›Raum‹ in dem Wissen erschaffen, geteilt und genutzt wird. *Ba* wird erst durch Interaktion bzw. Kommunikation möglich (vgl. Nonaka & Konno 1998). Snowden hebt in seinem Cynefin-Modell zusätzlich die Rolle der Assoziation mit einer Gemeinschaft und einer geteilten Geschichte hervor.

34 Weick beschreibt mit *Sensemaking* einen Verarbeitungsprozess von Ereignissen zu sinnvollen Einheiten. Organisationen versuchen hierbei retrospektiv Ordnung zu

Verbindung gebracht (Browning & Boudès 2005, S. 32). Snowdens Cynefin-Modell unterteilt Entscheidungskontexte, in denen Personen handeln müssen, in vier Bereiche und Unsicherheitsformen – nämlich in *einfache, komplizierte, komplexe* und *chaotische* Zusammenhänge.

Bei der Erläuterung des Modells lassen sich Aspekte zur Kategorisierung identifizieren und sollen im Folgenden erläutert werden (siehe Tabelle 1).

Ein Aspekt, der eine wesentliche Rolle zur Beschreibung der verschiedenen Entscheidungskontexte spielt, ist die Beziehung zwischen Ursache und Wirkung. In einfachen Entscheidungskontexten ist ein Auslöser zumindest theoretisch identifizierbar und die Zusammenhangswirkung für Akteure ersichtlich (vgl. Snowden 2000). Hier ist somit ein gewisser Grad an **Vorhersehbarkeit/Prognostizierbarkeit** gegeben. In komplizierten Zusammenhängen ist die Beziehung zwischen Ursache und Wirkung zwar gegeben, aber nicht für alle Akteure ersichtlich. Dennoch wird es mindestens eine Antwort zur Erklärung der Wirkung geben (vgl. Snowden & Boone 2007). In komplexen Zusammenhängen hingegen, ist es nahezu unmöglich für die beteiligten Akteure richtige Antworten auf den Zusammenhang zwischen Ursache und Wirkung zu finden, wenngleich aufschlussreiche Muster entstehen können. In chaotischen Entscheidungskontexten ist die Suche nach dem Zusammenhang zwischen Ursache und Wirkung zwecklos, da sie sich beständig ändern können und sich eher keine aufschlussreichen Muster der Akteure erkennen lassen. Ursache-Wirkungsbeziehungen sind somit auch partiell als mehrstufige Prozesse zu verstehen und lassen zudem nicht immer eine Unterscheidung zwischen Ursache oder Wirkung zu. »Situations involve events and beyond current experience, with no obvious candidates for cause and effect« (French 2013, S. 548). Dieses Kriterium soll im Folgenden als Aspekt der **Wirkungsbeziehung**[35] betitelt werden.

Der Versuch, Antworten auf die Ursache-Wirkungsbeziehung zu finden, verbindet ein weiteres Element – das Bekanntsein oder Unbekanntsein von Wissen bzw. **Wissenslücken**.

---

schaffen und Strukturen zu erkennen (Weick/Sutcliffe/Obstfeld 2005; Weick 1993). »Accordingly, organizations become interpretation systems of participants who, through the back and forth of their own understandings, provide meanings for each other via their everyday interactions (…). Weick sees communication as a type of action because generating discourse is an act of performance and production« (Browning & Boudès 2005, S. 32).

35 Hier wird explizit nicht von einer Wirkungskette gesprochen, da dies eine Chronologie implizieren würde.

Von dem damaligen US-Verteidigungsminister Donald Rumsfeld (2002) stammt in diesem Zusammenhang der bekannte Spruch: »There are known knowns; there are things we know we know. We also know there are known unknowns; that is to say we know there are some things we do not know. But there are also unknown unknowns—the ones we don't know we don't know« (French 2013, S. 548).

Ähnliche Ansätze verarbeitet Nassim Nicholas Taleb (2007) in seinem Buch »The Black Swan: The Impact of the Highly Improbable«, in dem er höchst unwahrscheinliche Ereignisse und deren extreme Konsequenzen beschreibt und mit der menschlichen Eigenschaft verknüpft, diese im Nachhinein durch einfache und verständliche Erklärungen aufzulösen[36] (vgl. Taleb & Proß-Grill 2013). Die Psychologen Joseph Luft und Ingham Harrington (1955) stellten ähnliche Ideen bzw. den ›blinden Fleck‹ in ihrem sog. *Johari-Fenster* als unbewusste Persönlichkeitsmerkmale dar. Das inzwischen interdisziplinär verwendete Analyseinstrument findet auch in Cynefin-Modell seine Anwendung. Bei einfachen Zusammenhängen wird bspw. von bekanntem Wissen bzw. bekannten Wissenslücken gesprochen.

> »The known space contains those contexts with which we are most familiar because they occur repeatedly; and because we have repeated experience of them, we have learnt underlying relationships and sufficiently well that all systems can be fully modelled. The consequences of any course of action can be predicted with near certainty, and decision making tends to take the form of recognizing patterns and responding to them with well-rehearsed actions.« (French 2013, S. 548)

Wenn es somit in einem Entscheidungskontext eine Antwort auf Ursache-Wirkungs-Zusammenhänge gibt, zählt dies zu bekanntem Wissen.

In komplizierten Zusammenhängen kann es, im Gegensatz zu einfachen Zusammenhängen, mehrere richtige Lösungswege bzw. Antworten geben. Die Beziehung zwischen Ursache und Wirkung ist gegeben, aber nicht für alle Beteiligten offensichtlich. Es gibt im Gegensatz zu komplexen Zusammenhängen aber mindesten eine gültige Antwort (Snowden & Boone 2007). Hier existiert unbekanntes Wissen, welches sich aber entsprechend erschlossen werden könnte. In komplexen Zusammenhängen ist es nahezu unmög-

---

36 Der Begriff des ›schwarzen Schwans‹ wurde auch vermehrt Anfang März 2020 im Zusammenhang mit der Verbreitung des COVID-19 Virus und der Reaktion von Finanzmärkten von der internationalen Medienlandschaft aufgegriffen (vgl. Schultz 2020).

lich richtige Antworten zu finden. Hier entstehen vielmehr aufschlussreiche Muster. »Decision analysis is still possible, but its style will be broader, with less emphasis on details« (French 2013, S. 548). Dies wird als bekanntes Unwissen bezeichnet.

Chaotische Zusammenhänge hingegen verlangen nach schnellen Reaktionen und die Suche nach richtigen Antworten ist zwecklos, da Zusammenhänge zwischen Ursache und Wirkung sich beständig ändern können und keine überschaubaren und prognostizierbaren Muster erkennen lassen (Snowden & Boone 2007). »In the chaotic space, (...), situations involve events and behaviours beyond current experience, with no obvious candidates for cause and effect. Decision making cannot be based on analysis because there are no concepts of how to separate entities and predict their interactions« (French 2013, S. 548). Hier handelt es sich um unbekanntes Unwissen.

Ein weiterer Aspekt, der im Cynefin-Modell Anwendung findet, ist das Prinzip von Ordnung und Unordnung, bzw. die **Ausprägung eines Gleichgewichts**. Im Bereich der einfachen Entscheidungskontexte herrscht auch eine einfache Ordnung (French 2013, S. 548). Komplizierte Formen der Unsicherheit verfügen über eine komplexe Ordnung. Komplexe Entscheidungskontexte verfügen hingegen über eine komplexe Unordnung. Hier bestehen viele mögliche interdependente Auslöser und Reaktionen. »Every situation has unique elements: some unfamiliarity. There are no precise quantitative models to predict system behaviours such as in the known and knowable spaces« (ebd.). Chaotische Entscheidungskontexte zeichnen sich durch chaotische Unordnung[37] aus. »[T]here is a fascinating kind of order in which no director or designer is in control but which emerges through the interaction of many entities« (French 2013, S. 464)«.

37 Mit der ›chaotischen Unordnung‹ gehen allerdings auch neue Strukturen und Ordnungen durch Selbstorganisation einher (vgl. Kapitel 4.1.). Prozesse komplexer Systeme sind somit auch immer Produkt ihrer Systemelemente (vgl. Mainzer 2008).

Tabelle 1: Kategorien komplexer Entscheidungskontexte

	Einfache Entscheidungs-kontexte	**Komplizierte Entscheidungs-kontexte**	**Komplexe Entscheidungs-kontexte**	**Chaotische Entscheidungs-kontexte**
Prognos-tizierbarkeit	einfach	möglich	schwer möglich	unmöglich
Wirkungs-zusammen-hang[38]	Ursache/ Wirkung ersichtlich	Ursache/ Wirkung nicht für alle ersichtlich	Ursache/ Wirkung hat aufschluss-reiche Muster	Ursache/ Wirkung hat keine aufschlussrei-chen Muster
Wissens-lücken	bekanntes Wissen	unbekanntes Wissen	bekanntes Unwissen	unbekanntes Unwissen
Gleich-gewicht	einfache Ordnung	komplexe Ordnung	komplexe Unordnung	chaotische Unordnung

Quellle: Eigene Darstellung in Anlehnung an das Cynefin-Modell nach Snowden (2000)

4.4.2 Kritische Würdigung des Cynefin-Modells

Das Cynefin-Modell kommt heute in den unterschiedlichsten Disziplinen zur Anwendung und lässt sich auch im Rahmen der organisationalen Krisenkommunikation anwenden. Dennoch lassen sich auch einige kritische Aspekte des Modells identifizieren.

Zunächst fällt auf, dass die Einteilung bzw. Zuschreibung bestimmter Entscheidungskontexte als einfach, kompliziert, komplex oder chaotisch in der Praxis zu Verwirrung führen kann, da Begriffe wie ›komplex‹ und ›kompliziert‹ auch häufig synonym verwendet werden. Die Unterscheidung von Unsicherheitsempfinden in diesen Bereichen ist daher eine Herausforderung. »Bezeichnen wir im Alltag bestimmte Probleme als komplex, so bringen wir damit oft unsere Ratlosigkeit zum Ausdruck« (Christen 1996, S. 13). Zum einen werden die Begriffe auch synonym verwendet und zeichnen sich beide durch eine hohe Unsicherheit in ihrer Konfrontation aus. Herbert Simon beschreibt in diesem Zusammenhang ein grundlegendes Problem durch das Prinzip der ›bounded rationality‹: »The capacity of the human mind for formulating and solving complex problems is very small compared with the size of the problems whose solution is required for objectively rational behavior in the real world — or even for a reasonable approximation to such objective Rationality« (Simon 1957, S. 198).

Die Bezeichnung von Entscheidungskontexten als ›einfach‹ impliziert wiederum, dass hier eher kein Unsicherheitsempfinden besteht. Walter Fisher (1984) beschrieb dieses Problem als generelles Problem der Expertensprache; »(…) [An] experts‹ language is so restricted and abstract that it too easily remains about the problem, but far above it (Browning & Boudès 2005, S. 32). Die begriffliche Bezeichnung der Entscheidungskontexte ist somit nicht eindeutig.

Eine implizierte Trennschärfe des Modells, die es in der Praxis eher nicht geben wird, ist die generelle Einteilung von Entscheidungskontexten in einfach, kompliziert, komplex oder chaotisch. Häufig wird das Cynefin-Modell an dieser Stelle mit Theorien und Phasen der Entscheidungsfindung[39] gekoppelt. French (2013, S. 549) postuliert, die Entscheidungskontexte nicht abgrenzend zu sehen: »Indeed, the boundaries between the four spaces in Cynefin should not be taken as hard. The interpretation is much softer, with recognition that there are no clear-cut boundaries and, say, some contexts in the knowable space may have a minority of characteristics more appropriate to the complex«.

Auch sollten die Analyse von Problemen und ihres Komplexitätsgrades anhand des Modelles nicht als Phasenverläufe gesehen werden, wie sie vom Cynefin-Modell und seinen Auslegungen häufig impliziert werden. Diese Vereinfachung scheint eher nicht praxistauglich. Die Entscheidungskontexte sollten vielmehr sowohl als unabhängig voneinander betrachtet werden, als auch mögliche Verbindungen mitgedacht werden.

Ein weiterer Aspekt, der kaum Beachtung im Rahmen des Cynefin-Modells bekommt, ist die Perspektivenabhängigkeit. Zwar unterstreicht Snowden die wesentliche Rolle von Raum und Zeit für ein Individuum und seine Problemeinschätzung, aber geht weniger auf individuelle Perspektivenunterschiede ein. »The theme of the Cynefin model is that the ability to respond to complexity requires a sense of place, which enables one to advance

39 Ein klassischer Wissensstrukturplan ist bspw. das sog. *SECI-Modell* (Socialization, Externalization, Combination, Internalization) von Nonaka & Takeuchi (1995), das von Unternehmen oft als Grundlage für Wissensmanagement genutzt wird. Auch das Modell der Strategie-Pyramide wird häufig im Zusammenhang mit dem Cynefin-Modell benutzt: »There is a clear alignment of the context of strategic decision making and the complex and even chaotic spaces of Cynefin« (French 2013, S. 549).

diverse views and to imagine narratives about what happened, what could have happened, and how to act (…) in the future« (Browning & Boudès 2005, S. 32). Hier ist es denkbar, dass Probleme bzw. die Komplexität von Entscheidungskontexten von Individuen ganz unterschiedlich wahrgenommen werden und zu anderen Lösungsansätzen führen können.

Auch wird ersichtlich, dass sich zwar einige Kategorien zur Einordnung von Entscheidungskontexten anhand des Modells finden lassen (Prognostizierbarkeit, Wirkungszusammenhang, Wissenslücken und Gleichgewicht), die allerdings mit Blick auf die theoretische Übersicht (siehe Kapitel 4.3) nicht erschöpfend sind. Zudem werden Entscheidungskontexte analysiert, ohne Auslösern bzw. Impulsen für den Problemzustand (bzw. Instabilitätspunkten) nähere Betrachtung zu schenken. Dies ist insbesondere für die Krisenkommunikation ein wesentliches Kriterium zur Problemlösung bzw. Handlungsfähigkeit.

Im folgenden Kapitel soll ein Modell erläutert werden, welches sich explizit auf die Zusammenhänge und Impulsverläufe in kommunikativen Krisenzeiten bezieht und Kontexte wie das Web 2.0 berücksichtigt. In diesem Zusammenhang soll nicht mehr von Individuen, sondern von handelnden Akteuren in ihrem Akteursfeld (z.B. kommunikatives organisationales Umfeld) die Rede sein.

4.5 Komplexität und Krisenkommunikation – ein Systematisierungsversuch

In Anlehnung an das Cynefin-Modell ließen sich bedeutsame Kategorien ableiten, um Handlungskontexte und ihre Komplexitätsstufen zu modellieren. Diese sind jedoch nicht erschöpfend und sollen im nächsten Schritt erweitert werden. Auch ist es zur Anwendung dieser Ideen auf den Kontext der Krisenkommunikation unerlässlich, sich explizit auf Impulse bzw. Auslöser[40] von Invisible-Hand-Prozessen zu beziehen, da deren Identifikation in der Praxis maßgeblich zur Problemlösung beitragen können.

40 Die hier genannten Auslöser gehen über die Nichtbeachtung wichtiger Issues (siehe Kapitel 2.5.3) hinaus, da hier auch Instabilitätspunkte angesprochen werden, die Impulse umschreiben bestimmte Issues zu einer Krise werden zu lassen und andere wiederum nicht.

Bei vielen Modellen und Theorien zur Darstellung von Komplexität und Eigendynamik lassen sich Gemeinsamkeiten und Schnittstellen identifizieren. Beispielsweise ist die Unterscheidung von Strukturen und Prozessen den Theorien zum Sprachwandel (vgl. Keller 2003) und dem kommunikativen Framing immanent (vgl. Entmann 1993). Keller (2003, S. 99f.) spricht hier von Prozessen, die z.B. beim Sprachwandel neue Strukturen schaffen. Fraas (2013, S. 246) definiert Framing als Prozess der Wirklichkeitsdefinition und Perspektivierung von kognitiven Strukturen. Hierbei können sich bei Entwicklungen, die sich schwer bis gar nicht vorhersehen lassen, im Nachhinein Unterschiede in ihrem Verlauf feststellen lassen, die sich in ihrem Prozess- und Strukturgrad unterschieden. Auch mit Blick auf die Nachhaltigkeit von Kommunikationsprozessen spielt die Strukturprozessualität eine erhebliche Rolle[41] (siehe Kapitel 3.2.3) und lässt Parallelen zu Elementen eines holistischen Kulturbegriffes zu.

Invisible-Hand-Prozesse können sich folglich in ihrer **Strukturalität** und ihrer **Prozessualität** unterscheiden, was eine Kategorieerweiterung nahelegt (siehe Tabelle 2). Hierbei lassen sich lineare, extra-lineare, exponentielle und extra-exponentielle Impulszusammenhänge unterscheiden. Zwar lassen sich auch im Cynefin-Modell Hinweise auf eine Struktur-Prozess-Unterscheidung finden, diese werden jedoch nicht explizit genannt, sondern eher als Ordnungsformen dargestellt. Die Benennung der Phasen in ›lineare‹, ›extra-lineare‹, ›exponentielle‹ und ›extra-exponentielle‹ Impulszusammenhänge dient in erster Linie dem Zweck ungenauere Begrifflichkeiten (komplex, kompliziert usw.) zu ersetzen (siehe Kapitel 4.5.5).

41 Zur weiteren Analyse nachhaltiger Kommunikationsprozesse ist die Betrachtung von Strukturen- und Prozessverhältnissen daher auch im Bereich der Eigendynamik unerlässlich und soll in Kapitel 5 näher erläutert werden.

Tabelle 2: Kategorien eigendynamischer Impulsverläufe der Krisenkommunikation

	Lineare Impulszusammenhänge	**Extra-lineare Impulszusammenhänge**	**Exponentielle Impulszusammenhänge**	**Extra-exponentielle Impulszusammenhänge**
Prognostizierbarkeit	relativ einfach	möglich	schwer möglich	unmöglich
Wirkungszusammenhang	Ursache/ Wirkung ersichtlich	Ursache/ Wirkung nicht für alle ersichtlich	Ursache/ Wirkung hat aufschlussreiche Muster	Ursache/ Wirkung hat keine aufschlussreichen Muster
Wissenslücken	bekanntes Wissen	unbekanntes Wissen	Bekanntes Unwissen	Unbekanntes Unwissen
Gleichgewicht	einfache Ordnung	komplexe Ordnung	komplexe Unordnung	chaotische Unordnung
Strukturalität	hoch	gering	gering	hoch
Prozessualität	gering	gering	hoch	hoch

Quelle: Eigene Darstellung und Erweiterung von Tab. 1

Zur Veranschaulichung von eigendynamischen Impulsverläufen von (Krisen-)Kommunikationsprozessen soll auch hier eine bildliche Systematisierung vorgenommen und im Folgenden die einzelnen Impulszusammenhänge erläutert werden.

In einem Akteursfeld (a), bspw. die Umwelt eines Unternehmens, welches aus Anspruchsgruppen besteht, finden ununterbrochen (kommunikative) Ereignisse statt, die von Bedeutung für die Akteure sein können. Diese Ereignisse können als Impulse (b) bzw. Dynamiken verstanden werden. Kommunikative Impulse unterscheiden sich u.a. darin *wie* bzw. *ob*, sie an die Oberfläche diffundieren bspw. durch bzw. in Form von öffentlicher Aufmerksamkeit für Akteure relevant werden (bspw. für das Unternehmen). D.h., dass nicht alle kommunikativen Impulse aus dem Akteursfeld (Nährboden) auch eine Rolle für ein Unternehmen spielen, oder relevante Dynamiken ausbilden. Impulse können somit auch wieder ›verblassen‹ bzw. wieder von der Oberfläche verschwinden und/oder auch neue Thematisierungen und Fragestellungen bzw. ein Re-Framing erfahren. Das Erscheinen von Impulsen aus dem Akteursfeld

Abbildung 7: Invisible-Hand-Prozesse in der Krisenkommunikation

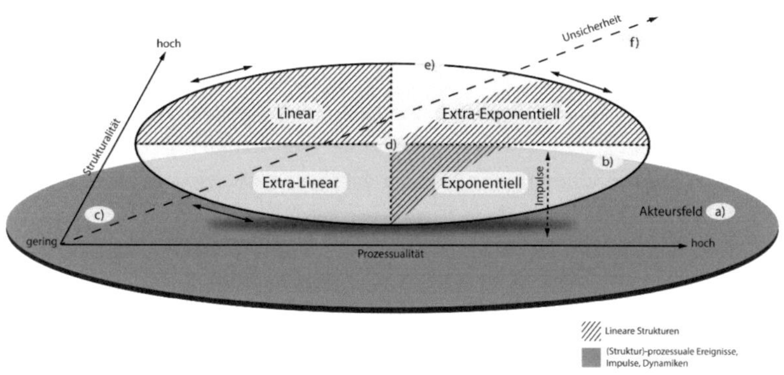

Quelle: Eigene Darstellung

ist somit nicht monodirektional und unterliegt wiederum eigendynamischen Regeln.

Eine weitere Unterscheidung lässt sich in den strukturprozessualen Eigenschaften dieser Ereignisse, bzw. Impulse finden. Einige Ereignisse lassen sich z.B. eher vorhersehen (Struktur) als andere (Prozess). Dabei wird es aber eher nicht Ereignisse geben, die nur über einen Struktur- bzw. nur einen Prozesscharakter verfügen. Vielmehr kann davon ausgegangen werden, dass kommunikative Impulsverläufe über sowohl strukturelle als auch prozessuale Eigenschaften verfügen und als strukturprozessual anzusehen sind. Ereignisse können so zumindest tendenziell während bzw. auch nach ihrem Verlauf/ihrer Entwicklung anhand ihrer Ausprägung von Strukturalität und Prozessualität klassifiziert werden (c). Hier kann eine simplifizierte Kategorisierung vorgenommen werden.

In Anlehnung an das Cynefin-Modell können vier wesentliche Eigenschaftsbereiche bzw. Zusammenhänge von Impulsverläufen identifiziert werden (d). Im Folgenden sollen exemplarisch *lineare, extra-lineare, exponentielle* und *extra-exponentielle* Charakteristika von Impulsverläufen unterschieden werden, die sich u.a. in ihrer Ausprägung von Strukturprozessualität unterscheiden lassen.

Kommunikative Impulse und Dynamiken steigen somit aus dem Akteursfeld an die Oberfläche (Prozess) und koppeln sich an unterschiedlich ausgeprägte Muster (Strukturen). Hier lassen sich auch Invisible-Hand-Theorien einordnen. Dies wiederum kann Implikationen für die Krisenkommunikation bieten.

Die Eigenschaften bzw. Zusammenhänge kommunikativer Impulsverläufe sind aus mehreren Gründen nicht trennscharf zu identifizieren.

Zum einen wird es in der Praxis eher weniger Impulsverläufe geben, die sich in ihrer Gesamtheit einem Eigenschaftsbereich idealtypisch zuordnen lassen. Hier werden vielmehr eher Mischformen vorhanden sein, die mehrere Eigenschaften vereinen und/oder während ihres Verlaufs/ihrer Entwicklung anderen Bereichen zugeordnet werden können.

Zum anderen ist die Wahrnehmung des Verlaufs von kommunikativen Ereignissen auch maßgeblich von der Perspektive des Akteurs abhängig und eng verknüpft mit seinen Vorstellungen von Relevanz, Normalität und der damit verbundenen Ambiguitätstoleranz. Dies soll mit einer Art Drehscheibe (e) verbildlicht werden und eine mehrdirektionale Rotation der Eigenschaftszuschreibungen zulassen. Zusätzlich wird hier angenommen, dass eine erhöhte Ausprägung von Strukturprozessualität (ein hohes Maß an Strukturalität und Prozessualität) das Unsicherheitsempfinden der beteiligten Akteure steigert (f).

Im Folgenden sollen die Bereiche der *linearen, extra-linearen, exponentiellen* und *extra-exponentiellen* Impulszusammenhänge kategorisch definiert und anhand von Beispielen und theoretischen Verortungen Grenzbereiche skizziert werden. Hierfür werden zum einen bereits erläuterte Theorien (Kapitel 4.3) sowie weitere theoretische Überlegungen verortet. Hier werden zusätzlich theoretische Ergänzungen aus dem Bereich der Public Relations vorgenommen werden, da theoretische Überlegungen zu Phänomenen hier eine explizite Nähe zur Krisenkommunikation aufweisen.

Zum anderen sollen anwendungsbezogenere Erklärungsversuche der Invisible-Hand-Theorie in Form von Beispielen herangezogen werden. Auch sollen allgemeine Handlungsstrategien für die vier Zusammenhangsbereiche identifiziert und erläutert werden. In Kapitel 5 soll im nächsten Schritt auf dieser Grundlage ein konkreterer Bezug zu nachhaltigen kommunikativen Entwicklungen aufgeführt werden.

4.5.1 Lineare Zusammenhänge

Bei linearen Zusammenhängen herrschen in Handlungskontexten ein beobachtbares Gleichgewicht und eine relativ einfache Ordnung[42]. Hier bestehen überwiegend klare Zusammenhänge zwischen Ursache und Wirkung. Wirkungszusammenhänge sind für beteiligte Akteure somit ersichtlich und beruhen auf bekanntem Wissen. Hierdurch kann ein gewisses Maß an Prognostizierbarkeit gegeben werden. Es herrscht ein relativ hoher Grad an Strukturalität und ein geringerer Grad an Prozessualität, da kommunikative Impulsverläufe durch ein hohes Ausmaß an wiederkehrenden linearen Mustern aufgefangen (strukturalisiert) werden (siehe Abb. 8).

Abbildung 8: Lineare Impulsverläufe der Krisenkommunikation

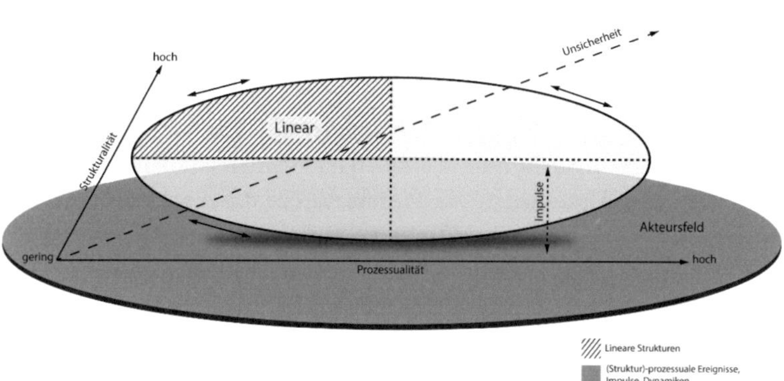

Quelle: Eigene Darstellung

Theoretische Überlegungen und Praxis

Aus theoretischer Perspektive lassen sich in diese Zusammenhangsbereiche Theorien wie der *Symbolische Interaktionismus* (siehe Kapitel 2.2.3) einordnen. Menschen handeln gegenüber Dingen auf der Grundlage der Bedeutungen, die diese Dinge für sie besitzen (vgl. Blumer 1969). Diese Bedeutungen der Dinge werden maßgeblich durch soziale Interaktion verhandelt und geformt.

42 Beck (2007) spricht hier von dem ›Mythos der Linearität‹, da Denkstereotype z.B. durch den Bedeutungszugewinn des Lokalen durch Globalisierung widerlegt werden können (siehe Kapitel 2.4.1).

Zwar können diese Bedeutungszuweisungen differieren, allerdings besteht zwischen der Wahrnehmung von Dingen, ihrer Bedeutungszuschreibung und der darauf basierenden Handlung (aus theoretischer Sicht) ein noch relativ einfacher Reiz-Reaktions-Zusammenhang. Auch die *Technische Mediation* (siehe Kapitel 4.3.7) spielt bei linearen Zusammenhängen eine Rolle, da auch Objekte sich in Assoziation mit menschlichem Handeln als (mit)handelnde Akteure begreifen lassen.

Lineare Zusammenhänge bzw. Eigenschaften von kommunikativen Impulsverläufen lassen sich im Bereich der Krisenkommunikation zahlreich finden. Beispielsweise sorgten die Outfits des norwegischen Olympiateams bei den olympischen Winterspielen 2018 in Pyeongchang für öffentliche Kritik. Die gewählten Textilmuster bzw. Runen für die Oberteile der Olympioniken wurden insbesondere auf sozialen Netzwerkseiten kritisiert, da sie eine Anlehnung an die Symbolik des Nationalsozialismus darzustellen. Der Ausstatter ›Dale of Norway‹[43] des Olympiateams geriet in Erklärungsnot und wurde mit Shitstorms auf seinen Social-Media-Konten konfrontiert (vgl. Martyn-Hemphill 2018)[44].

Dieses Beispiel verdeutlicht, dass Dingen eine kommunikative Bedeutungszuweisung zugeschrieben und eine darauf basierende (kommunikative) Handlung ausgelöst wurde. Der Prozess verlief dabei relativ linear, der Auslöser kann hier klar identifiziert werden, und chronologische Abfolgen sind weitgehend sichtbar. Die Reaktionen auf den Auslöser (Runen auf Sportoutfits) hätten unter Umständen auch relativ vorhersehbar sein können, wenn durch soziale Interaktion ähnliche Bedeutungszuschreibungen existiert hätten bzw. frühzeitig identifiziert worden wären. Vermehrte lineare Strukturen lassen in diesem Bereich auf eine hohe Strukturalität und geringere Prozessualität schließen. Nichtsdestotrotz handelt es sich weiterhin um einen Invisible-Hand-Prozess, der insbesondere durch das Web 2.0 einen enormen Pool an möglichen Bedeutungszuweisungen und an Wirkmächtigkeit gewonnen hat.

---

43 Siehe Anhang 8.1.2.

44 Ähnliche Beispiele lassen sich immer wieder finden. Auch der ›Gucci blackface‹ Skandal im Februar 2019 verfügte über vergleichbare Dynamiken (siehe Anhang 8.1.3). Ein schwarzer Pullover der Firma Gucci im Balaclava-Stil löste weltweit Empörung aus und wurde mit ›Blackfacing‹, der stereotypen Darstellung einer Person afrikanischer Abstammung, in Verbindung gebracht (vgl. z.B. Young 2019, Independent online).

Handlungsempfehlungen

Scheinbar einfache bzw. lineare Wirkungszusammenhänge in Krisensituationen sollten zunächst erkannt werden. Durch das Einstufen von Ursache und Wirkung kann eine angemessene Reaktion stattfinden (vgl. Snowden & Boone 2007). Für die Krisenkommunikation kann es hier hilfreich sein, im Vorfeld Best Practices zu erstellen. Dennoch sollte eine Sensibilisierung stattfinden, Zusammenhänge nicht zu vereinfachen und Denkweisen stets zu hinterfragen, um einen möglichen chaotischen Impulsverlauf zu vermeiden. Die Wahrnehmung kleinster Kontextveränderungen sind hier essenziell, um eigendynamische kommunikative Prozessverläufe im linearen Impulsverlauf zu halten.

4.5.2 Extra-Lineare Zusammenhänge

Extra-lineare Impulsverläufe zeichnen sich tendenziell durch eine geringere Ausprägung von Strukturalität (und Prozessualität) aus (siehe Abb. 9). Bei extra-linearen Impulsverläufen können periodische und komplizierte Zusammenhänge zwischen Ursache und Wirkung ersichtlich werden. Dies ist jedoch nicht für alle beteiligten Akteure offensichtlich und damit auch schwerer vorhersehbar, aber prinzipiell möglich. Auch zyklische oder parallel auftretende Ereignisse zählen hierzu und können dazu führen, dass es mehrere Auslöser für einen bestimmten Impulsverlauf geben bzw. es auch mehrere richtige Antworten hierauf geben kann. Periodisch auftretende Krisen können zu Restrukturierungen führen, welche die Verteilung von Macht und Ungleichheit verschärfen können (vgl. Wallerstein 2010), da komplexe Ordnungen sich hier vor allem durch unbekanntes Wissen auszeichnen.

Theoretische Überlegungen und Praxis

Aus theoretischer Perspektive zählen z.B. *zirkuläre Positionen des Konstruktivismus* hierzu (vgl. Bardmann 1997). Der sog. Zirkelschluss beschreibt hier Thesen, die durch Schlussfolgerung aus Prämissen abgeleitet wurden, deren Gültigkeit ebenso fragwürdig war wie die der These selbst. Zirkelschlüsse sind irrtümlich eine legitime Form des logischen Erschließens, da sie auf ›unbekannten‹ Wissenslücken beruhen (siehe Kapitel 4.3.4). Die Zusammenhänge können hier als extra-linear beschrieben werden, da sie lineare Verläufe nicht ausklammern, aber um weitere Dimensionen ergänzen.

Ein Phänomen, das im Rahmen des Web 2.0 extra-lineare Zusammenhänge für die Krisenkommunikation darstellt, ist bspw. der sog *Streisand-Effekt.*

Abbildung 9: Extra-Lineare Impulsverläufe der Krisenkommunikation

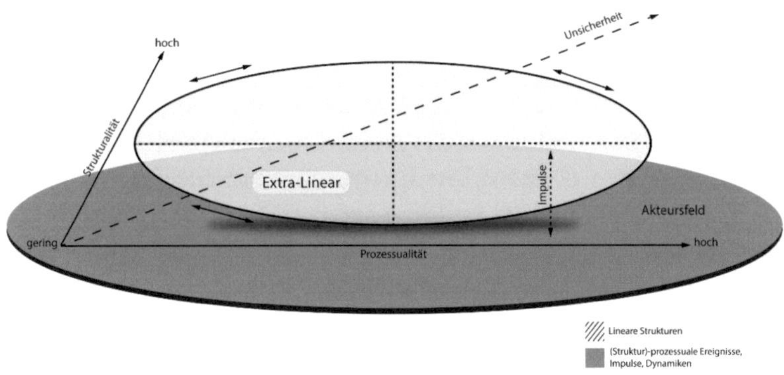

Quelle: Eigene Darstellung

Der Streisand-Effekt beschreibt das Phänomen, dass bei dem Versuch ungewollte Informationen zu unterdrücken bzw. entfernen zu lassen, oftmals genau das Gegenteil erreicht wird und den Informationen ein noch höherer Aufmerksamkeitswert zukommt (vgl. Canton 2005). »The irony here is that the attempt to control something often produces results opposite of what was intended« (Browning & Boudès 2005, S. 36). Ursprünglich wurde der Effekt nach Barbra Streisand benannt, die eine Website im Jahr 2003 erfolglos verklagte, da sie ohne ihre Zustimmung Luftaufnahmen ihres Anwesens veröffentlicht hatte. Hierdurch wurde allerdings erst die Verbindung zwischen den Aufnahmen und Streisand geschaffen und dies führte zu einer viralen Verbreitung der Aufnahmen (Stoffels & Bernskötter 2012, S. 39). »Das Internet vergisst nicht[45]« (Leupold 2014, S. 3).

Auch im Rahmen der organisationalen Krisenkommunikation lassen sich hier exemplarische Beispiele finden. Im Februar 2018 veröffentlichte der Autokonzern Daimler eine Werbeanzeige über Instagram mit einem Zitat des

45 Stumpf (2017) betitelt diesen Ausspruch als ›ohne Geltungsanspruch‹, da die Lebensdauer von Informationen im Web 2.0 nicht von Dauer sein muss, aber kann. Im Zeitverlauf kann es etwa zu Informationsverlusten und Verfallserscheinungen (z.B. bezogen auf die Aufmerksamkeitswerte) kommen. Ein Urteil von 2017 des EuGHs etwa soll ein ›Recht auf Vergessen‹ ermöglichen. Die praktische Umsetzung allerdings dürfte auf einige Schwierigkeiten treffen, da die Beseitigung von bspw. unerlaubten Kopien von Informationen nicht garantiert werden kann.

Dalai-Lamas »Look at situations from all angles, and you will become more open« (Strittmatter 2018, Süddeutsche online). Kurze Zeit später wurde der Beitrag gelöscht mit der Begründung »Man habe die Gefühle der Chinesen [durch die Anzeige] verletzt« (ebd.). Dieses ›Entfernen‹ von Informationen bzw. Kommunikaten löste weltweit einen Shitstorm auf sozialen Netzwerkseiten aus und führte zur viralen Verbreitung von Screenshots der Werbeanzeige[46].

Auch der sog. Joseph-Effekt hat u.a. im Kontext der Unternehmenskommunikation Anklang gefunden und beschreibt einzelne Ereignisse vielmehr als Bestandteile größerer Trends oder Zyklen als willkürliche Vorkommnisse und geht davon aus, dass auf positive Zyklen negative Zyklen folgen (vgl. Mandelbrot & Wallis 1968). Dies lässt sich gut anhand von Börsenschwankungen veranschaulichen. Beispielsweise führten Anfang Februar 2018 positive Nachrichten (steigende Löhne in den USA) zu sinkenden Aktienwerten (Inflationsgefahr; Buchter/Nienhaus/Schieritz 2018, S. 29).

Dies lässt sich als extra-linearer Impulsverlauf einordnen, da Zusammenhänge zwischen Ursache und Wirkung zwar erkennbar, aber kompliziert und nicht für alle Beteiligten offensichtlich waren. Auch ließen sich in den Fällen zyklische Feedback-Effekte erkennen.

Handlungsempfehlungen

Bei extra-linearen Impulsverläufen kann es im Gegensatz zu linearen Impulsverläufen mehrere Auslöser geben. Obwohl der Zusammenhang zwischen Ursache und Wirkung ersichtlich ist, ist er nicht für alle Akteure ersichtlich. Hier kann es nützlich sein, Ursachen zu erkennen, sie von Experten analysieren zu lassen und dementsprechend zu reagieren. Auch sollten mehrere Handlungsoptionen geprüft werden. Unkonventionelle Lösungen und kreative Problemlöseprozesse können hier hilfreich sein (vgl. Snowden & Boone 2007).

4.5.3 Exponentielle Zusammenhänge

Exponentielle Impulsverläufe zeichnen sich durch eine erhöhte Prozessualität aus und sind als komplizierte Ordnungen einzustufen. In diesem Bereich gibt es zwar aufschlussreiche Muster bzw. auch lineare Strukturen, aber nur in

---

46 Siehe Anhang 8.1.4.

einem geringen Ausmaß. Impulse aus dem Akteursfeld können z.B. viral verlaufen. Auch U-Funktionsverläufe können hierzu zählen. Hier liegen die sog. bekannten Wissenslücken. Antworten bzw. Handlungsmöglichkeiten liegen nicht unmittelbar auf der Hand und sind oft erst im Nachhinein für Akteure ersichtlich, wodurch eine Prognostizierbarkeit nur schwer möglich ist (siehe Abb. 10).

Abbildung 10: Exponentielle Impulsverläufe der Krisenkommunikation

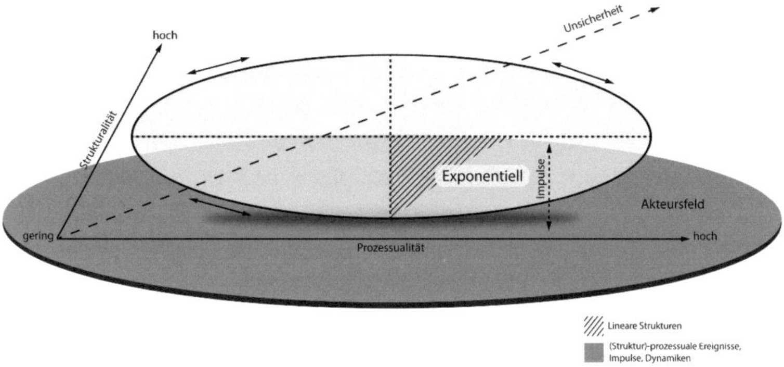

Quelle: Eigene Darstellung

Theoretische Überlegungen und Praxis

Exponentielle Zusammenhänge lassen sich gut anhand von Viralität verdeutlichen. Ein Phänomen, welches sich hier gut einordnen lässt, ist das des *Shitstorms*[47]. Shitstorms bezeichnen die lawinenartige Verbreitung von negativer Kritik insbesondere auf sozialen Netzwerkseiten bzw. im Kontext des Web 2.0[48]. »[A Shitstorm] is a phenomenon that companies have to face since the interconnectivity among customers through Web 2.0 technologies has reached critical mass« (Pfeffer/Zorbach/Carley 2013, S. 1). Auslöser für Shitstorms können vielfältig sein. Es kann sich um Unternehmensverfehlungen, Skandale, Werte- und Normverletzungen oder Gerüchte handeln,

47 Auch ›Lovestorms‹ bzw. lawininenartige Solidaraitästbekundungen lassen sich exponentiellen Zusammenhängen zuordnen. Allerdings kommt diesen im Web 2.0 weitaus weniger Beachtung zu als Shitstorms.

48 Siehe Stegbauer 2018 (siehe Kapitel 5.1.3).

die (meist) auf Social-Media Plattformen aufgedeckt, geteilt oder diskutiert werden (Salzborn 2015, S. 8). Bei einem Shitstorm[49] werden kaum mehr Inhalte ausgetauscht, sondern eher negativ besetzte Schlagwörter versendet, die häufig eine starke Eigendynamik entwickeln und in Krisenzeiten für Unternehmen eine Gefahr für die Reputation darstellen (Hofmann 2014, S. 348). Hierbei ist eine eindeutige Definition allerdings durch die heterogene Verwendung des Begriffs erschwert. Ein Shitstorm kann von ein paar negativen Kommentaren[50] auf SNS bis hin zu konkreten Bedrohungen oder auch berechtigter Kritik (z.B. im Falle von rassistischer oder sexistischer Werbung) reichen. Salzborn (2015, S. 209f.) unterscheidet zwischen ›echten‹ Shitstorms, bei denen sich innerhalb kürzester Zeit ein Proteststurm im Netz entwickelt und zwischen ›konstruierten‹ Shitstorms, bei denen erst die (mediale) Berichterstattung das Phänomen hochstilisiert und so vorantreibt. Oft werden hier Überspitzungen von Tatsachen oder einige polemische Kommentare speziell herausgesucht und verallgemeinert für den gesamten Shitstorm genutzt. »Im Ergebnis hat das Unternehmen nicht nur die originäre Kritik zu beachten, sondern auch und vor allem dem durch Dritte bewusst negativ beschriebenen und teilweise übertriebenen Bild der Empörung kommunikativ zu begegnen« (Salzborn 2015, S. 207). Zusammenfassend lässt sich festhalten, dass Shitstorms meist mehrere Akteursgruppen vereinen und ein Kontinuum aus aktiven und passiven Nutzungsformen zeigen. In der Mehrheit der Fälle sind Shitstorms nicht bewusst initiiert und

---

49 Der Begriff des ›Shitstorms‹ wurde 2011 zum Anglizismus des Jahres gewählt und beschreibt sturmartige Empörungswellen, die sich innerhalb kürzester Zeit online verselbstständigen und primär über soziale Netzwerkseiten wie Facebook, Twitter o.Ä. verbreiten. Dies ist für betroffene Akteure (Unternehmen) meist nur schwer kontrollierbar. Das Essentielle an diesen ›neuen‹ Krisen ist, dass sich Regeln für die Krisenkommunikation geändert haben. Durch elektronische Medien reduziert sich etwa die Reaktionszeit für Betroffene drastisch. »Auch das Kräfteverhältnis der Player hat sich deutlich geändert. Selbst große und einflussreiche Organisationen sehen sich plötzlich einer erdruckenden Masse gegenüber. Und wer die Situation unterschätzt, gerät wie einst Goliath in die Falle« (Stoffels & Bernskötter 2012, S. v).

50 Diese Inhalte werden über Social Media schnell und unkompliziert geteilt, was die öffentliche Reichweite erhöhen kann und gleichzeitig auch die negativen Folgen für den Adressaten verstärkt. Die Anonymität im Netz gewährt Nutzer zudem Sicherheit, was ihnen »neue Handlungsspielräume sowohl in pro- und anti-sozialer Richtung eröffnet. Ebenso sicher fühlt sich der Einzelne, wenn er sich selbst als Teil einer anonymen Masse wahrnimmt und dadurch nicht persönlich für sein eigenes deviantes und antisoziales Handeln zu verantworten ist« (Salzborn 2015, S. 60f.).

nur selten sind klare Ziele der Akteure erkennbar und sind eher emotionaler Natur (Salzborn 2015, S. 210).

Ein Phänomen, welches eng mit dem des Shitstorms verwandt ist, ist die virale Verbreitung von Informationen[51] (Stegbauer 2018, S. 19). Für die virale Ausbreitung von Informationen sind besondere (strukturelle) Bedingungen notwendig. Zum einen muss es sich um eine Information handeln, die eine gewisse Relevanz zur Weiterverbreitung für die entsprechenden Personen besitzt. Oft handelt es sich bei Shitstorms um Ideen, dass eigene Interessen verletzt werden oder diskriminiert wird. Eine Information erzeugt hier Entrüstung, weil die eigene Weltanschauung verletzt wird. »Prinzipiell kann jeder durch eine Mitteilung einen Shitstorm auslösen, allerdings ist die Chance dazu nicht für alle gleich. Wichtig ist, dass die Information zündet – sie muss viral werden« (Stegbauer 2018, S. 19). Zum anderen bedeutet dies, dass Informationen oft von Personen weitergetragen werden, die bedeutend sind bzw. in sozialen Netzwerken über viele Follower oder Kontakte verfügen[52], da die Reichweite hier hoch ist (siehe Kapitel 5.1.2).

Beispiele für Shitstorms lassen sich in der Praxis zahlreich finden. Der Fußball-Bundesligist Werder Bremen wurde bspw. mit einer massiven Protestwelle im August 2012 konfrontiert, nachdem bekannt wurde, dass die Firma Wiesenhof neuer Trikot-Sponsor des Vereins werden würde. Fans warfen dem Unternehmen Verstöße gegen das Tierschutzgesetz vor. Innerhalb weniger Minuten posteten Fans hunderte Kommentare bei Facebook und gründeten Protestgruppen. Daraufhin musste der Grünen-Politiker und Werder-Fan Jürgen Trittin in einem offenen Brief von seinem Amt als Umweltbotschafter bei Werder zurücktreten (Spiegel Online 29.08.2012).

Der Auslöser für einen Shitstorm kann mehrere Ursachen haben. Eine bekannte mögliche Ursache wird bspw. im Marketing als die *Goliath-Falle* bezeichnet. Hier wird ein ungleiches Kräfteverhältnis zweier konkurrierender

---

51 Auch außerhalb des Internets kann die virale Verbreitung von Informationen beobachte werden, z.B. bei ›Mundpropaganda‹ (Stegbauer 2018, S. 19).

52 Diese Personen werden auch als ›Hub‹ (Verteiler) bezeichnet. Durch die Weitergabe von Informationen gewinnen sie zudem zusätzlich an Bedeutung. »Wichtige Personen werden auf diese Weise noch einflussreicher – auch ein Hinweis auf die Struktur, die notwendig ist, damit es zu einer schnellen und weiten viralen Verbreitung durch Shitstorms kommt« (Stegbauer 2018, S. 19). Im Marketing wird bspw. versucht diesen Effekt gezielt zu nutzen und durch sog. ›seeding‹ Multiplikatoren (Verteiler) z.B. Blogger für die Informationsweitergabe zu nutzen. Ihre Bedeutung bzw. ihr Wert können allerdings abnehmen, wenn Kooperationen ihre Glaubwürdigkeit beeinträchtigen (ebd.).

Akteure bezeichnet, welches für den scheinbar stärkeren Akteur zum Verhängnis wird. Hier lassen sich zahlreiche Beispiele aus der Praxis finden, bei denen große Unternehmen oder einflussreiche Personen in der Arena des Web 2.0 als ›moderner‹ Goliath enden (Stoffels & Bernskötter 2012, S. v). »Dabei folgen die Mechanismen moderner Krisen zwar einem neuen, aber durchaus vorhersehbaren Schema: Egal, was die Ursache gewesen sein mag, reagierten das betroffene Unternehmen oder die angegriffene Person falsch, bricht der gefürchtete ›Shitstorm‹ los« (ebd.).

Ein weiterer Bereich, der für Krisenkommunikation eine große Relevanz besitzen kann, ist der der *Memetik*[53]. Memetik bzw. die Memtheorie bezeichnet hier ein Prinzip der Informationsweitergabe. Hierbei kann ein einzelnes Mem – ein Gedanke, ein Bild o.Ä. – eine soziokulturelle Evolution durch Vervielfältigung und Weitergabe durchlaufen. Hier können sich Veränderungen in der Bedeutungszuschreibung ergeben. Beispielsweise wurde ein Selfie der SPD-Spitze 2018 auf sozialen Netzwerkseiten viral mit neuen Bedeutungszusammenhängen konnotiert (vgl. Spiegel Online 2018)[54]. Memes werden in diesem Zusammenhang auch häufig als Phänomene des Web 2.0 beschrieben, bei denen es sich etwa um Bilder handelt, die sich viral verbreiten (vgl. Blackmore & Dawkins 2010). Auch hier lassen sich neben viralen Elementen exponentielle Zusammenhänge erkennen. Allerdings ließen sich Assoziationsketten und Bedeutungszuschreibungen teilweise auch linearen Zusammenhängen zuschreiben.

Viralität ist ein ambivalent besetztes Phänomen im Bereich der Unternehmenskommunikation. Während exponentielle Impulsverläufe für die Krisenkommunikation zum Verhängnis werden können, versucht z.B. virales Marketings diese Effekte explizit zu initiieren (vgl. Tusche 2017).

Handlungsempfehlungen

Bei exponentiellen Impulszusammenhängen stehen Wandel und Unberechenbarkeit im Vordergrund. Es gibt aufschlussreiche Muster, aber

53 Gegenstand der Memtheorie ist das sog. Meme und bezeichnet Bewusstseinsinhalte, z.B. einen Gedanken. Durch Kommunikation kann dies weitergeben und vervielfältigt werden. Memes unterliegen hierbei einer soziokulturellen Evolution, die bei ihrer Weitergabe auch Veränderungen erfahren können, z.B. durch äußere Umwelteinflüsse. Die Memtheorie ist allerdings umstritten und ihr Erkenntnisgewinn für verschiedene Fachdisziplinen wird angezweifelt (vgl. Blackmore & Dawkins 2010).

54 Siehe Anhang 8.1.5.

unbekannte Wissenslücken. In solchen Krisenzeiten kann es zielführend sein (neue) kommunikative Maßnahmen auszuprobieren. Hierfür können Diskussionen und interaktive Kommunikation genutzt werden. Dissens und Vielfalt schaffen hier Grundlagen für Ideenaustausch sowie ein Umfeld für die Kreierung guter Lösungsmöglichkeiten. Für die Krisenkommunikation ist es bei exponentiellen Impulsverläufen von Vorteil, Grenzen bei der Entstehung von Mustern abzustecken und Attraktoren zu schaffen. Attraktoren bzw. Anziehungspunkte sollen hier möglichst geringfügige Reize bieten und so auf die Resonanz von Akteuren stoßen (z.B. Öffentlichkeit; vgl. Snowden & Boone 2007). Dies könnte ein Steuerungselement sein, um hohen Ausmaßen an Prozessualität begegnen zu können.

4.5.4 Extra-Exponentielle Zusammenhänge

Extra-exponentielle Zusammenhänge von kommunikativen Impulsverläufen lassen sich dem Chaos zuordnen. Hier liegt sowohl eine hohe Ausprägung von Strukturalität als auch eine hohe Ausprägung von Prozessualität vor. Der Verlauf von Impulsverläufen ist nicht vorhersehbar und entwickelt sich scheinbar zufällig und systemimmanent. Dynamische bzw. Invisible-Hand-Prozesse in der Krisenkommunikation können hier in chaotische Zustände ›verfallen‹, aber anschließend neue Ordnungen stabilisieren und hervorbringen. Zusammenhänge zwischen Ursache und Wirkung lassen sich nicht feststellen, weil sie einer ständigen Änderung unterworfen sind. Eine Prognostizierbarkeit ist an dieser Stelle unmöglich, da keine aufschlussreichen Muster bestehen und somit keine klaren Antworten.

Theoretische Überlegungen und Praxis

Theoretisch lassen sich hier Grundzüge der Chaostheorie verorten. Der Schmetterlingseffekt kann hier scheinbar kleine und zunächst als unwichtig eingestufte Impulse raumunabhängig als Auslöser für große Krisen identifizieren[55]. Ein eingängiges Praxisbeispiel aus der Krisenkommunikation wurde bereits zu Anfang des Kapitels genannt. Im Frühjahr 2018 löste die

---

55 Ein ähnliches Phänomen, welches sich unter extra-exponentiellen Zusammenhängen in der Krisenkommunikation ansiedeln lässt, ist der sog. *Noah-Effekt*. Der Effekt beschreibt kleine Impulse, die eine plötzliche ›biblische‹ Sintflut hervorrufen können. Dies lässt sich in der Praxis bspw. bei großen Ausreißern von Börsenkursen beobachten (vgl. Mandelbrot & Wallis 1968). Hier besteht eine Parallele zum Schmetterlingseffekt.

Darstellung eines Produktes des Modehauses H&M online weltweit einen Shitstorm aus. Scheinbar willkürlich und raumunabhängig kam es im südafrikanischen Johannesburg in diversen H&M Filialen zu Vandalismus und Ausschreitungen. Der Flügelschlag eines Schmetterlings löste am anderen Ende der Welt ›Chaos‹ aus.

Auch die Trichtermetapher beschreibt ›seltsame‹ Attraktoren der Chaostheorie (bspw. Rationalitätsbegriffe), die einen ›Sog‹ auf soziokommunikatives Handeln auslösen können (Kulturfolger). Dieser ›Sog‹ kann allerdings auch wieder an Wirkung verlieren.

Im Oktober 2017 wurde im Zuge des Weinstein-Skandals die Verbreitung des Hashtags #MeToo in sozialen Netzwerken angestoßen und weltweit populär. Die Phrase »Me too« geht auf die Aktivistin Tarana Burke zurück und wurde als Hashtag durch die Schauspielerin Alyssa Milano populär, die betroffenen Frauen ermutigte, mit Tweets auf das Ausmaß sexueller Belästigung und sexueller Übergriffe aufmerksam zu machen. Seitdem wurde dieses Hashtag millionenfach verwendet (vgl. Maryville University 2019). Durch den ›Sog‹ des Trichters kam es zu weltweiten neuen Prägungen und Sensibilisierungen (Kulturfolger) für die Thematik der sexuellen Belästigung. Ein daraufhin folgender ›Trichter‹ mit weniger ›Sogkraft‹ lässt sich bspw. am Hashtag *#HeforShe* verdeutlichen. Die ursprünglich als gemeinnützige ins Leben gerufene Solidaritätskampagne von UN Women[56], die sich weltweit für Frauenrechte sowie die Gleichstellung von Männern und Frauen engagiert, erzeugte mit ihrer Hashtag-Kampagne eine unterschiedliche Sogkraft. In Deutschland erfuhr das Hashtag bspw. weitaus weniger Beachtung in den sozialen Netzwerken als die MeToo-Debatte.

Extra-Exponentielle Impulsverläufe in der Krisenkommunikation können somit als chaotisch beschrieben werden. Auch hier lassen sich zwar z.T. Anzeichen von Viralität erkennen, allerdings sind die Zusammenhänge zwischen Ursache und Wirkung hier wesentlich schwerer zu erkennen.

Handlungsempfehlungen

Extra exponentielle Impulsverläufe kommunikativer Prozesse sind als chaotisch einzustufen. Muster erkennen zu wollen ist zunächst zwecklos. Hier geht es nicht so sehr darum, Antworten zu finden, sondern Lösungen und eine Sensibilisierung zu schaffen. Für die Krisenkommunikation ist es in erster

56 vgl. https://www.heforshe.org/en.

Abbildung 11: Extra-Exponentielle Impulsverläufe der Krisenkommunikation

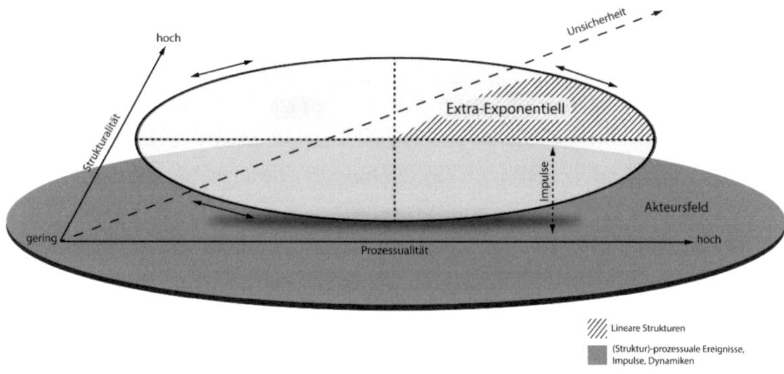

Quelle: Eigene Darstellung

Linie bedeutsam, Chaos einzudämmen und schnell zu handeln bzw. für eine direkte Informationsweitergabe zu sorgen. Zur Eindämmung chaotischer Ausmaße sollten zunächst noch vorhandene Stabilitäten identifiziert werden und bei Lücken reagiert werden. Ziel sollte es laut Snowden und Boone (2007) sein, chaotische Impulsverläufe in komplizierte umzuwandeln. Extra-exponentielle Impulsverläufe bieten ein hohes Chancenpotenzial, da durch instabile Ordnungen auch Neustrukturierungen und Innovationen möglich sind. Hier kann es für die Krisenkommunikation von großem Nutzen sein, parallel arbeitende Teams einzurichten, die sowohl Zeit sparen als auch Chancenpotenziale und Herausforderungen identifizieren können. Um in (kommunikativen) Krisenzeiten als Unternehmen handlungsfähig zu bleiben, wird es insbesondere bei extra-exponentiellen Impulsverläufen von Vorteil sein, eine Kultur im Umgang mit Unsicherheit zu etablieren, die die Ambiguitätstoleranz steigert (siehe Kapitel 5.4.2).

4.5.5 Limitationen & Chancen

Wie bei allen Modellen lassen sich auch hier Grenzen der Möglichkeiten der Systematisierung aufzeigen. Zunächst einmal lässt sich festhalten, dass allen Modellen gemein ist, dass sie die Realität lediglich vereinfacht darstellen (können) und Komplexitätsreduktion zwar funktionale Aspekte, aber auch Risiken der Unvollständigkeit bergen. Ein bildliches Modell für ein Konzept kann somit nie allumfassend sein: »Die Systematik, aufgrund derer wir den einen Aspekt eines Konzepts in Bildern eines anderen Konzeptes erfassen können (…), verbirgt zwangsläufig die anderen Aspekte dieses Konzepts« (Lakoff & Johnson 1998, S. 18). Im Folgenden soll daher auf einige wesentliche Limitationen eingegangen werden.

a) Der Modellbegriff

Als erstes lassen sich die verwendeten Begrifflichkeiten thematisieren. Der Begriff des ›Modells‹ ist im wissenschaftlichen Kontext traditionell konnotiert. Hierbei ist modellhaftes Denken vermutlich so alt wie die Menschheit selbst und manifestiert sich bspw. in Form systematischer Zusammenstellungen in jeglichen denkbaren Kontexten. Modelle, Zeichnungen, Bilder und Analogien waren seit jeher zentrale Gegenstände der Wahrheitslehre um den Fokus auf das ›wahrhafte Wesen der Dinge‹ zu lenken (vgl. Dietzgen 1961).

Insofern verfügen Modelle über einen funktionalen Aspekt, der sich in erster Linie in der Komplexitäts-reduktion von Wirklichkeit manifestiert. Folglich sind Modelle immer nur Modelle *von* etwas, bzw. Abbildungen, Repräsentationen oder künstlich geschaffene Originale. Sie erfassen dabei nicht alle Originalattribute, sondern nur die für den Betrachter relevanten Aspekte und sind somit immer ein Produkt *einer* bestimmten Perspektive. Dabei sollen Modelle eine Ersetzungsfunktion für bestimmte Erkenntnis- oder Aktionssubjekte erfüllen und dies innerhalb bestimmter Zeitintervalle und zu bestimmten Zwecken und Zielen realisieren (Stachowiak 1983, S. 118). Stachowiak (1983) spricht von einer Entwicklung in der Wissenschafts- und Erkenntnistheorie, die einem Paradigma gleicht (Stichwort Modelismus & Neopragmatismus). Ideen eines ›absoluten Sinnes von Wahrheit‹ würden durch die Systematisierung von Wahl- und Entscheidungsakten lediglich vorgetäuscht und bedienten sich Instrumentarien formaler Disziplinen (ebd.).

Die inflationäre interdisziplinäre Verwendung des Begriffes des ›Modells‹, sollte dabei durchaus hinterfragt werden. Altbewährte Dualitätsprinzipien der formalen und kybernetischen Wissenschaften ebenso wie das Prinzip der Binarität in der Theorie und Technologie lassen sich nicht immer auf geisteswissenschaftliche Kontexte anwenden (Stachowiak 1983, S. 87).

Das Überdenken des Modellbegriffs – insbesondere für geisteswissenschaftliche Kontexte – ist somit zwingend erforderlich und angebracht. Die Einführung des Begriffs der ›Metapher‹ könnte hier zielführender sein. Metaphern verbinden nicht nur eine Reduktion auf relevante Merkmale für den Erkenntnisgewinn, sondern vielmehr auch eine bildhafte Sinnstiftung und können semantische Lücken[57] füllen (Schlechtriemen 2008, S. 81). Modelle und Metaphern in Verbindung zu setzen, bietet sich auch aufgrund ihrer zahlreichen Analogien an (vgl. Lakoff & Johnson 1998). Metaphern können somit funktionale Aspekte des Modellbegriffs übernehmen und das Modellverständnis erweitern (Schlechtriemen 2008, S. 71f.).

Es ist sinnvoll, gängige Modellverständnisse, um die Möglichkeit zu erweitern, dass Metaphern Wirklichkeit nicht nur abzubilden versuchen, sondern sie sinnhaft erzeugen können. In diesem Zusammenhang wäre die Bezeichnung einer *metaphorischen Systematisierung* oder einer *bildlichen Modellierung* möglicherweise angebrachter, um sowohl der komplexitätsreduzierenden Verbildlichung als auch Systematisierungsaspekten gerecht zu werden.

b) Verwendete Begrifflichkeiten

Auch andere verwendete Begrifflichkeiten zur Erläuterung der Systematisierung (siehe Kapitel 4.5) sind kritisch zu beleuchten und zu überdenken. Menschen verfügen über eine begrenzte Rationalität und es ist ihnen daher unmöglich, alle relevanten Informationen wahrzunehmen und zu verarbeiten.

Die Begriffe der Linearität, Extra-Linearität, Exponentialität und Extra-Exponentialität können konstruiert wirken, aber mit ihrem bildlichen Element auch höhere ›Strukturmomente‹ bei der Anwendung bieten. Der Begriff der ›Linearität‹ wird in der Komplexitätsforschung eher nicht mit komplexen Systemen in Verbindung gebracht. Allerdings hat der Begriff in diesem Kontext der Systematisierung seine Berechtigung, da auch lineare Zusammenhänge – wie Praxisbeispiele zeigen – bei Unternehmen zu Unsicherheit und kommunikativen Krisen führen können.

Zudem lassen sich die geschaffenen Begrifflichkeiten nicht trennscharf fassen (siehe c – Trennschärfe). So lässt sich etwa der Begriff der ›Extra-Linearität‹ nicht absolut abgrenzen bspw. als scheinbarer Gegensatz zur Exponentialität. Auch exponentielle Zusammenhänge können, wie sie in diesem

57 Ansätze zu einer Theorie der Metapher finden sich bereits bei Aristoteles. In der Poetik verwendet er den Ausdruck der Metapher in der ursprünglichen, weiteren Bedeutung von ›Übertragung‹. Eine Metapher ist hier die Übertragung eines Wortes, und zwar »entweder von der Gattung auf die Art oder von der Art auf die Gattung oder von einer Art auf eine andere oder nach den Regeln der Analogie« (Poetik 21, 1457b7ff. Übersetzung von Fuhrmann 1994).

Kontext definiert werden, lineare Strukturen aufweisen. Hier sollten die Begriffe vielmehr als positionelle Verortung bzw. Tendenzen und nicht als Gegensatzpaare verstanden werden.

Begrifflichkeiten, wie die des Cynefin-Modells, sind in ihrer Schlichtheit auch exkludierend und sollten weitergedacht werden, um für den Kontext der Krisenkommunikation anwendbar zu bleiben und Komplexität nicht nur als Krise, sondern auch als Chance zu verstehen.

c) Trennschärfe

Die Beschreibungen bestimmter Zusammenhänge als einfach, kompliziert, komplex oder chaotisch, wie sie in vielen Modellen betitelt werden, sind nicht als trennscharf zu sehen. In der Praxis werden sich auch nicht alle kommunikativen Krisenverläufe als eindeutig linear, exponentiell oder extra-exponentiell fassen lassen. Hier wird es in der Praxis nicht nur exemplarische Reinformen, sondern eher Mischformen geben, bei denen sich auch fluide Übergänge feststellen lassen. Die vier Bereiche sind hier vielmehr als tendenzielle Interpretation von Krisenverläufen zu verstehen, die von Überschneidungen und nicht eindeutig abtrennbaren Grenzbereichen geprägt sind. Eine künstliche Trennschärfe zu implizieren, ist an dieser Stelle auch nicht sinnvoll, da viele Krisen nach ihren eigenen Regeln verlaufen und Invisible-Hand-Prozesse im wahrsten Sinne des Wortes bis zu einem gewissen Grad auch immer unsichtbare Elemente beinhalten werden, die sich mal mehr mal weniger theoretisch begründen lassen. Dies bezieht sich demnach auch auf die Handlungsempfehlungen.

Zudem ist die Einordnung von Krisenverläufen in bestimmte Zusammenhangsbereiche maßgeblich von der Perspektive des Betrachters abhängig. Auch Determinanten sind nicht objektiv zu bestimmen und es kann lediglich eine Intersubjektivität, jedoch keine Objektivität erreicht werden (Reziprozität der Perspektive). Hierin begründet sich eine wesentliche Limitation (siehe e – Subjektivität und Kriseneinschätzung).

d) Beziehung/Interdependenzen der Bereiche

Weiterhin lässt sich die Frage der Beziehung der verschiedenen Bereiche untereinander adressieren. Modelle, wie etwa das Cynefin-Modell, postulieren einen gewissen Phasenverlauf der Komplexitätszustände. Das Cynefin-Modell wird oft in Verbindung mit Stufen-Modellen der strategischen Entscheidungsfindung gebracht (French 2013, S. 549). An dieser Stelle ist die Einteilung in die verschiedenen Zusammenhänge (linear, exponentiell etc.) nicht als Phasenverlauf oder typische Abfolge zu verstehen, sondern als unabhängige ›fluide‹ Zustände zu betrachten, die sich vielmehr in einem Kontinuum befinden. Die verschiedenen Zusammenhänge sind somit auch als interdependent zu sehen. Allerdings sind Interdependenzen denkbar und in der Praxis auch nicht auszuschließen. So können bspw. lineare Impulsverläufe chaotische Züge annehmen.

e) Subjektivität und Kriseneinschätzung

Genau wie die Einschätzung von Krisensituationen ist auch die Bewertung ihres Verlaufs in hohem Maße subjektiv und abhängig von der Perspektive des Betrachters (siehe Kapitel 2.5.2). »Diverse information causes a person not only to see different information but also to see information differently« (Browning & Boudès 2005, S. 35). Eine Krise wurde hier definiert als ein Prozess, der ein Ausmaß an Ungewissheit sowie eine Störung der Gewohnheit beinhaltet und mit (öffentlicher) Aufmerksamkeit einhergeht. Die Feststellung einer Krisensituation geht somit u.a. mit der Ausprägung einer mehr oder weniger ausgeprägten Ambiguitätstoleranz einher.

Betroffene, die mit einer Unsicherheitssituation konfrontiert sind, werden auch nach individuellem Streben nach Orientierung und Struktur (Sicherheitsbedürfnis) entscheiden, *wann* und *ob* es sich bei der Situation um eine Krise handelt. Auch Start- und Endpunkt einer Krise werden perspektivenabhängig eingeschätzt. Köhler (2006, S. 27) verweist hier auf die Schwierigkeit im Vorfeld bzw. während einer Krise (wissenschaftlich) analytische Einteilungen vorzunehmen, die bei der Krisenprävention und -bewältigung eine zentrale Rolle spielen können. Auch die subjektive Wahrnehmung potenzieller Krisenfaktoren und Instabilitätspunkte erschwert dieses Vorgehen (vgl. Kap. 2.5.2). Der Diskurs über die Bewertung eines Risikos oder einer Störung kann auch innerhalb eines Unternehmens als Konflikt auftreten, der wiederum als Krise wahrgenommen werden kann. Anzunehmen ist somit, dass Akteure, die von der Krise betroffen sind, erst dann eingreifen, wenn sie diese auch als solche für sich identifiziert haben (Salzborn 2015, S. 15). Herrscht bspw. eine individuell höhere Akzeptanz von Unsicherheit und Ungewissheit, verändert sich auch die Einschätzung einer Situation als Krise. Soziologlogische Analysen der Systemtheorie postulieren etwa, dass Komplexität immer nur für ein bestimmtes Entscheidungsfeld und nur innerhalb eines bestimmten Systems und einer bestimmten Situation besteht (Willke 1987, S. 16).

Der Verlauf einer Krisensituation unterliegt subjektiven Kriterien, da Faktoren, die zur Erfassung des Verlaufs notwendig sind, auch kontextabhängig sind. So würde etwa bei einer PR-Krise für das entsprechende Unternehmen der Krisenverlauf durch andere Charakteristika beschreiben als der Krisenverlauf, der vom Kunden wahrgenommen wird. Hierin begründet sich eine gewisse Zielgruppenspezifik und Perspektivenabhängigkeit der Krisenverläufe. So kann auch der Prozess des Framings verortet werden (siehe Kapitel 4.3.2), da Interpretations- und Deutungsmuster sich u.a. auch von Akteuren beeinflussen lassen (z.B. als gängiges Instrument der Krisenkommunikation). Hierfür soll die verbildlichte ›Drehscheibe‹ für sowohl die Perspektivenabhängigkeit als auch den Zeitpunkt/Zeitverlauf einer Impulsentwicklung sensibilisieren. Eine Krise besteht somit für ein bestimmtes Akteursfeld, in einer bestimmten Situation.

Auch die Auswahl der aufgeführten Praxisbeispiele unterliegt bis zu einem gewissen Grad einer subjektiven Einschätzung. Ersichtlich wird bei vielen Beispielen, dass es keine ›reinen‹ Impulsverläufe gibt. So verfügte etwa die H&M-Krise auch über lineare Zusammenhänge, da der Darstellung eines Produktes auch Bedeutungszuweisungen beigemessen wurden (Reiz-Reaktionsmuster). Auch hier gab es exponentielle Züge, die sich in Form von Shitstorms auf Social-Media-Netzwerkseiten entfalteten. Allerdings lässt sich dieses Beispiel in seiner Gesamtheit der extra-exponentiellen Ebene zuordnen, da es hier zu komplett unvorhersehbaren und scheinbar willkürlichen Ausmaßen gekommen ist (Vandalismus in südafrikanischen Filialen). Hierin begründet sich neben der Perspektive auch ein weiterer Aspekt der Kriseneinschätzung – der Zeitpunkt (siehe h – Anwendungsmöglichkeiten und Nutzen).

Für die Praxis kann es nützlich sein, Krisen in einem generellen Kontext zu erfassen und eine Komplexitätsreduktion zu leisten. In diesem Sinne können Situationen und ihre Verläufe im Rahmen der Systematisierung eingeordnet werden, wenn sie generell das Potenzial besitzen (a) über eine prozesshafte Unsicherheit zu verfügen, (b) die Störung von Normalität, Routinehandeln und Plausibilität mit sich zu bringen, (c) dadurch (öffentliche) Aufmerksamkeit zu erlangen und (d) negative oder unerwünschte Folgen mit sich zu bringen.

f) Erfolgsmaße

Nicht nur die Einschätzung einer Krisensituation selbst, sondern auch die Definition von Erfolgsmaßen unterliegt subjektiven Kriterien. Wann der Umgang mit kommunikativen Impulsverläufen erfolgreich ist, wird je nach Perspektive sehr unterschiedlich zu beurteilen sein. Hier kann lediglich davon ausgehen werden, dass es ein objektives Erfolgsmaß sein kann, als Akteur handlungsfähig zu bleiben bzw. Handlungsmöglichkeiten zu haben.

g) Theoretische Abgrenzung zu etablierten Krisentypen und Phasenmodellen

In der Literatur – insbesondere in Bezug auf Krisenkommunikation – haben sich eine Reihe an Phasenmodellen zu exemplarischen Verläufen von Krisen, sowie Einteilungen in verschiedene Krisentypen etabliert. Dies lässt sich oft im Kontext praxisnaher Agenturkommunikation verorten.

Einschlägige Skizzierungen von Krisentypen werden meist singulären Krisenauslösern zugeordnet (vgl. Roselieb 1999; Hoffman & Braun 2008; Hetze 2013; Salzborn 2015). Krisen haben allerdings meist nicht nur eine Ursache, sondern bilden sich in einem multikausalen Zusammenspiel verschiedener Faktoren und Invisible-Hand-Prozessen. Krisen treten daher häufig als Ergebnisse mehrstufiger Ursache-Wirkungsbeziehungen auf. Auch die Unterscheidung von exogenen und endogenen Krisen ist kritisch zu sehen, da Unternehmenskrisen nicht immer einem Entstehungspunkt zugeordnet werden können (Multilokalität). Somit sind auf die abgeleiteten Krisenarten nicht als trennscharf zu sehen (vgl. Salzborn 2015, S. 26).

Ähnliches gilt für exemplarische Phasenmodelle (vgl. Pohl 1977; Töpfer 1999; Zerfaß 2010), die sich für die organisationale Krisenkommunikation etabliert haben. Phasenmodelle vernachlässigen meist, ebenso wie die simplifizierte Ableitung von Krisenarten, die Mehrstufigkeit, Multikausalität und Multilokalität von Krisen. Auch Perspektivenabhängige Kriseneinschätzungen und Strukturprozessuale Verläufe werden eher nicht thematisiert.

h) Anwendungsmöglichkeiten und Nutzen

Der Umgang mit eigendynamischen Prozessen in der Krisenkommunikation kann nicht intuitiv gehandhabt werden, wie zahlreiche Praxisbeispiele zeigen. Der Umgang mit komplexen Situationen (in Organisationen) kann daher nicht mit standardisierten rationalen Theorien bewältigt werden.

Allen Bereichen der bildlichen Systematisierung ist gemein, dass es sich um Invisible-Hand-Prozesse handelt, die über mehr oder weniger vorhersehbare Elemente Zusammenhänge bzw. Impulsverläufe verfügen. »This is not to say that an invisible-hand explanation must be of great prognostic value. At the most, it allows prognoses of a hypothetical nature« (Keller 1985, S. 223). Auch regelmäßige Entwicklungen und Abläufe lassen daher nicht immer Prognosen zu und beinhalten eine zeitliche Dimension bzw. sind oft erst im Nachhinein erklärbar. Statt Prognosen anzustreben sollte eher in beispielhaften möglichen Szenarien ›gedacht‹ werden.

Hier ist die Unterscheidung von Prognostizierbarkeit und Erklärbarkeit[58] essenziell. Im Bereich der Invisible-Hand-Erklärungen wird es sich immer eher um sog. ›Post-facto-Erklärung‹ handeln. Die Annahme der Reziprozitätsbeziehung von Erklärung und Prognose ist zwar auch kritisch zu sehen, dennoch findet die These »jede Erklärung sei eine (potenzielle) Prognose und jede (gute) Prognose eine potentielle Erklärung« (Christen 1996, S. 26) ihre Berechtigung bspw. mit Blick auf die Chaostheorie.

Die wissenschaftliche Befassung mit Komplexität wird immer auch in einem Spannungsfeld von Reduktionismus und Emergenz bestehen: »The great power of science lies in the ability to relate cause and effect« (Crutchfield et al. 1986, S. 46).

Beim Reduktionismus werden Phänomene auf Basis ihrer »elementaren Konstituenten und der Gesetzmäßigkeiten, denen diese gehorchen, verstanden« (Christen 1996, S. 26). ›Ganzheiten‹ können somit durch die Analyse ihrer Teile verstanden werden (ebd.) und sind als zentrale Annahme von Wissenschaft zu verstehen. Der Begriff der ›Emergenz‹ lässt eine Gegenposition zum Reduktionismus und vereint die Aspekte Unvorhersehbarkeit und Makrodetermination[59] (ebd.). Allerdings lassen sich bei einer Position ontologischer

58 An dieser Stelle soll auch die Unterscheidung einer Erklärung der Entstehung eines komplexen Systems und der Erklärung von komplexem Verhalten mitgedacht werden (vgl. Christen 1996, S. 25).

59 Christen (1996, S. 28f.) führt hier die Unterscheidung von Mikro- und Makrodetermination an. Mikrodetermination beschreibt, dass der Zustand des Ganzen durch den Zustand der Teile determiniert ist und ist probabilistischer Natur. Auch können Mikrodeterminationen zu Unvorhersehbarkeit führen, da der determinative Zusammenhang zwischen den beiden Ebenen prinzipiell erst *post facto* erkennbar sei. »In diesem Zusammenhang sind auch faktische Grenzen der Prognosemöglichkeiten zu nennen, wie sie etwa im Fall des deterministischen Chaos auftreten« (ebd.). Die Makrodetermination geht davon aus, dass das Emergente kausal auf die Teile des Systems wirken

Emergenz auch Fragen der Verständlichkeit und Anwendbarkeit stellen. »Inwieweit ist diese Unerklärbarkeit aber selbst eine verständliche Position? (...) In anderen Fällen erscheint das Unerklärbare des Emergenten (Makrodetermination) unverständlich. Manche Emergentisten plädieren deshalb dafür, das Emergente sei als Naturtatsache hinzunehmen« (Christen 1996, S. 30).

Bei der Befassung mit Invisible-Hand-Prozessen wird es in jedem der vier genannten Bereiche immer unerklärbare bzw. unvorhersehbare Aspekte geben. Viele der aufgeführten Impulsverläufe aus der Praxis konnten bspw. ein schädliches Ausmaß für betroffene Akteure erreichen und ließen sich erst hinterher einordnen und/oder systematisieren. Eigendynamische Prozesse werden daher nie bis ins Detail steuerbar sein und ein Steuerungswunsch sollte immer realistisch überprüft werden. Dennoch lassen sich Muster und Unterschiede in den Impulsverläufen aus Theorie und Praxis finden und die Identifikation von Wirkungszusammenhängen sollte in Krisenzeiten priorisiert werden, etwa um mögliche Verlaufsszenarien skizzieren zu können. »A crisis is unpredictable but not unexpected. Wise organizations know that crises will befall them; they just do not know when. Crises can be anticipated« (Coombs 2012, S. 3).

Eine Systematisierung kann nützlich sein, um Strategien zum Umgang und Maximierung des Chancenpotenzials, insbesondere für die Krisenkommunikation zu verstehen und zu identifizieren, und so die Handlungsfähig zu steigern. Hier ist eine Sensibilisierung für die Entwicklung öffentlicher Aufmerksamkeit und deren Aktionismus insbesondere im Kontext des Web 2.0 unerlässlich. Lerneffekte könnten hier eine frühzeitige Analyse möglicher Verlaufsszenarien stellen und zu einer Sensibilisierung für Instabilitätspunkte führen. Auch während einer Krise ist es denkbar Muster und Strukturen zu erkennen, denen mit speziellen Handlungsstrategien begegnet werden kann. Mainzer (2008, S. 115) appelliert z.B. an das rechtzeitige Erkennen von Instabilitätspunkten und Ordnungsparametern. Gesetze zu verstehen bedeute hier nicht, sie vollständig beherrschen bzw. lösen zu können.

---

kann und keinen äußeren Einfluss besitzt. »Dabei ist aber nicht klar, was mit den Gesetzen der unteren Stufe geschieht (...). In diesem Sinn lässt sich auch behaupten, dass die emergenten Eigenschaften bzw. Gesetze irreduzibel sind. Irreduzibilität geht also in unserer Terminologie einher mit starker Emergenz« (Christen 1996, S. 29). An dieser Stelle soll ein schwacher Emergenzbegriff verwendet werden, der Reduktion nicht zwingend ausschließt.

Narrative für komplexe Entscheidungssituation zu erstellen, kann sinnvoll erscheinen, um Unsicherheitsempfinden zu begegnen und Handlungsmöglichkeiten zu identifizieren. »Narratives are useful for complexity because there are no hypotheses in complexity research; instead there are historical, technical, and simulation analyses of processes over time that result in unexpected outcomes« (Browning & Boudès 2005, S. 38).

Die vorliegende Systematisierung ist u.a. als Erweiterung des Cynefin-Modells auf den Kontext der Krisenkommunikation zu verstehen, die neben der Analyse von Entscheidungskontexten vielmehr versucht kommunikative Instabilitätspunkte und Impulsverläufe zu identifizieren und deren Perspektivenabhängigkeit und Strukturprozessualität mitzudenken und so Sensibilisierungspotenziale zu schaffen.

4.6 Reflexion

1. Was sind Invisible-Hand-Prozesse?
2. Was hat Komplexität mit (Krisen-)Kommunikation zu tun?
3. Welche theoretischen Betrachtungen von Eigendynamik und Kommunikation gibt es?
4. Wie lassen sich theoretische Überlegungen zu Invisible-Hand-Prozessen in der Krisenkommunikation systematisieren?
5. Welcher Nutzen lässt sich daraus ziehen?

Kommunikation – insbesondere Kommunikation in Zeiten von Krisen – steht heute zunehmend vor Herausforderungen unvorhersehbarer und eigendynamischer Entwicklungen, den sog. Invisible-Hand-Prozessen. Der Begriff der Invisible-Hand-Prozesse beschreibt Entwicklungen, die eine Eigendynamik entwickeln und nur schwer vorhersehbar sind. Krisenkommunikation wird insbesondere im Kontext des Web 2.0 mit einem komplexen, dynamischen und zuweilen chaotischen Kommunikations- und Informationssystem konfrontiert, welches nur bedingt mit klassischen Modellen und standardisierten Verfahren kontrollierbar ist.

In der Literatur lassen sich diverse Theorien in Bezug auf Kommunikation und Eigendynamik finden, deren Systematisierung bislang in der aktuellen Forschungslandschaft fehlt. Theoretische Betrachtungen kommunikativer Eigendynamik beschäftigen sich u.a. damit, wie gesellschaftlicher kommunikativer Konsens entstehen kann, da es unendlich viele Rationalitäten und Maximen sozio-kommunikativen Handelns gibt.

Kommunikationsprozesse sind eigendynamischem Wandel unterworfen. Kommunikative Systemzusammenhänge oder kommunikative Stile entstehen über die Zeit und verändern sich. Wandelprozesse vollziehen sich kumulativ (vgl. Gruber 2010) durch Anpassungspotenziale. Eingängige Beispiele hierfür sind der zeitliche Wandel und die Anpassung von Sprache (vgl. Keller 2003). Kulturelle Phänomene, wie der Sprachwandel, können somit nicht nur ausschließlich kausal erklärt werden. Keller (2003) spricht hier von ›spontanen Ordnungen‹, die Wandelprozesse zwar erklären, aber nicht prognostizieren würden können.

Ein weiterer Aspekt, der insbesondere für die Eigendynamik von Krisenkommunikation relevant ist, ist das Framing-Konzept von Robert Entmann (1993). Framing ist als Prozess der Interpretations- und Deutungsmuster zur Informationsverarbeitung zu verstehen (vgl. Jecker 2014) und spielt eine große Rolle bei der Bedeutungskonstitution beim Sprachverstehen. Framing kann als eine theoretische Betrachtung kommunikativer Eigendynamik gesehen werden, da sich im Kontext der Wahrnehmung bzw. Präsentation von Informationen Diskrepanzen ergeben können. Die Bedeutung soziokulturell geprägten Wissens für die Konstruktion einer Wirklichkeit bzw. ihrer Deutungsmuster ist ein zentraler Aspekt für Invisible-Hand-Prozesse der Krisenkommunikation. Ähnliche Ansätze zur Wirklichkeitserstellung wurden auch im sog. *Sozialkonstruktivismus* verdichtet. Berger und Luckmann (1969) gehen davon aus, dass die interaktiven Dynamiken sozialer Handlungen Institutionen erschaffen, die mit (legitimatorischen) Sinn erfüllt sind und den Handelnden wiederum so vermittelt werden, dass sie zu sozialen Tatsachen mutieren und für das soziale Handeln bestimmend werden. Konstruktion ist demnach ein sozialer Prozess. Eigendynamische Elemente lassen sich bei einem zentralen Element des Kommunikativen Konstruktivismus finden – der sog. *Mediatisierung*.

Mediatisierung wird in diesem Kontext als Prozess verstanden, bei dem die Gesellschaft in einem zunehmenden Maß den Medien und ihrer Eigenlogik unterworfen und abhängig wird. Wandelprozesse der Mediatisierung unterliegen so ähnlichen Prozessen und Strukturen, wie sie bereits beim Sprachwandel und Framing-Konzept beobachtet werden konnten.

Die Konstruktion der Wirklichkeit erfolgt kommunikativ und Prozesse mediatisierter Wirklichkeitswelten sind als dynamisch anzusehen. Theodor Bardmann (1997) beschreibt mögliche Strukturen eigendynamischer Prozesse des Konstruktivismus als *zirkulär* und geht davon aus, dass scheinbar neue Aspekte eines Kommunikationsprozesses nie ganz neu sein können, sondern immer kontextgebunden an einen Auslöser gekoppelt sind. Ideen der Kontextabhängigkeit von (kommunikativen) Handlungen finden sich auch im sog. Pragmatismus.

Charles S. Peirce (1877) ging davon aus, dass Wissenskonstruktion der Realität primär zu sinnvollen Handlungen führen soll und u.a. sozial bedingt ist. So können auch Störungen des gewohnten Handlungsablaufs neu organisiert werden. Ideen des Pragmatismus bedeuten für die Eigendynamik kommunikativen Handelns, dass Handlungen sozial bedingt und durch Routinen geprägt sind. Anpassungsprozesse/Wandlungen vollziehen sich demnach reziprok und reflexiv, um sinnvolle Handlungen zu garantieren. Soziale Interaktion kann somit als Schlüssel zur theoretischen Auseinandersetzung mit eigendynamischen Kommunikationsprozessen angesehen werden und wird in Theorien des *Symbolischen Interaktionismus* verdeutlicht (vgl. Blumer 2013).

Interaktiv und kommunikativ ausgehandelte Bedeutungen werden immer aktiv interpretiert und ggf. neu ausgelegt. Eigendynamische Prozesse haben demnach immer auch einen gewissen tradierten/historischen Erklärungsanteil, der sich auf vergangene Handlungen bezieht und Feedbackprozesse beinhaltet. Auch nicht-menschliche Akteure besitzen hierbei eine Erklärungskraft (vgl. Latour 1994).

Bei der Betrachtung eigendynamischer Entwicklungen und Prozesse im Rahmen der Krisenkommunikation sind somit eine Reihe an Aspekten und Elementen zu beachten. Ein Modell, das sich interdisziplinär zum Umgang mit Komplexität etabliert hat und großer Resonanz erfreut, ist das Cynefin-Modell (vgl. Snowden 2000), welches sich auch auf den Kontext der Krisenkommunikation anwenden und erweitern lässt. Ursprünglich wurde das Cynefin-Modell von Dave Snowden zum Zwecke des Wissensmanagements und als Organisationsstrategie entwickelt, um komplexe Probleme in bestimmten Systemen zu beschreiben. Anhand einer Typologie von Kontexten (einfache, komplizierte, komplexe und chaotische Kontexte) sollten Lösungsvorschläge gegeben werden. Hierbei wurden zentrale Kategorien zur Klassifizierung von Entscheidungskontexten, wie die Prognostizierbarkeit, Wirkungszusammenhänge, Wissenslücken und Gleichgewicht identifiziert.

Im nächsten Schritt wurde eine bildliche Systematisierung erarbeitet, die Ideen des Cynefin-Modells erweitert und konkret auf den Bereich der Krisenkommunikation fokussiert. Hier wurden Impulse aus Akteursfeldern als maßgeblich für eigendynamische Kommunikationsprozesse definiert und vier verschiedene exemplarische Zusammenhangsbereiche bzw. Impulsverläufe (lineare, extra-lineare, exponentielle und extra-exponentielle Impulsverläufe) identifiziert. Zudem wurde eine zentrale Kategorieerweiterung, der Ausprägung von Strukturalität und Prozessualität, vorgenommen. Theoretische Überlegungen zu Eigendynamik sowie Beispiele aus der Praxis der Krisenkommunikation und Kommunikation konnten hier exemplarisch und mit generellen Handlungsempfehlungen verortet werden.

Bei dieser Systematisierung konnten einige wesentliche Limitationen und Chancen im Bereich der verwendeten Begrifflichkeiten, der Trennschärfe, der Subjektivität und der Anwendungsmöglichkeiten identifiziert werden.

Der Umgang mit eigendynamischen Prozessen in der Krisenkommunikation kann – wie zahlreiche Praxisbeispiele zeigen – eher nicht intuitiv und mit standardisierten Modellen gehandhabt werden. Viele der genannten Impulsverläufe aus der Praxis konnten ein schädliches Ausmaß für betroffene Akteure erreichen und ließen sich erst im Nachhinein einordnen und/oder systematisieren. Eigendynamische Prozesse werden nie bis ins Detail steuerbar sein. Dennoch lassen sich Muster und Unterschiede in den Impulsverläufen aus Theorie und Praxis finden, die für eine Sensibilisierung für verschiedene Verlaufsszenarien im Kontext des Web 2.0 genutzt werden und die Handlungsfähigkeit für bspw. von kommunikativen Krisen betroffenen Unternehmen erhöhen können.

Am Beispiel der organisationalen Krisenkommunikation lässt sich die Schwierigkeit der Steuerung von Kommunikationsprozessen und deren Eigendynamik verdeutlichen, da es selbst in Zeiten der größten Unsicherheit (Krise) gilt, dem ›Druck nach Sicherheit‹ bzw. Steuerungswünschen durch vertrauensbildende, glaubwürdige und nachhaltige Beziehungspflege standzuhalten. Die Rolle prozessualer Beziehungsgeflechte und Netzwerke für nachhaltige Kommunikationsprozesse soll im nächsten Kapitel näher beleuchtet werden.

5 Netzwerke, Beziehungsgeflechte und ihre Bedeutung für nachhaltige Kommunikation

»Netzwerke bilden die neue soziale Morphologie unserer Gesellschaften (...)« (Castells 2001, S. 527).

V Preview

Die zweite Moderne zeichnet sich durch ihre vernetze Informationsgesellschaft und gesteigerte Komplexität aus. Netzwerke sind hierbei insoweit ein bedeutsamer Betrachtungsfokus, als es darum geht, den Aufbau und die Pflege sozialer Strukturen zu analysieren. Auch können in Netzwerken Anhaltspunkte in Bezug auf den Umgang mit Komplexität gefunden werden. Wie wirken sich hier Beziehungsstrukturen auf den Umgang mit Unsicherheit in Netzwerken aus? Wie beeinflussen Netzwerkstrukturen Kommunikation und umgekehrt? Welche Rolle spielen Beziehungen für nachhaltige Kommunikationsprozesse und inwiefern kann die Beziehungspflege in Netzwerken für Krisenzeiten von Bedeutung sein?

Herrschende Funktionen und Prozesse im Informationszeitalter sind zunehmend in Netzwerken organisiert und begründen laut Castells (2001, S. 527) eine historische Tendenz (siehe Kapitel 2.4). Beziehungsgeflechte und soziale Vernetzungen spielen somit auch bei der Betrachtung von Komplexität und Eigendynamik im Kontext der Kommunikation 2.0 eine Rolle.

Die durch Kommunikation gebildete Beziehungsdimension von Netzwerken wird bereits seit langem als Gegenstand der Sozialen Netzwerkanalyse untersucht. Untersuchungen von Kommunikationsnetzwerken befassen sich u.a. mit der Rolle interpersoneller Netzwerke für die Informationsweitergabe bzgl. aktueller Ereignisse (Schenk 1995) oder, wie bei Monge und Contractor (2003), mit der Analyse, wie Kommunikation interpersonelle Beziehungen konstituieren kann (Albrecht 2013, S. 27).

Der Netzwerkforschung[1] ist in den letzten Jahren eine erhöhte Aufmerksamkeit zuteil worden und diese spielt inzwischen in nahezu jedem sozialwissenschaftlichen Fachgebiet eine Rolle. Die Entwicklung im deutschsprachigen Raum wurde stark durch die Überlegungen aus den USA beeinflusst (Stegbauer & Häußling 2010 a).

Bereits seit den 1950er Jahren setzen sich Forscher mit der Frage auseinander, *wie* Akteure über Kommunikation miteinander in Verbindung stehen und welche Beziehungen sich auf diese Weise bilden bzw. auf welche Weise bestehende Beziehungen sich auf die Kommunikation auswirken (vgl. Albrecht 2013). Seit den 1990er Jahren wurde der Zugewinn an Methoden[2] der Netzwerkanalyse durch ein zunehmend theoretisches Interesse ergänzt. Die Untersuchung von Netzwerken wurde hier mit einer eigenständigen soziologischen Betrachtungsweise gleichgesetzt. »Die Besonderheit der Netzwerkforschung ist es, dass der Beziehungskontext, die Beziehungsstruktur, in die Analysen miteinbezogen wird« (Stegbauer 2010 a, S. 11).

Das Forschungsfeld ist durch transdisziplinäre Zusammenarbeit, kommerzielle Anwendungsbereiche und fortschreitende neue Entwicklungen selbst als sehr dynamisch einzustufen (Stegbauer 2010 a, S. 13ff.). Auch im Bereich der Management- und Organisationsforschung nehmen relationale Perspektiven und Netzwerkanalysen zunehmend eine bedeutsame Position bei der Erklärung von Phänomenen auf verschiedensten Analyseebenen ein (Raab 2010, S. 33).

5.1 Relevante Grundzüge der relationalen Netzwerkforschung für nachhaltige Krisenkommunikation

In den 1940er Jahren hat sich die sog. *Soziometrie*, heute als Netzwerkanalyse bekannt, etabliert (Freeman 2004, S. 63). Diese von der Physik ausgehende

---

1 Der Begriff der Netzwerkforschung vereint hier das Feld netzwerkanalytischer Studien und Methodenbeiträge sowie netzwerktheoretischer Ansätze (Stegbauer 2010, S. 13). Früher wurde der Begriff mit dem der Netzwerkanalyse gleichgesetzt, der allerdings für diesen Kontext (zu) stark auf verwendete Methoden fokussiert.

2 Der Zugewinn an Methoden ist auch als Resultat zunehmender computerbasierter Rechenkapazität zu verstehen.

Debatte hatte hohe Relevanz für die Soziologie (Stegbauer & Häußling 2010 b, S. 59). Ein bedeutsamer Vordenker der Netzwerkanalyse war Georg Simmel (1908), der die soziale Gruppe bzw. ihren Einfluss auf das Individuum in den Vordergrund seiner Analysen rückte.

In der Soziologie finden sich inzwischen unzählige prominente empirische netzwerkanalytische Studien und konzeptionelle Beiträge. Hierzu zählen bspw. Arbeiten von Burt zum sog. *Sozialkapital* (1992) sowie Granovetters (1974; 1985) Aufsätze zur Bedeutung und Funktionsweisen von Beziehungsstärke und sog. *Embeddedness*[3] (Raab 2010, S. 29).

Diese Ansätze bzw. Forschungen zu sozialen Netzwerken verschmolzen in den letzten Jahrzehnten zu einem Forschungsparadigma, welches sich durch einige wesentliche Hauptcharakteristika skizzieren lässt.

Die soziale Netzwerkforschung bzw. Netzwerkanalyse befasst sich laut Freeman (2004, S. 3) mit vier wesentlichen Kriterien: (1) der Analyse sozialer Beziehungen zwischen Akteuren als Bestandteil gesellschaftlicher Ordnung, (2) den systematischen Erhebungen und Auswertungen empirischer Daten, (3) der graphischen Präsentation eben dieser Daten[4] und (4) mathematischen und computergestützten formalen Modellen, um zu Abstraktionen der erhobenen Daten gelangen zu können.

---

3 Mit der sog. *Embeddedness* bezeichnete Polanyi (1968) ursprünglich die institutionelle Einbettung bzw., dass Markttransaktionen auch immer über soziale Momente verfügen und nicht nur rein ökonomischen Zwecken dienen (können). Granovetter (1985, S. 487) führte diese Überlegungen fort und postulierte, dass auch ökonomische Akteure in ihre sozialen Rollen eingebettet seien. »Actors do not behave or decide as atoms outside a social context, nor do they adhere slavishly to a script written for them by the particular intersection of social categories that they happen to occupy. Their attempts at purposive action are instead embedded in concrete, ongoing systems of social relations«.

4 Visuelle Darstellungen besitzen hier, ähnlich wie bei der Chaostheorie, einen erklärenden Charakter für die Netzwerkforschung und führten auch zu einem Umdenken in mathematiknahen Forschungsgebieten, da Visualisierungen lange Zeit als unwissenschaftlich galten. Komplexitätstheoretische Gegenstände konnten so von veranschaulichenden Hilfsmitteln profitieren, da bereits Netzwerke mit nur wenigen Knotenpunkten und Kanten einen Komplexitätsgrad erlangen können, der nur noch durch visuelle Veranschaulichung erfasst werden kann (Stegbauer & Häußling 2010 c, S. 526).

Die aktuelle Netzwerkwerkforschung begreift Netzwerke[5] als flexible, heterogene und dynamische Gebilde die über spezifische Struktureigenschaften verfügen. Ein Netzwerk ist hier als ein offenes System miteinander verbundener Elemente (›Knoten‹) zu verstehen, das in der Lage ist, jederzeit neue Elemente bzw. Knoten über neue Verbindungen (›Kanten‹) zu integrieren (vgl. Schnegg 2010; Stegbauer 2010).

Typisch für die Netzwerkstruktur ist hierbei vor allem die Eigenschaft der Knoten, über verschiedene Kanten Verbindungen zu mehreren Knoten einzugehen. Kanten können als abstraktere Beziehungen zwischen Elementen definiert werden, wie dies z.B. bei Netzwerken miteinander arbeitenden Wissenschaftlern der Fall ist (Frank-Job/Mehler/Sutter 2013, S. 8). Die Formalisierung komplexer Zusammenhänge in der vergleichsweise einfachen Grundstruktur von Knoten und Kanten kann hier als zentrale Stärke der Netzwerkanalyse angesehen werden (Albrecht 2013, S. 26).

Weyer (1997) schlägt als ›Arbeitsdefinition‹ sozialer Netzwerke vor, diese als eine relativ dauerhafte, informelle, personengebundene, vertrauensvolle, reziproke, exklusive Interaktionsbeziehung von heterogenen, autonomen, strategiefähigen, aber dennoch interdependenten Akteure zu verstehen, die zudem freiwillig kooperieren (Weyer 1997, S. 64). Soziale Netzwerke stehen dabei jenseits von Markt und Hierarchie. »Soziale Netzwerke entstehen in einem Prozess der Selbstorganisation, der von intentionalen Handlungen getragen wird und dennoch eine emergente Struktur hervorbringt, die ihre eigenen, d.h. von den Akteursintentionen unabhängigen Charakteristika[6], besitzt« (Weyer 1997, S. 98).

Mit Kommunikation wurde eine neue Netzwerkebene eingeführt, in der interpersonelle Beziehungen sowie sprachliche Strukturen bedeutsam bleiben (vgl. Krotz & Hepp 2012). In Beispielen, die als ›soziale Netzwerke‹ bezeichnet werden, stellen Kommunikationsprozesse (und damit in der Regel

---

5 Hier wird eine Abgrenzung zwischen den Begrifflichkeiten der sozialen Netzwerke und sozialer Netzwerkseiten (SNS) vorgenommen (vgl. Kapitel 2.4.2; 2.4.3). Soziale Netzwerke bezeichnen Beziehungen zwischen sozialen Einheiten, die aufgrund verschiedener Vernetzungsmöglichkeiten soziale Strukturen ausgebildet haben. Soziale Einheiten können individuelle Akteure, wie Personen, Organisationen, aber auch Länder sein. Relationen können von Informationsaustausch bis hin zu Familienbeziehungen reichen. Soziale Netzwerkseiten hingegen beschreiben spezifische Internetdienste, die Akteuren ermöglichen, sich im Rahmen des Web 2.0 untereinander zu vernetzen und zu kommunizieren (Gamper 2012, S. 111).

6 Hier lassen sich daher auch Invisible-Hand-Entwicklungen verorten.

verbale Interaktionen) konkrete Verbindungen zwischen den Knoten dar (Albrecht 2013, S. 30), und abstraktere Beziehungen zwischen Elementen werden oft als Kante operationalisiert (vgl. Malsch et al. 2007). Es kann eine gewisse Varianz darin bestehen, ob Kommunikation selbst als Indikator bzw. Konstituens für eine Beziehung herangezogen wird, oder ob die Beziehung als mehr oder weniger unabhängig von der Kommunikation bestehend angesehen wird (z.B. bei formalen Strukturen in Organisationen; Albrecht 2013, S. 27).

Hier begründeten sich allerdings auch verschiedene Möglichkeiten, Kommunikation als soziale Vernetzung zu begreifen (siehe Kapitel 2.4). Albrecht (2013, S. 30) plädiert dafür, Kommunikation selbst als soziales Netzwerk zu verstehen, welches als intermediäres Netzwerk zwischen interpersonellen Beziehungen und symbolischen Strukturen von Sprache angesiedelt ist. Das Soziale ergibt sich demnach nicht nur in den Handlungen und Beziehungen zwischen den Akteuren, sondern umfasst auch symbolische Repräsentationen der Umwelt. Die Einnahme einer relationalen Perspektive beinhaltet hier auch Kommunikation in den Vordergrund zu stellen und als eigenständige Ebene zu betrachten (ebd.).

Der Fokus auf Kommunikation in Netzwerken erhielt insbesondere durch die Arbeiten von Castells (2001) zum Informationszeitalter neue Bedeutungszusammenhänge für die empirische Netzwerkforschung (siehe Kapitel 2.4.2).

Die Auseinandersetzung mit Kommunikationsnetzwerken legt den Fokus auf dynamische Netzwerke und kann somit statische Bias der Sozialen Netzwerkanalyse überwinden, die vielfach in der Literatur kritisiert werden (vgl. Jansen 1999; Dehmer 2008; Stegbauer 2010). Eine Erweiterung der Sozialen Netzwerkanalyse auf Kommunikationsnetzwerke erfordert neben Anpassungen am Modell auch Auseinandersetzungen mit methodischen und theoretischen Herausforderungen (Albrecht 2013, S. 36).

Das Selbstverständnis der Netzwerkforschung verfügt daher über Parallelen zur Beschreibung ihres Gegenstands und zeichnet sich durch Heterogenität und Dynamik aus. Dies ist auch dem Umstand geschuldet, dass verschiedenste Theoriebestrebungen in diesem Bereich oft nicht umfassend konzipiert sind und eher als ›Theorien mittlerer Reichweite‹ oder Theoreme, die in engem Zusammenhang mit empirisch-methodischen Fragestellungen stehen, einzuordnen sind (Stegbauer & Häußling 2010 b, S. 57). Zudem verweisen verschiedene Betrachtungsfokusse von Netzwerken ihrerseits aufeinander. Positionen können insoweit nicht unabhängig von Relationen bestehen – und umgekehrt. Schließlich entscheidet auch die Perspektive maßgeblich über den Argumentationsverlauf (Stegbauer & Häußling 2010 b, S. 57).

Eine der bedeutendsten Perspektiven für die Netzwerkforschung lieferte die Begründung der Akteur-Netzwerk-Theorie, die im Folgenden erläutert werden soll.

5.1.1 Die Akteur-Netzwerk-Theorie (ANT)

Die Akteur-Netzwerk-Theorie ist ein Konzept zur Erklärung wissenschaftlicher und technischer Innovationen, das seit Mitte der 80er Jahre von den französischen Soziologen Michel Callon und Bruno Latour entwickelt und ausgearbeitet worden ist (Schulz-Schaeffer 2000, S. 187). Die ANT zielt darauf ab, die Unterscheidung zwischen Gesellschaft und Natur bzw. zwischen Gesellschaft und Technik durch den Netzwerkbegriff aufzubrechen (Latour 2008, S. 1f.) und ist insbesondere im Kontext des Web 2.0 und seiner Komplexität als relevant anzusehen.

»The significant differences between ANT and the other theories is the active participation of technological artifacts, or non-humans in social organizations (...). Our significant non-human others in the communicative constitution of organizations are information and communication technologies« (Belliger & Krieger 2016, S. 8). Soziale, technische und natürliche Entitäten werden hier nicht als Explanans, sondern als Explananda behandelt.

Gesellschaftliche Entwicklungen in Wissenschaft und Technik sind nach diesem Ansatz als Resultat von Verknüpfungen heterogener Netzwerkkomponenten zu verstehen (Schulz-Schaeffer 2000, S. 187f.):

> »(...) [I]nteractions do not take place in the here and now, but in a network that extends almost indefinitely in all spatial and temporal directions. Without these extension, that is, without the associations and the network that they make up, the interaction could not take place at all.« (Belliger & Krieger 2016, S. 74)

Das Soziale resultiert somit aus Assoziationen, die sich zwischen heterogenen Entitäten entfalten können:

> »[T]he question of the social emerges when the ties in which one is entangled begin to unravel; the social is further detected through the surprising movements from one association to the next; those movements can either be suspended or resumed; when they are prematurely suspended, the social as normally construed is bound together with already accepted participants called ›social actors‹ who are members of a ›society‹; when the movement

toward collection is resumed, it traces the social as associations through many non-social entities which might become participants later; (...), this tracking may end up in a shared definition of a common world, what I have called a collective (...).«(Latour 2008, S. 247)

Das hier von Latour implizierte Symmetrieprinzip lässt auch Rückschlüsse auf eigendynamische Prozesse des Netzwerkens zu und postuliert keine falschen Annahmen zwischen menschlichem intentionalem Handeln und einer materiellen Welt kausaler Beziehungen zu erstellen (vgl. Latour 2008). Annahmen zu intentionalen Handlungen und kausalen Mechanismen sind in diesem Sinne zu überdenken (siehe Kapitel 4.3).

Prozesse des Netzwerkens beruhen sowohl auf der Einrichtung oder Veränderung von Beziehungen zwischen den Komponenten des entstehenden Netzwerks als auch der Konstruktion oder Veränderung der Komponenten selbst. Gegenstand und Resultat der wechselseitigen Relationierung im Netzwerk umfassen somit alle Eigenschaften und Verhaltensweisen der beteiligten belebten oder unbelebten Natur und sollten als (potenzielle) Handlungssubjekte solcher Prozesse betrachtet werden (Schulz-Schaeffer 2000, S. 187f.).

Akteure bzw. Beteiligte des Handlungsverlaufs[7] können hierbei menschlicher oder nicht-menschlicher Natur sein. Dies wird als *technische Mediation* bezeichnet und begründet eines der Kernargumente Bruno Latours (siehe Kapitel 4.3.7). »In this way, fleeting social encounters take on the durability and stability of things. Paradoxically, it is the non-human that makes us human. This means that networking is neither agency nor structure« (Belliger & Krieger 2016, S. 17).

Netzwerken sollte hier daher als Interaktion menschlicher und nicht-menschlicher Akteure verstanden werden. Dies spielt auch im Zusammenhang mit dem Web 2.0 eine Rolle, welches unter Gesichtspunkten der ANT und somit als Akteursfeld im Netzwerkgeflecht der heutigen Gesellschaft zu verstehen ist, und mithandelnde Akteure stellt[8].

Für Organisationen[9] bedeutet dies in Zeiten der Krisenkommunikation, dass soziale, technische und natürliche Entitäten Beziehungen zwischen den

---

7 Latour (2008) bezeichnet diese auch als ›Aktanten‹.

8 Hier können sich auch sog. *Social Bots* und andere Entwicklungen künstlicher Intelligenz (KI) verorten lassen.

9 An dieser Stelle soll keine Differenzierung für Organisationstypen erfolgen, sondern Organisationen im allgemeinen Kontext verstanden werden.

Netzwerkkomponenten konstituieren und zu Veränderungen der Komponenten selbst bzw. Eigendynamiken beitragen können: »Following actor-network theory, we will portray organizations as processes of organizing in which heterogeneous actors, both human and non-human, are constantly negotiating and re-negotiating programs of action[10]« (Belliger & Krieger 2016, S. 14). Auch ist die Unterscheidung zwischen individuellen und sozialen Aktionen künstlich geschaffen, da lokale Geschehnisse auch immer in einer globalen Situation und Relation bestehen (siehe Kapitel 2.4.1).

Die ANT ist als sozialkonstruktivistischer Ansatz allerdings auch mit kritischen Überlegungen verbunden (Latour 2008, S. 251f.). Begriffliche Neuschöpfungen und paradoxe Formulierungen können Erklärungsansprüche der Theorie überschatten (Schulz-Schaeffer 2000, S. 202). Auch lässt sich vermuten, dass die Rolle von Technologien in einem gesellschaftlichen Kontext besteht und daher verschiedene Bedeutungen besitzen kann. Die Eigendynamik, die komplexe technische Systeme erlangen können, wird zudem nicht näher beleuchtet. Systeme unterscheiden sich in ihrer Komplexität und werden dennoch im Rahmen der ANT Menschen gleichgesetzt. Technik ist hierbei als Produkt der Gesellschaft zu verstehen und es kann laut Fuchs und Hofkirchner (2003, S. 236) per se keine ›Gleichheit‹ zwischen Menschen und Technik geben[11], da Technik menschengemacht ist. Auch liefert die ANT eher a priori Erklärungsversuche, aber keine Prognosen. Anknüpfungs- und Erweiterungsbestrebungen der ANT lassen sich u.a. auch von Bruno Latour selbst finden (vgl. Latour 2012). Mit seinem Werk zu sog.

10 Hier sehen Belliger und Krieger (2016, S. 20) auch einen Zusammenhang mit Weicks ›Sensemaking‹ »(…) [The] concept of sensemaking is best understood as networking, provided that sensemaking includes Goffman's dramaturgical staging of social interaction as well as a theory of narrative informed by non-Cartesian cognitive science. Networking, sensemaking, staging, and narrative all refer to the same process by which organizations are constructed, maintained, deconstructed, and transformed«.

11 Die Vermenschlichung von Technik wird von Fuchs und Hofkirchner (2003, S. 236) als »anthropomorphischer Fehlschluss« der ANT bezeichnet. Technik könne eher als Subsystem der Gesellschaft betrachtet werden, das von Menschen geschaffen und auch verändert wird. Gesellschaft ist so Technik immer vorgelagert. »Es gibt keine Gleichwertigkeit von Mensch und Technik, Technik kann keine Interessen haben, kann nicht handeln, keine Macht ausüben, (…)« (ebd.). Allerdings lassen neueste Entwicklungen im Bereich der KI (künstliche Intelligenz) diese Aussage auch kritisch sehen und verlangt nach weiteren Überlegungen.

Existenzweisen (original: Enquête sur les modes d'existence: Une anthropologie des Modernes), postuliert er vielmehr die ANT pluralistisch zu erweitern und die Werte und Normen jeweiliger Existenzmodi in einem reziproken Verhältnis zu betrachten[12]. Latour verweist hier auf die Grenzen der ANT, da die Fokussierung auf Vernetzungsprozesse auch dazu führen kann, dass Differenzen eingeebnet werden. Die Netzwerkperspektive kann zwar transversale Prozessketten freilegen, aber sie ist nicht fähig verschiedene Formen und Techniken von Assoziierungsprozessen zu differenzieren. »Dadurch geht die zugrundeliegende Logik bzw. Richtung der Verbindungen verloren, also der Operationsmodus, in dem sich die Netzwerke ausbreiten und erweitern« (Laux 2016, S. 16).

Dennoch verfügt die ANT über bedeutsame Erklärungsansätze und erweist sich im Bezug auf (organisationale) Krisenkommunikation im Kontext des Web 2.0 als nützlich:

> »The activity of organizing depends on the forms of communication that society offers. In the case of the global network society so-called ›new media‹ have become our most significant non-human other and decisive form of communication and therefore condition how networking and organizing is done.« (Belliger & Krieger 2016, S. 7)

Durch die ANT lassen sich auch nicht-menschliche Akeure in Netzwerken betrachten, die dabei helfen können, nachhaltige (Krisen-)Kommunikaton zu verstehen und zu untersuchen. So ist die Netzwerkkategorie trotz ihrer vermeintlichen Indifferenz gegenüber besonderer Werteverfelchtungen der (zweiten) Moderne keineswegs überflüssig geworden (Laux 2016, S. 16). Vielmehr ist es durch die ANT auch möglich geworden den Blick auf Assoziationskettenzu lenken: »If there is no way to inspect and decompose the

12 Die soziologische Betrachtung von Existenzweisen stellt für Latour keinen Bruch in seinem Werk dar, sondern ist vielmehr als eine empirisch motivierte Hinwendung zu Differenzierungsprozessen zu verstehen. Angestrebt wird hier somit eine »kohärente Bündelung und problemzentrierte Weiterentwicklung früherer Studien auf dem Weg zu einer allgemeinen Soziologie der Existenzweisen« (Laux 2016, S. 15). Es geht dabei auch um Werte, die sich kristallisieren, aber in den institutionellen Domänen der Moderne nicht adäquat verankert sind. Sie werden oft mit anderen Existenzweisen verwechselt oder durch »dualisierende Unterscheidungen wie Welt und Wort, Subjekt und Objekt, Körper und Geist, Immanenz und Transzendenz oder Natur und Kultur unsichtbar gemacht« (Laux 2016, S. 16).

contents of social forces, if they remain unexplained or overpowering, then there is not much that can be done« (Latour 2008, S. 251f.).

5.1.2 ›Neue‹ Medien und das Web 2.0 als kommunikative Vernetzung

Kommunikation im Kontext des Web 2.0 ist zunächst als Vernetzung von heterogenen Akteuren, zu verstehen, die unterschiedlicher Natur sein können und im Rahmen von Beziehungsdimensionen bzw. Geflechten handeln.

In der modernen und ausdifferenzierten Gesellschaft sind soziale Netzwerke ein allgemeiner Gegenstand der Soziologie. »Der Gegenstand zerfällt jedoch in vielfältige, heterogene Phänomene sozialer Netzwerke. Man mag von einer Netzwerkgesellschaft sprechen, wenn man damit ebenso wie bei der Medien-, Informations- oder Risikogesellschaft nichts weiter als eine Analyseperspektive bezeichnet« (Passoth/Sutter/Wehner 2013, S. 139). Castells (2001) spricht hier vielmehr von einer Netzwerkgesellschaft mit Blick auf fest etablierte Massenmedien und vernetzte Kommunikationsmedien.

Vernetze Kommunikationsmedien werden in der Medienforschung als ›neue Medien‹ von den älteren Massenmedien unterschieden. Dies signalisiert eine gewisse Unsicherheit dahingehend, worin das ›Neue‹ der neuen Medien bestehen soll. Merkmale der älteren Massenmedien sind insoweit viel klarer zu bestimmen (Passoth/Sutter/Wehner 2013, S. 146). Die einseitige Form der Massenkommunikation wird durch die Etablierung vernetzter Kommunikationsmedien im Web 2.0 abgelöst (siehe Kapitel 2.4). Im Gegensatz zu Massenmedien ermöglichen die als vernetzend geltenden Kommunikationsmedien Kontakte zwischen vielen Sendern und Empfängern. »Mit dem schieren Umstand der Vernetzung vieler Adressaten, die zugleich senden und empfangen können, ist allerdings noch nicht allzu viel gesagt. Denn die Qualität der Vernetzung bleibt damit unbestimmt« (ebd.).

Zunehmend befassen sich daher viele Netzwerkforscher mit der Analyse onlinebasierter Kommunikationsprozesse (vgl. Stegbauer 2018). Der Untersuchungsgegenstand der computervermittelten Kommunikation kann mit vergleichsweise großen Dimensionen verfügbarer Daten dynamische Netzwerke modellieren, die dem Prozesscharakter von Kommunikation besser gerecht werden. Hier können auch indirekte Formen des Austauschs zwischen Akteuren (z.B. gemeinsame Orientierung an Dritten) sowie inhaltliche Dimension von Kommunikation beleuchtet werden (Albrecht 2013, S. 28).

Sichtbar werden methodische Herausforderungen etwa bei der Analyse von Onlinediskursen. Manifeste und latente Anschlüsse von Kommunikation lassen sich hier nur durch interpretative Verfahren (z.B. Inhaltsanalyse) erschließen. »Es geht dabei um die Frage, wie von den sichtbaren Mitteilungszeichen, also zum Beispiel den Beiträgen in einem Onlineforum, auf die ihnen zugrundeliegenden Rezeptions- und Inzeptionsereignisse geschlossen werden kann, die zwei Mitteilungen als Anschlusskommunikation erscheinen lassen« (Albrecht 2013, S. 28).

Eine weitere Herausforderung im Bereich der Onlinekommunikation stellt die sog. *Transsequenzialität* der Kommunikation dar. Bedeutungsvolle Zusammenhänge ergeben sich nicht allein aus der Stellung einer einzigen Äußerung innerhalb einer zusammenhängenden Sequenz, sondern durch ihre Stellung in einem übergreifenden Prozess[13], in dem der Äußerung oder der zugehörigen Sequenz eine bestimmte Rolle zukommt (Scheffer 2008, S. 394f.). Die Trennung von einzelnen Kommunikationssequenzen und übergreifenden Aussagesystemen, bzw. zwischen Interaktion und Distanzkommunikation, wird hierbei aufgehoben (Albrecht 2013, S. 37f.).

Bei der Analyse von Onlinediskursen ist u.a. darauf zu achten, ob Strukturelemente wie etwa sprachliche Bilder, nicht nur in einem bestimmten Forum benutzt werden, sondern auch in anderen Arenen des Diskurses vorkommen, sodass sich zwischen scheinbar getrennten Kommunikationssequenzen durch die Verwendung strukturell ähnlicher sprachlicher Mittel dennoch Vernetzungen ergeben (ebd.). Dies hat auch Implikationen für die organisationale Krisenkommunikation, da sprachliche Vernetzungen aufschlussreiche Muster bilden können.

Zusammenfassend lässt sich festhalten, dass Kommunikationsprozesse, insbesondere im Rahmen des Web 2.0, als hochdynamische und komplexe Vernetzungsprozesse angesehen werden sollten und der Einbezug sozialer und symbolischer Ebenen erkenntnisreich sein kann.

---

13 Die Idee der Kombination von Ereignis und Prozess ist nicht neu (siehe Kapitel 4.3). Das Begriffspaar findet in der historischen Soziologie oder in der Kulturanthropologie eine Verwendung. »Ereignis und Prozess werden aufeinander bezogen, um gegenwärtige Zustände herzuleiten. Gefragt wird nach dem Einfluss von Einzelereignissen auf die Ermöglichung auf den Lauf der Geschichte oder nach der Ermöglichung von Ereignissen durch vorgelagerte Prozesse« (Scheffer 2008, S. 371).

5.1.3 Kulturelle Aspekte in Netzwerken

Soziale und symbolische Ebenen bzw. Beziehungsstrukturen sollten als zentraler Bestandteil von Netzwerkanalysen gelten. Primär werden in diesem Rahmen Formen von Beziehungen als Kommunikations- und Handlungsresultate analysiert. Bedingt können hierbei auch kulturelle Aspekte (siehe Kapitel 2.4.2) berücksichtigt werden, da Kommunikation und soziales Handeln – als Typen unterschiedlicher Verbindungen oder Konnektivitäten – existieren (Mische 2003, S. 6f.).

Die Netzwerkforschung verfügt allerdings über einen grundlegend anderen Zugriff als kulturanalytische Perspektiven, die meist qualitativ-interpretativ versuchen, Bedeutungsproduktion durch Alltagspraktiken zu erfassen (Emirbayer & Goodwin 1994, S. 1446). Beispielsweise bildet Kultur in der klassischen Netzwerkforschung eher ein strukturelles Netzwerkcharaketristikum (vgl. Spörrle/Strobel/Stadler 2009).

Annäherungen von Netzwerk- und Kulturanalysen lassen sich seit den 1990er Jahren finden. Einerseits lässt sich eine Erweiterung der Netzwerkanalyse im Sinne kultureller Kontextualisierung[14] (vgl. Hepp 2008) von Netzwerken finden. Andererseits finden durch technologische Entwicklungen und Kontexte (z.B. Web 2.0) zunehmend Analysen von ›Netzkulturen‹ statt (Hepp 2010, S. 227).

White (1992) führte Kultur erstmals als ›network domain‹ bzw. Bedeutungskomponente sozialer Netzwerke ein. Auch in Arbeiten von Ann Mische (1998; 2003), lassen sich Argumente finden, dass sowohl Netzwerke als auch Kultur als grundlegende Analysekategorien zu verstehen sind. Hier lässt sich eine Brücke zwischen formalen Netzwerkanalysen bzw. eher interpretativen Ansätzen und der Kommunikationsforschung schlagen.

Castells (2001, S. 375) charakterisierte die Kultur der Netzwerkgesellschaft als »Kultur der realen Virtualität«. Kultur sei kommunikativ vermittelt (siehe Kapitel 2.3.2) und ein Kulturwandel in dem Moment, in dem sich Kom-

---

14 Die Auseinandersetzung mit Kultur in Netzwerken findet sich bereits in frühen Arbeiten von Naomi Rosenthal et al. (1985) sowie Harrison, Boorman und Breiger (1976), die als charakteristisch für den Ansatz des sog. *strukturalistischen Determinismus* gelten. In diesen Studien wurde die Analyse von sozialen Netzwerken auf Beziehungsstrukturen von Personen oder Organisationen ausgerichtet, und soziales Bewusstsein und Kultur anhand dessen erläutert (Hepp 2010, S. 228).

munikationsformen mit der Etablierung der digitalen Medien verändern, als Ausdruck der Transformation von Kultur zu begreifen (ebd.).

Bei den meisten Ansätzen bleiben hierbei allerdings die konkrete Art und Weise der Berücksichtigung von Kultur eher unklar (Hepp 2010, S. 229).

Stegbauer (2010 a; 2018) postuliert an dieser Stelle, Fragen der klassischen Netzwerkforschung methodisch zu erweitern und etwa auch Experimente und Beobachtungen für die Netzwerkanalyse zuzulassen. Hierfür bieten sich u.a. auch nichtreaktive Datenbestände z.B. aus dem Internet an. Hierin besteht auch ein wesentlicher Unterschied zur ANT, da bspw. Stegbauer im Sinne der relationalen Soziologie Netzwerke auch aus prozessualer und pluralistischer Perspektive betrachtet.

Um Übertragungsmechanismen von kulturellen Aspekten in Netzwerken zu untersuchen und ›produktive‹ bzw. ›unproduktive‹ Situationen für Kulturentwicklung zu identifizieren untersuchte Stegbauer (2018) beispielhaft die Verbreitung und Entstehung von Kulturen in Netzwerken, konkret im Kontext des Web 2.0, am Phänomen des Shitstorms. Anhand des Phänomens des Shitstorms lassen sich die Entstehung und das Aufeinandertreffen gegensätzlicher digitaler Kulturen im Internet exemplarisch untersuchen, da Social-Networking-Plattformen kollektives Verhalten abbilden und die erweiterten Möglichkeiten der Informationsbeschaffung den Aktivitätsradius vergrößern. Hier entwickeln sich online auch koordinierende und regelsetzende Einheiten (z.B. Nutzungsbedingungen und Gruppenrichtlinien) und somit neue Möglichkeiten der sozialen Kontrolle (Dolata & Schrape 2018, S. 19).

Hierbei kann es aber nicht die ›eine‹ Kultur geben (siehe Kapitel 2.3.2). Auch wenn sich im Internet Merkmale eines ›Common Sense‹ finden lassen, werden auch Meinungsdifferenzen im Web 2.0 hervorgehoben. Durch das Internet können diese Differenzen zudem vergrößert und transparent gemacht werden. »In bestimmten Situationen prallen die Unterschiede aufeinander. Dann lassen sich Anhänger und weitere Kreise leicht mobilisieren, womit ein Shitstorm beginnen kann« (Stegbauer 2018, S. 4).

Die Entwicklung von Sichtweisen und Meinungen bezüglich umstrittener Themen erfolgt anhand sozialer Regeln. Personen, die (online) miteinander in Kontakt treten und interagieren, bewirken kulturelle Auswirkungen. Wer mit wem zusammentrift kann zufällig sein, ist aber von Bedeutung für die Kulturentwicklung.

Das Zusammentreffen von Personen ist dabei abhängig von Netzwerkelementen, wie (a) der Strukturation (wer ist wann wo? Z. B. in Bezug auf den Beruf, den Lebenszyklus, das Alter usw.), (b) den bestehenden Beziehungen (wen lernt man durch wen kennen?) und (c) der Stabilisierung von Beziehungen über bestehende Beziehungsstrukturen (vgl. Stegbauer 2016).

»Das, was in Situationen ausgehandelt wird, kann man zunächst als Mikrokultur bezeichnen« (Stegbauer 2016, S. 210). Vieles dieser Aushandlungsprozesse verbleibt in der spezifisch geprägten Situationskette. Manches besitzt allerdings die Chance sich über diese Beziehungskonstellation hinaus zu verbreiten (ebd.).

Allerdings kann auch im Web 2.0 nicht jeder mit jedem in Kontakt treten, und es entstehen kulturelle Unterschiede. Gemeinsamkeiten werden durch ›neue‹ Medien zunehmend auch geringer. Dies gilt vor allem für das Web 2.0, in dem sich das Auseinanderdrängen eines Konsenses[15] verschärft. Insbesondere soziale Netzwerkseiten, in denen bestimmte Gruppen praktisch nur noch untereinander kommunizieren bzw. ›unter sich bleiben‹, verstärken diesen Effekt. Es können ›Informationsblasen‹ entstehen bzw. Bereiche mit einer mangelnden Diversität herausgebildet werden, die Ideen und Ideologien[16] entwickeln, die nicht mehr viel mit einem Konsens für alle in der Gesellschaft zu tun haben (Stegbauer 2018, S. 5). Vielfältige Kommunikationsmöglichkeiten des Web 2.0 ermöglichen so Interessensgemeinschaften eine vereinfachte Koordination und Kollaboration (Dolata & Schrape 2018, S. 22).

Diese ›Blaseneffekte‹ führen zu unterschiedlichen Wirklichkeitskonstruktionen. Unterschiedliche Gruppen interpretieren Meldungen und Symbole, so wie sie es untereinander erlernt und festgelegt haben. »Sie reagieren auch nicht gleichförmig darauf, sondern je nachdem, wie sehr Berichte in ihren

---

15 Die Einführung des Fernsehens nach dem zweiten Weltkrieg führte durch wenige Programme zu einem gewissen ›Common Sense‹, der durch einen ähnlichen Medienkonsum und anschließende Kommunikation begründet wurde. Die Einführung privater Sender führte zu einer Aufsplitterung des Publikums. Ähnliches galt auch für die Presse: »Wer von der Bildzeitung unterstützt wurde, konnte Wahlen gewinnen. Zwar gibt es auch im Internet Sammelpunkte und Möglichkeiten des Austausches – insbesondere in den sozialen Medien. Es findet sich aber kaum mehr etwas übergreifend Gemeinsames« (Stegbauer 2018, S. 4).

16 Ideologien sind immer dann notwendig, wenn es (noch) keine Routinen gibt. Unhinterfragte Teile einer Kultur werden so unsichtbar. Andere Facetten benötigen regelmäßige Begründungen, da sie in Glaubenssystemen wurzeln und so kollektiv geteilte Sicherheit geben sollen. Glaubenssysteme werden von Gruppen untereinander ausgehandelt. Einige können auch über die einzelnen Gruppen hinaus gültig sein. »Sie dienen der Begründung von Verhalten und damit sind sie Bestandteil der ausgehandelten Kulturen. Ideologien werden immer wieder angepasst und verändert. Dabei kommen sie zwangsläufig untereinander in Konflikte« (Stegbauer 2018, S. 5f.).

Bereichen skandalisiert werden und wie sehr sie dadurch aufgebracht werden« (Stegbauer 2018, S. 6). Wenn Hassmails versendet werden und sich Shitstorms formieren, wird das Zusammentreffen verschiedener Auffassungen und Meinungen ersichtlich. Diese sind u.a. in unterschiedlichen Weltsichten begründet – in Konflikten um Werte, Normen und Verhaltensweisen der anderen, die nicht mit den eigenen Ideologien vereinbar sind. Weitgehend gegeneinander abgeschlossene entwickelte Kulturen ›prallen‹ unter Umständen aufeinander. Je mehr hier der relativ abgeschotteten ›Meinungsmikrokulturblasen‹ existieren, umso eher bilden sich auch Widersprüche (ebd.). Eine einzige mikrokulturelle Blase reicht allerdings laut Stegbauer (2018, S. 6) nicht aus, um einen Shitstorm zu initiieren. Weitere Mobilisierungseffekte, z.B. in Form von aktiv werdenden Personen, die bisher zur schweigenden Masse gehörten, sind hierfür notwendig. Ein Thema muss somit auch für andere Beteiligte anschlussfähig[17] und ansprechend sein, um sich über eine ›Blase‹ hinaus über Kanäle zu verbreiten (Stegbauer 2018, S. 3ff.).

Voneinander abgegrenzte Bereiche sind somit Inkubatoren zur Entwicklung eigener Sub- oder Mikrokulturen. In einem größeren (aber auch weniger verbindlichen) Kontext läuft dies in sozialen Medien im Internet ab und es werden bestimmte Aspekte von Kultur entwickelt und weitergegeben[18] (Stegbauer 2018, S. 6).

Am Beispiel des Web 2.0 und seinen Phänomenen (z.B. Shitstorm) wird ersichtlich, dass ›Kultur‹ nicht einfach nur als Kontext von Netzwerkanalysen berücksichtigt werden sollte, sondern ihn vielmehr auch generiert. Konkrete Formen von Kultur sollten an dieser Stelle in den Fokus der Analyse einzelner

17 Hierin begründen sich auch Züge der nachhaltigen Kommunikation (siehe Kapitel 3.2).

18 Dies kann anhand von Gruppen verdeutlicht werden, die eine spezielle Weltsicht haben (bspw. extreme politische Aktivisten, medizinische Laien usw.) und sich durch die Vielfalt des Internets mit Gleichgesinnten zusammenfinden können. Ursprüngliche Ideen, durch die sich diese Akteure gefunden haben, können innerhalb der Kommunikation erweitert und oft zu Weltbildern und Glaubenssystemen geformt werden. Aber nicht Alles eignet sich hier für die Weiterentwicklung und bestimmte Verhaltensweisen sind teilweise (zu) fest verwurzelt. »Das gilt aber nicht für Neuigkeiten und die Art und Weise, wie diese zu interpretieren sind (...). Diese sind geradezu notwendig für kulturelle Umbrüche, denn die zu verändernden Praxen benötigen eine Begründung – im Gegensatz zu eingefleischten Gewohnheiten. Man kann sich allerdings auch Verhaltensweisen abschauen« (Stegbauer 2018, S. 6f.).

Netzwerke gerückt werden[19]. Für die Analyse sozialer Netzwerke ist eine kulturelle Kontextualisierung somit nützlich, da Kultur kommunikativ vermittelt wird und wiederum kommunikative Netzwerke konstituiert.

Für eine Netzkulturforschung, die Kultur als kontextgenerierend versteht, gilt es dementsprechend, ein Set an Methodiken zu etablieren, das sich gleichzeitig in eine Kommunikations- und Kulturanalyse integrieren lässt (Hepp 2010, S. 232).

5.2 Beziehungsgeflechte zwischen Netzwerkakteuren – theoretische Grundüberlegungen

> »We are all bound by social interactions; (…)« (Latour 2008, S. 159).

Die Untersuchung von Beziehungsdimensionen bildet einen festen Bestandteil der Netzwerkforschung. Die klassische Soziale Netzwerkanalyse erfasst das ›Soziale‹ stets als relationales Gefüge. Nicht der Einzelne mit seinen Eigenschaften wird zur Erklärung herangezogen, sondern das Gefüge wechselseitiger Beziehungen (vgl. Emirbayer 1997). Die Beziehungen können dabei unterschiedlicher Natur sein.

Die Netzwerkforschung unterscheidet diesbezüglich daher einige Beziehungstypen als Untersuchungsgegenstand: (1) individuelle Einschätzungen und Meinungen bspw. Freundschaft, (2) Verwandtschaftsbeziehungen, (3) formale Rollenbeziehungen bspw. solche, die sich durch eine Machtasymmetrie auszeichnen, (4) Interaktion bzw. Affiliation, die eine körperliche oder ideelle Präsenz zweier Akteure voraussetzen bspw. durch das Besuchen einer Veranstaltung, (5) Transaktionen oder Tausch von materiellen Ressourcen durch Verkauf, Verschenken oder Verleih bspw. Vertragsbeziehungen sowie (6) Transaktionen oder Tausch von nicht-materiellen Ressourcen durch Kommunikation und Informationsaustausch (Haas & Malang 2010, S. 91f.).

---

19 Auf struktureller Ebene lassen sich gegenwärtige Formen von Kultur als Netzwerke (bspw. Netzwerke von Szenen, sozialen Bewegungen, Diaspora oder Religionsgemeinschaften) beschreiben. Während eine Beschäftigung mit solchen Kulturformen eine lange Tradition in der Kulturforschung bzw. den Cultural Studies hat, bietet die standardisierte und nicht-standardisierte Netzwerkanalyse methodische Instrumente an, die bisher weniger Beachtung erhalten haben (Hepp 2010, S. 232).

Zur Analyse von Beziehungsmustern beschränkt sich die Soziale Netzwerkanalyse meist auf individuelle und kollektive Akteure (Albrecht 2013, S. 26). Handlungen und Eigenschaften ebendieser werden zum Explanandum und typischerweise durch Varianten des sogenannten *Netzwerkeffekts* erklärt, bzw. als Folge des Vorhandenseins oder der Abwesenheit von Beziehungen (ebd.).

Belliger und Krieger (2016, S. 7) bezeichnen in diesem Sinne den Prozess des Netzwerkens an sich als eine Form des ›Organisierens‹. So gehen Forschungen zum Sozialkapital[20] etwa davon aus, dass auch Akteure von Ressourcen profitieren können, wenn sie diese nicht selbst kontrollieren, aber Akteure, zu denen sie enge soziale Beziehungen pflegen, über diese verfügen (vgl. Nan/Cook/Burt 2001).

Im nächsten Schritt sollen Beziehungsformen zwischen Akteuren in einem Netzwerk genauer beleuchtet werden und ihr Beitrag zu einer nachhaltigen Kommunikation untersucht werden.

5.2.1 Netzwerke und Identitätskonstruktion

Wenn menschliche Akteure in Netzwerken Positionen einnehmen, stellt sich neben relationalen Sozialgefügen auch die Frage nach deren Identität sowie nach ihrer Handlungsfähigkeit (agency). Soziale Netzwerke gelten hier als ein bedeutender Faktor menschlicher Identitätsentwicklung und Prägung.

Walker, McBride und Vachon (1977) zählten bspw. die ›Aufrechterhaltung der sozialen Identität‹ zu den zentralen Funktionen eines Netzwerks. Auch in der Soziologie und der Sozialphilosophie entwickelte sich früh die Annahme, dass es unmöglich ist, sich in völliger ›Vereinzelung‹ zum Menschen zu entwickeln. »Vereinzeltes Menschsein wäre Sein auf animalischem Niveau, das der Mensch selbstverständlich mit anderen Lebewesen gemein hat. Sobald man spezifisch menschliche Phänomene untersucht, begibt man sich in den Bereich gesellschaftlichen Seins« (Berger & Luckman 1969, S. 54). Die Orientierung an anderen Menschen gehört nach vielen sozialanthropologischen An-

20 Sozialkapital ist ein Begriff, der stark von Pierre Bourdieu geprägt worden ist. Er unterscheidet zwischen kulturellem und sozialem Kapital. Insgesamt bezieht sich auch hier soziales Kapital auf die Macht und den Einfluss, die sich durch die Gruppenzugehörigkeit eines Individuums ergeben und durch Beziehungsarbeit aufrechterhalten werden kann (vgl. Bourdieu 1992). Soziales Kapital ist hierbei allerdings auch als ambig zu verstehen, da es immer einer individuellen und kollektiven Perspektive unterliegt (Castelfranchi/Falcone/Marzo 2006, S. 21).

sätzen zu den Grundkonstanten menschlichen Lebens. In der Netzwerkforschung werden komplexe Beziehungskonstellationen meist auf Dyaden runtergebrochen. Die Verbindung zwischen zwei Akteuren ist somit als kleinste Einheit der Netzwerkforschung zu verstehen (Stegbauer 2016, S. 11), die sich so mit Beziehungen und Strukturen befassen kann. Durch die dyadische Betrachtung können allerdings auch bedeutsame Einflüsse und Einbettung der Akteure vernachlässigt werden.

Georg Simmel (1908) ging vielmehr davon aus, dass Situation und Position bestimmter Netzwerkbeziehungen eine Rolle spielen. Mit der ›quantitativen Bestimmtheit der Gruppe‹ postulierte er, dass soziale Gruppen einen starken Einfluss auf das Individuum haben und die jeweilige Gruppenzugehörigkeit auch gleichzeitig Ausdruck einer Entscheidung des Individuums ist (Stegbauer 2016, S. 12). Diese Wechselwirkung bezeichnete er als sog. *soziale Kreise* und unterscheidet diesbezüglich zwischen organischen und rationalen Kreisen. Organische Kreise bezeichnen z.B. die Familie, oder die Nachbarschaft des jeweiligen Individuums. Rationale Kreise, z.B. militärische, ständische oder unternehmerische Organisationen, werden durch das Individuum geformt (Schnegg 2010, S. 21). Die Gruppenbildung erfolgt insoweit aufgrund bewusster Entscheidungen und erzeugt gesellschaftliche Kreise, die sich überlappen oder ausgrenzen können. Das ›Set‹ sozialer Kreise und die dort jeweils eingenommenen Positionen produzieren für Akteure somit eine spezifische Individualität (ebd.).

> »Jeder Mensch unterscheidet sich von jedem anderen dadurch, dass er nicht in genau denselben sozialen Kreisen verkehrt wie ein anderer. Der Einzelne steht also im Schnittpunkt sozialer Kreise und diese sorgen dafür, dass er dort mit unterschiedlichen Kulturen, sprich Interpretationen, Verhaltensweisen, [und] Deutungen von Symbolen in Kontakt kommt.« (Stegbauer 2016, S. 37)

George Herbert Mead (1934) ging vielmehr davon aus, dass sich jeder nur mit den Augen der anderen sehen kann und koppelte seine Identitätstheorie an die kommunikativen Rahmenbedingungen sozialer Beziehungen (siehe Kapitel 4.3.5). Ihm zufolge sind sämtliche Handlungen von Individuen Produkte von Interaktionen. Diese Perspektivenübernahmen[21] sind somit grundlegend für die Entstehung kooperativer Gesellschaften. Mead erklärt das Verhalten

---

21 Durch Perspektivenübernahmen können laut Berger und Luckmann (1977, S. 33) Individuen ihre Reaktion auf andere kontrollieren. Hier handelt es sich um eine selbstrefle-

eines Individuums durch den sozialen Kommunikationszusammenhang und nicht den sozialen Kommunikationszusammenhang aus individuellen Beiträgen (Schützeichel 2015, S. 50).

> »We are not, in social psychology, building up the behavior of the social group in terms of the behavior of the separate individuals composing it; rather, we are starting out with a given social whole of complex group activity, into which we analyze (as elements) the behavior of – each of the separate individuals composing it [...]. For social psychology, the whole (society) is prior to the part (the individual), not the part to the whole, and the part is explained in terms of the whole, not the whole in terms of the part or parts.« (Mead 1934, S. 7)

Auch Erving Goffmann begründete mit seinem symbolischen Interaktionismus (siehe Kapitel 2.2.2) u.a. identitätsbezogene Überlegungen im Wechselspiel von sozialer, personaler und Ich-Identität.

Eine besondere Rolle in der Erforschung der Identität nahm der Psychoanalytiker Erikson[22] ein und begründete die Idee, dass der Prozess der Entwicklung der Identität ein Leben lang anhält.

Die Identitätstheorie[23] löste sich somit von der Vorstellung eines Individuums, das zum Ende der Adoleszenz ein stabiles Selbstgefühl erreicht, das nur unter besonderen Krisen noch verändert wird, ab (Straus & Höfer 2010, S. 202).

Identität wird heute als diskontinuierlicher Prozess gesehen und (Identitäts-)Krisen gelten hier auch als konstitutiver Bestandteil. Identität umfasst daher auch spezifische Kontrollstrategien in komplexen Umgebungen, die von anderen erkannt und dadurch Teil der sozialen Situation werden. Sie strukturieren den Handlungsraum. Doch nur durch ständige Kontroll-

---

xive Perspektiveneinnahme, wie andere einen wahrnehmen und welche Handlungen erwartet werden.

22 In seinen theoretischen wie empirischen Studien beschrieb Erikson den Prozess der Identitätsgewinnung damals vor allem unter der Gefahr der sog. *Diffusion*. Diese tritt bspw. dann ein, wenn Jugendliche sich nicht trauen, sich den ihnen angebotenen sozialen Modellen anzunehmen und einen Platz im sozialen Leben zu finden (Straus & Höfer 2010, S. 203).

23 Theorien zur Identitätsbildung sind breit gefächert und deren Aufarbeitung umfangreich. Im Rahmen der Arbeit sollen daher nur relevante Aspekte für die Netzwerkarbeit beleuchtet werden.

anstrengungen können die Akteure ihre Identitäten auch bewahren (Beckert 2005, S. 306).

Identitätsentwicklung wird somit auch als Ergebnis eines ständigen ›Ringens‹ des Subjekts um eine lebensphasisch stimmige Variante seiner Identität verstanden (vgl. Wagner 1998). Kohärenz und Kontinuität bleiben bedeutsame Modi der Identitätsbildung, gewinnen aber eine weniger statische Bedeutung als dies noch in klassischen Identitätstheorien der Fall war. Damit kann auch die Vielfalt heutiger Lebensoptionen sowohl als Risiko, als auch als Herausforderung für Identität gesehen werden. »Eine kohärente Identität ist nicht eine, die Vielfalt reduziert, sondern die gelernt hat, mit Vielfalt umzugehen« (Straus & Höfer 2010, S. 202).

Im Umkehrschluss bedeutet dies, dass ein Individuum alltäglich Identitätsarbeit leistet. Die alltägliche Identitätsarbeit vollzieht sich dabei in einem sozialen Netzwerk. Wesentlich ist hierbei die Erkenntnis, dass Individuen in größere Kollektive eingebettet sind und auch hier die Grenzen der Zugehörigkeit verschwimmen können (Stegbauer 2011, S. 15). Auch die Kulturspezifik eines Akteursfeldes begründet sich aus konventionalisierten Rexiprozitätspraktiken, die sowohl individuell und als auch kollektiv erlernt sind (vgl. Kapitel 2.3.2). Kultur ist somit komplex, dynamisch und damit prägend für die Identität seiner Angehörigen, deren Verhalten und Denkweisen (Köppel 2007, S. 19ff.). Durch die Identitätsentwicklung im Kontext eines sozialen Netzwerkes sind somit auch kollektive Identitäten für die individuelle Identitätsentwicklung von Bedeutung. »(...) [A] person becomes a person through his/her relationship with recognition by others« (Mutwarasibo & Iken 2019, S. 19). Identitäre Konstruktionsleistungen und ihre Netzwerkeinbindung wurden u.a. anhand von Netzwerkkarten, wie sie bspw. in einer Untersuchung von Straus & Höfer (1977) genutzt wurden, veranschaulicht[24].

Individuelle Identitätsentwicklung wird damit als Prozess dargestellt, der stark von einer kollektiven Identität geprägt wird. Kollektive Identität bezeichnet hier einen interaktiven Prozess, in dem ein Individuum, eine Gruppe oder andere Kollektivbildungen die Bedeutung ihres Handels sowie die Art und Weise der Zugehörigkeit und die Grenzen ihrer Handlungen definieren (vgl. Melluci 1995).

Der Prozess der kollektiven Identität konstituiert sich damit aus einem Konstrukt, welches aus einem Netzwerk aktiver Beziehungen zwischen Ak-

24 Siehe Anhang 8.2.

teuren und aus einem gewissen Maß an emotionalen Investitionen resultiert (Straus & Höfer 2010, S. 207). Ideologien allein prägen allerdings nicht eine kollektive Identität, sondern vielmehr die Alltagspraxen ihrer Mitglieder (ebd.).

Kultur bzw. Alltagspraxen entstehen in Beziehungskonstellationen. Situative Aushandlungen werden somit auch durch formale Positionen beeinflusst. Identität ist daher von Beziehungen und ihre Strukturen geprägt (Stegbauer 2016, S. 1). Dies lässt sich gut an sozialen Netzwerkseiten im Web 2.0 veranschaulichen, bei denen etwa Gruppenzugehörigkeiten stark identitätsstiftend für die einzelnen Akteure wirken (vgl. Stegbauer 2018), im Laufe der Zeit kollektiv akzeptierte Regeln und Normen herausgebildet werden können und so auch eine kollektive Identität formen können (Dolata & Schrape 2018, S. 29). Die Möglichkeiten des Web 2.0 erleichtern dem Individuum seine Individualität zu wahren und gleichzeitig mit anderen vernetzt zu sein (Jäckel & Fröhlich 2012, S. 43).

Netzwerke sind somit sowohl identitätskonstituierend für den Einzelnen als auch selbst in einem kulturellen und identitären Kontext zu verstehen, zu dem auch Krisen und Veränderungen gehören.

5.2.2 Strong und Weak Ties (SWT)

Die Netzwerkforschung untersucht primär die Strukturen von Beziehungen und das Verhalten, was von ebendiesen Strukturen ausgeht. Diese Strukturen bzw. Beziehungskonstellationen begrenzen und ermöglichen Informationsflüsse, sowie die Entstehung von Kulturen, aber auch die Entwicklung von Individuellen und kollektiven Identitäten. Dies kann in verschiedenen Verhaltensweisen und Weltsichten resultieren (Stegbauer 2016, S. 1). Soziale Beziehungsstrukturen können somit niemals als ›abgeschlossen‹ betrachtet, sondern immer nur als Strukturen verstanden werden, die sich in beständiger Entwicklung befinden (Füllsack 2011, S. 290). Mark Granovetter (1974) veranschaulichte dies in seinem Werk »Getting a Job«, und untersuchte wie Ingenieure in Boston zu einer neuen Stelle kamen. Informationen über freie Arbeitsstellen flossen eher über entfernte Bekannte (Weak Ties) als tatsächliche enge Freunde (Strong Ties)[25].

---

25 Granovetter (1983, S. 208) argumentiert, dass hier *Weak Ties* für ein Individuum von größerer Signifikanz sein können, da diese neue ›Brücken‹ erstellen und Zugang zu Informationen und Ressourcen außerhalb ihrer eigenen sozialen Kreise ermöglichen

Granovetter erklärte dies dadurch, dass enge Freunde eher über ähnliche Informationen verfügten, wie das stellensuchende Individuum. Personen hingegen, mit denen eher schwache Beziehungen gepflegt werden, verfügen über Informationen, die außerhalb der Reichweite der eigentlichen Bezugsgruppe liegen. Bei dem Einbezug entfernter Bekannter in die Stellensuche fällt die Vielfalt der Informationen daher wesentlich größer aus und die Wahrscheinlichkeit eine freie Stelle zu finden steigt (Stegbauer 2010 a, S. 106f.).

> »It follows, then, that individuals with few weak ties will be deprived of information from distant parts of the social system (...). The macroscopic side of this communications argument is that social systems lacking in weak ties will be fragmented and incoherent. New ideas will spread slowly, scientific endeavors will be handicapped, and subgroups separated by race, ethnicity, geography, or other characteristics will have difficulty reaching a modus vivendi.« (Granovetter 1983, S. 202)

Durch die Medialisierung von Kontakten, z.B. im Rahmen des Web 2.0, verändern sich typische Kontaktflächen, wie bspw. der Wohnort oder der Arbeitsplatz. Auch Gruppenbeziehungen entwickeln sich in diesem Kontext – z.B. in sozialen Netzwerkseiten – häufig zu lockereren Beziehungen. Beziehungen werden zunehmend auch über die neuen Medien technisch gestützt und der Personenkreis für mögliche Beziehungen erweitert sich. Solche Beziehungen werden von Mesch und Talmud (2006) auch heterogener als ›alte‹ Freundschaftsbeziehungen eingeschätzt[26] (Stegbauer 2010 a, S. 105f.). Anzunehmen ist hierbei auch, dass nicht nur die Anzahl der Beziehungen von Akteuren steigt, sondern auch, dass der Typ der Freundschaftsbeziehungen einem Wandel unterliegt (ebd.).

Granovetters sog. *verbotene Triade* betitelt hier den Umstand, dass sich zwischen zwei einander nicht (oder nur kaum) bekannten Akteuren (z.B. A & B), die beide eine gemeinsame ›starke‹ Beziehungen (Freundschaft) zu einem dritten Akteur (z.B. C) pflegen, mit großer Wahrscheinlichkeit zumindest eine schwache Beziehung entwickeln wird (Füllsack 2011, S. 290). Dies führt

---

können. Dennoch verfügen *Strong Ties* meist über eine höhere Hilfsbereitschaft und sind leichter zugänglich. »It should follow, then, that the occupational groups making the greatest use of weak ties are those whose weak ties do connect to social circles different from one's own« (ebd.).

26 Die Übertragung der SWT Überlegungen im Zuge der Durchsetzung neuer interpersonaler Kommunikationsmedien auf die Freundschaftsentwicklungen ist allerdings schwach belegt (Stegbauer 2010 c, S. 105).

dazu, dass sich in sozialen Netzen unter bestimmten Umständen Cluster von ›abgeschlossenen‹ Gruppierungen bilden, in denen Informationen zwar intern zirkulieren, aber gegenüber externen Informationen unzugänglich bleiben können[27] (vgl. Stegbauer 2018).

Granovetters SWT Theorie lässt sich allerdings auch kritisch beleuchten. Zunächst ist die eindimensionale Beschreibung von Beziehungen nicht auf asymmetrische Beziehungen ausgelegt, die in der Realität durchaus existieren. Die Sozialforschung zeigt, dass die Messung von Beziehungen schwierig ist und dass dies oft auch auf nicht ›symmetrische‹ Beziehungen zutrifft bzw. die Kategorisierung in ›Freund‹ und ›Feind‹ zu kurz gegriffen ist und bedeutsame Beziehungsmerkmale unbeleuchtet lässt. »Zwischen Freunden, Liebespartnern etc. mag es oft oder für einen bestimmten Zeitabschnitt zutreffen, dass die Beziehung tatsächlich weitgehend reziprok, d.h. von beiden Seiten ähnlich, gedeutet wird, aber eine Vielzahl von Beziehungen sind asymmetrisch« (Stegbauer 2010 a, S. 109). Die Unterscheidung zwischen *Strong* und *Weak Ties*, impliziert zudem eine Reduktion von Beziehungen auf das Merkmal ›Stärke‹. Auch ist eine Dimension für die Analyse von Beziehungen beschränkt auf Informationsaustausch nicht hinreichend, wenn bspw. oberflächlichere Beziehungsformen mit starken Beziehungen verglichen werden. Auch ist das Konstrukt der ›Freundschaft‹ nicht unbedingt eindeutig und kann schnell als ›Restkategorie‹ genutzt werden »wenn man keine andere Rollenbeziehung anzugeben weiß, wie etwa einen Verwandtschaftsgrad, Nachbar, Arbeitskollege« (Stegbauer 2010 a, S. 109).

Beziehungen besitzen daher eine Typizität, die durch Distanz oder Stärke eher unzureichend beschrieben werden kann[28]. Dies macht Betrachtungen

---

27 Ein eingängiges Beispiel hierfür liefern politisch-extremistische Gruppierungen oder auch Terroristen-Netzwerke. Deren Verschlossenheit gegenüber netzwerkexternen Informationen entsteht durch die hohe Wahrscheinlichkeit, nur die ›Freunde eines Freundes‹ als Kommunikationspartner zu akzeptieren und die ›Feinde der Freunde‹ auch als eigene Feinde zu betrachten (Füllsack 2011, S. 290). Diese Wahrscheinlichkeit kann bspw. durch polizeiliche oder geheimdienstliche Aktivitäten verstärkt werden und dazu führen, dass sich ein Netzwerk mit der Zeit gegenüber relativierenden Einflüssen von außen verschließt. Politische Überzeugungen werden so weiter fortlaufend bekräftigt und relativierende Kritik bleibt verborgen. »Die internen Überzeugungen steigern sich bis zur Gewissheit. ›Verlernen‹ ist nicht mehr möglich, und Flexibilität, beziehungsweise Toleranz gegenüber Anders-Denkenden damit nicht mehr gegeben (ebd.).

28 Eine Lösung in der klassischen Soziologie ist die Betrachtung von sog. *Formen* bzw. der Mehrdimensionalität von Beziehungen. Georg Simmel (1911; 1917) strebte eine analy-

von Beziehungen zu einem komplexen Thema. Der Komplexität kann bspw. mit Ansätzen des strukturalistischen Konstruktivismus (z.B. White 1992) begegnet werden. Auf Freundschaftsnetzwerke übertragen bedeutet dies, dass sowohl Konventionen als auch die Reaktion auf ebendiese bestimmten Konstruktionsprinzipien unterliegen (siehe Kapitel 4.3).

Regeln hierfür können aus den konstruktivistischen Prinzipien für die Etablierung von Sicherheit schaffenden Strukturen abgeleitet werden, da etwa Inhalte und die Art des Umgangs zwischen Freunden erst im jeweiligen sozialen Zusammenhang entstehen (Stegbauer 2010 a, S. 117). Dennoch können Strukturen nicht für jeden sozialen Zusammenhang frei konstruiert bzw. ausgehandelt werden. Strukturell konservative Momente lassen sich etwa durch Erwartungs-Erwartungen finden. Nicht alle Beziehungsaspekte lassen sich aushandeln, da dies auch äußerst zeitintensiv sein kann. Vieles ist daher durch Konventionen, die eine Komplexitätsreduktion darstellen, weitgehend abgesichert (ebd.)

Auch unterliegen Beziehungen, z.B. Freundschaften, immer einer Beurteilung und gewissen Kontrolle von ›Außen‹, z.B. im Hinblick auf Konventionen etc. Zudem geht Stegbauer (2010 a, S. 117) davon aus, dass Beziehungen immer über Elemente der sog. *Transitivität* verfügen, da neue Beziehungen auch häufig über bereits bestehende Beziehungen etabliert werden und immer auch vom jeweiligen Beziehungsnetz abhängig sind. Die Transitivität der Kontakte bezeichnet hier die Tatsache, dass nicht nur auf direkte Kontakte und ihre Ressourcen zurückgegriffen werden kann, sondern auch auf die durch sie vermittelten Kontakte und deren Ressourcen. »Netzwerkbeziehungen eröffnen einen über direkte Bekannte hinausgehenden Raum der Kontaktier- und Ansprechbarkeit. Erst dies erlaubt es eigentlich, von Netzwerken zu sprechen – und nicht nur von Beziehungen« (Holzer 2010, S. 337).

Ein Beziehungsnetz ist hier auch strukturell ›präformiert‹, d.h. selbst wenn wenige ›inhaltliche‹ Beschränkungen vorliegen, lassen sich dennoch Begrenzungen der Anzahl von z.B. Freundschaften finden, die sich durch endliche zeitliche und kognitive Ressourcen ergeben (Stegbauer 2010 a,

---

tische Trennung von Form und Inhalt an, wobei die Analyse der Form der Soziologie oblag. Die Form ist hierbei unabhängig vom individuellen Streben, aber eine Beziehung zwischen Handlungszweck und Form zum Zeitpunkt der Entstehung der Form ist erkennbar. Dieser Handlungszweck steht laut Simmel am Anfang der Herausbildung der Form. Sobald ein Zweck in eine Form ›gegossen‹ wurde, beginnt die Form ein Eigenleben. Formen können nach ihrer Etablierung, oft weit über den ›Zweck‹ ihrer Entstehung hinaus lange Zeit stabil bleiben (Stegbauer 2010 c, S. 113).

S. 117). Die Neigung neue Freundschaften einzugehen sinkt daher, wenn bereits viele Freunde vorhanden sind, allerdings steigt mit der Zahl der Freundschaften auch gleichzeitig die Gelegenheit, über die Transitivität neue Beziehungen einzugehen (ebd.)[29].

Granovetters Erkenntnis ist als bedeutungsvoll anzusehen, da die Beziehungsqualität zwischen Akteuren Aufschlüsse über das Netzwerkverhalten geben kann. Dies kann insbesondere zu Krisenzeiten eine nützliche Erkenntnis darstellen. In Triaden führen *Strong Ties* aufgrund ihrer Transitivität zu Schließungsprozessen und zu einer Verdichtung in der Sozialstruktur. *Weak Ties* hingegen fungieren als Brückenbeziehungen für das engere Umfeld, womit sie durch Kontakte zu Außenstehenden die Anbindung an ein größeres Netzwerk ermöglichen (Scheidegger 2010, S. 145). Beispielsweise weist die Redundanz von Informationen innerhalb einer Gruppe auf eher enge Beziehungen hin. Informationen von außen kommen daher eine bedeutsame Rolle zu, und diese werden durch schwache Beziehungen in den engeren Beziehungskreis hineingeholt (Stegbauer 2010 a, S. 106).

Diese Überlegungen wurden von Ronald Burt (1992) weiterentwickelt und etablierten sich zu einer der Grundlagen der modernen Forschung zu sozialen Netzwerken.

5.2.3 Strukturelle Löcher und Sozialkapital

Laut Burt (1992) ist nicht nur die Stärke bzw. Schwäche einer Beziehung ein relevantes Kriterium, sondern auch ihre Positionierung in einem Netzwerk.

In seiner *strukturellen Handlungstheorie* versteht er die Gesellschaft als relationale und nach Positionen etablierte Sozialstruktur. Innerhalb dieser Struktur nehmen Akteure Positionen ein, die sich durch ihr Verhältnis zu den Positionen anderer Akteure definieren. Akteure können ihre eigene Position – z.B. durch symbolische Rollenspiele der Positionen anderer und ihrer eigenen Nutzenevaluation – erkennen (Beckert 2005, S. 295). Relevant ist hier nicht nur die Beziehungsqualität, sondern vielmehr werden Vorteile durch die Positionierung als Brücke über ein strukturelles Loch generiert (Scheidegger 2010, S. 145). Sog. *strukturelle Löcher* (engl. structural holes) sind als besondere

29 Wenn Beziehungen betrachtet werden, zeigt sich, dass Wandlungen sehr lange dauern und zudem eine Tendenz zu einem ›strukturellen Konservativismus‹ zeigen. Das sog. *Methusalem Prinzip* besagt bspw., dass je älter Verhaltensweisen im Zusammenleben sind, um so langfristiger und stabiler diese auch sind (Stegbauer 2010, S. 115).

Strukturmerkmale von Netzwerken zu verstehen, die ungleiche Handlungsmöglichkeiten und Ressourcen der Akteure darstellen (Beckert 2005, S. 297). Darin resultieren auch Effekte von Brückenbeziehungen auf die Einbettung in das Gesamtnetzwerk. »The assertions about bridging can also be cast in terms of transitivity – the tendency of one's friends‹ friends to be one's friends as well« (Granovetter 1983, S. 218).

Mit ›Brücken‹ werden hier Verbindungen bezeichnet, die den einzigen Weg zwischen zwei ansonsten nicht miteinander verbundenen Netzwerkclustern darstellen (ebd.).

Auch Burt (1992, S. 30) sieht in Brücken Verbindungsstücke, die als schwache Verbindungen die breite Diffusion von Informationen ermöglichen. Informationsvorteile können hierbei über alle Brücken diffundieren, schwache wie starke. »Benefits vary between redundant and non-redundant ties (…). Thus structural holes capture the condition directly responsible for the information benefits« (Burt 1992, S. 30).

Burt begreift das Konzept der strukturellen Löcher als akteursbezogen und empfiehlt Netzwerkakteuren, sich möglichst nahe an solchen strukturellen Löchern aufzuhalten, da diesen eine Gatekeeper-Funktion zukommt (Stegbauer & Häußling 2010, S. 57). Insoweit ist laut Burt nicht die Frage nach starken oder schwachen Beziehungen entscheidend, sondern die Identifikation von Lücken und Löchern im Netzwerk.

Die strukturelle Handlungstheorie vernachlässigt allerdings die Handlungsfreiheit von Netzwerkakteuren und lässt somit eher keine Erklärung von Veränderungen in Netzwerken zu. Handlungen der Akteure können nach Burt zwar die Sozialstruktur verändern, aber kausale Erklärungen für Handlungen als Verweis auf die Position des Akteurs in einem Relationen-Muster können so eher nicht etabliert werden (Beckert 2005, S. 297).

Dennoch können Einsichten in die Bedeutung von Netzwerkstrukturen zur Erklärung ungleicher Handlungsmöglichkeiten (aufgrund verschiedener Kontrolloptionen und unterschiedlichen Informationszugangs) der Akteure identifiziert werden (Beckert 2005, S. 301). Dahingehend stellt sich die Frage, *wie* Akteure ihre Netzwerke so gestalten können, dass sie daraus möglichst viele Ressourcen nutzen können.

Nutzbare Ressourcen sozialer Beziehungen können Informationen und Kontrollmöglichkeiten sein und stellen das Sozialkapital eines Akteurs dar. Brücken können hier Akteuren ermöglichen, trotz struktureller Löcher Informationen und Kontrolle über Handlungsoptionen anderer Akteure zu erlangen und sind eine bedeutsame Quelle von Sozialkapital. Die ungleiche Verteilung von Handlungsressourcen wird nicht nur durch die Stärke der Beziehung begründet, sondern durch die Unerreichbarkeit bestimmter Akteure füreinander bzw. deren Erreichbarkeit nur über eine bestimmte Verbindung (strukturelles Loch; Beckert 2005, S. 298). Soziale Netzwerkseiten können ihren Mitgliedern bspw. ermöglichen ›Weak Ties‹ zu nutzen und demzufolge hilfreiche Brücken zu erstellen, wenn es um die Verbreitung von Informationen geht (Jäckel & Fröhlich 2012, S. 43). Bolz (2010, S. 5) sieht eine zentrale Dynamik des Internets darin, Sozialkapital zu bilden.

Die Bedeutung von strukturellen Löchern in Netzwerken ist für die Krisenkommunikation nicht unerheblich, da nicht miteinander verbundene Netzwerkcluster – z.B. Gruppen auf sozialen Netzwerkseiten des Web 2.0 – durch Brücken einen Informationsaustausch und Beeinflussung von Handlungsmöglichkeiten herstellen können. Diese vorliegenden Vernetzungsgrade wurden von Milgram und Travers (1969) mit dem sog. *Small-World-Phänomen* beschrieben.

5.2.4 Das Small-World-Phänomen

Das Small-World-Problem geht auf ein Experiment von Stanley Milgram und Jeffrey Travers (1969) zurück, in dem diese sozialen Vernetzungen in der Gesellschaft durch persönliche Beziehungen untersuchen. »The simplest way of formulating the small-world problem is: Starting with any two people in the world, what is the probability that they will know each other?« (Travers & Milgram 1969, S. 425).

Milgram und Travers postulierten, dass jeder Mensch als sozialer Akteur auf der Welt mit jedem beliebigen anderen Menschen über eine relativ kurze Verkettung von Bekanntschaftsbeziehungen verbunden ist; »My, it's a small world« (ebd.). Für die USA schätzen sie im Jahr 1969, dass etwa sechs solcher Verbindungsschritte notwendig seien, um bspw. ein Paket an eine beliebige Person nur über direkte Beziehungen zu verschicken[30] (Stauffer 2010, S. 219). Prinzipiell ist dieses Paradigma auch auf andere Netzwerke übertragbar und

30 Einflussreiche, berühmte oder reiche Personen knüpfen hierbei leichter neue Bekanntschaften oder Freundschaften. Bereits das Matthäus-Evangelium betonte: »Wer hat, dem wir gegeben« (Stauffer 2010, S. 219). Die Nutzung prominenter oder einflussreicher Kontakte erhöht die Wahrscheinlichkeit, dass eigene Anliegen Beachtung finden (Holzer 2010, S. 335).

kam bspw. auch in der mathematisierten Netzwerkforschung zum Einsatz (Stauffer 2010, S. 219).

Das Small-World-Phänomen ist nicht unumstritten und hat in den letzten drei Jahrzehnten der deutschen Netzwerkforschung relativ wenig Beachtung gefunden (Haas & Mützel 2010, S. 54). Das Experiment konnte damals nur wenige erfolgreiche Verkettungen belegen. Auch konnte in weiteren Studien wesentliche Beeinflussungen und Restriktionen solcher Verkettungen belegt werden – Motivation, Geschlecht oder Herkunft spielten hierbei zum Beispiel eine bedeutende Rolle, wenn es etwa um Informationsweitergabe ging (vgl. Boyd & Marwick 2011; Kleinfeld 2002).

Es stellt sich hier also die Frage, unter welchen Bedingungen Kontakte von Kontakten in Netzwerken genutzt werden. Rationale Motive und legitime Anlässe für die Benutzung und auch Ausnutzung von Netzwerkkontakten begründen sich meist dort, wo Modernität in Frage gestellt wird. Wenn etwa Märkte und Rechtssicherheit nicht mehr oder nur rudimentär zur Verfügung stehen, liegen meist Rahmenbedingungen vor, unter denen Handlungsunfähigkeit nur über indirekte Netzwerkkontakte aufgelöst werden kann (Holzer 2010, S. 335).

Insbesondere für die Kommunikation im Web 2.0 gilt der Anreiz der Reputation und Einflussnahme bei Verkettungsprozessen. Hier spielen strukturelle Gegebenheiten sozialer Netzwerkseiten eine Rolle.

> »(…) [P]articipation in networked publics requires regularly contending with dynamics that aren't commonplace in everyday life (…). People must grapple with what it means to participate in a social situation where they have no way of fully understanding who is – and who is not – observing their performances.« (Boyd & Marwick 2011, S. 10)

Für das Small-World-Phänomen spielt im Kontext des Web 2.0 noch eine andere Gegebenheit eine zentrale Rolle – die zunehmende Verschmelzung der Unterscheidung zwischen dem, das als privat, und dem, das als öffentlich gilt. »While networked publics can serve the same social roles as other publics, the affordances of networked technologies present new challenges that inflect the social dynamics that play out in networked publics« (Boyd & Marwick 2011, S. 9f.).

Durch die niedrige Publikationsschwelle im Internet eröffnen sich neue Spielräume, und es entsteht eine Situation, in der die Unsicherheit darüber, ob man beobachtet wird oder nicht, dazu führt, dass die Regeln der anderen Seite eher akzeptiert werden (Jäckel & Fröhlich 2012, S. 44). Dieses Privatsphäreparadoxon, ist im Web 2.0 dadurch gekennzeichnet, dass Akteure sich einerseits um ihre Privatsphäre sorgen und andererseits, aber bereits sind sehr persönliche Informationen preiszugeben. Blumberg, Möhring und Schneider (2009, S. 20f.) beschreiben dies als den ›Zwang zur Reziprozität‹. Informationen preiszugeben sind eine zentrale Voraussetzung um diese umgekehrt von anderen Akteuren auch wieder zu bekommen. »The age of privacy is over« (Mark Zuckerberg).

Zusammengefasst lässt sich festhalten, dass Ideen des Small-World-Phänomens sich auf den Kontext des Web 2.0 anwenden lassen und Implikationen für die Krisenkommunikation stellen. Hierbei kann allerdings vielmehr davon ausgegangen werden, dass Verkettungsprozesse (z.B. die Weitergabe von Informationen) auch von strukturellen Gegebenheiten beeinflusst werden.

5.3 Netzwerke, Komplexität und Eigendynamik

Der Etablierung von Beziehungsstrukturen und der Relevanz sozialer Informationen liegt etwas Wesentliches zugrunde – der Umgang mit Unsicherheit und Komplexität. Ob es sich um Reziprozitätszwänge oder Partizipationsillusionen handelt – Unsicherheit ist in Zeiten des Web 2.0 in Netzwerken ein zentraler Bestandteil geworden (bzw. war anzunehmenderweise bereits immer ein Bestandteil von Netzwerken; siehe Kapitel 4.1; 4.2). Fraglich ist insoweit, wie sich unkoordiniertes und spontanes kollektives Verhalten in einem komplexen System wie dem Web 2.0 zu strategiefähigem kollektivem Verhalten formieren kann (z.B. bei Protestbewegungen) und sich Invisible-Hand-Prozesse vor diesem Hintergrund verstehen lassen.

Stegbauer (2018) beschreibt den Umgang mit Unsicherheit und Komplexität in (kommunikativen) Netzwerken mit der Herstellung von Relevanz, Routine und Normalität durch (Sub-)Kulturentwicklungen (siehe Kapitel 5.1.3). Die Formierung einer ›Kultur‹ zum Umgang mit Unsicherheit in Netzwerken ist durch zwei wesentliche Elemente gekennzeichnet – Struktur- und Prozessentwicklungen.

Theoretische Überlegungen (siehe Kapitel 5.2) lassen hier weitere Bezüge zu, die im Folgenden unter Gesichtspunkten der Komplexitätsreduktion erläutert werden sollen.

5.3.1 Unsicherheit und Netzwerke

Die Entstehung von Subkulturen u.a. zur Normalitätsherstellung verbindet bspw. Granovetter mit Möglichkeiten, die von *Weak Ties* ausgehen:

> »Homogeneous subcultures do not happen instantly but are the endpoint of diffusion processes. What cannot be entirely explained from arguments about diffusion is why groups (...), with initially different orientations, adopt enough of one anothers‹ cultures to end up looking very similar. Weak ties may provide the possibility for this homogenization, but the adoption of ideas cannot be explained purely by structural considerations. Content and the motives for adopting one rather than another idea must enter as a crucial part of the analysis.« (Granovetter 1983, S. 216)

Hierbei postuliert er die aktive Rolle von Individuen in Überlegungen miteinzubeziehen, denen im Rahmen ihrer Identitätsarbeit auch Unsicherheiten in Netzwerken begegnen.

Der Umgang mit Komplexität lässt sich auch an Harrison Whites Überlegungen zu kulturellen Formationsprozessen in Netzwerken verdeutlichen. So versuchen Akteure an Aktivitäten mitzuwirken, mit denen sie Ereignisse, Personen oder Dinge beeinflussen, um Unsicherheit (etwa in Bezug auf Ressourcenzugänge) zu begegnen bzw. sicherheitsstiftende Strukturen zu etablieren. Dies hat selbst wiederum einen Einfluss auf ihre Position innerhalb des Netzwerks. »Durch Einbettung und Entkopplung integrieren die Akteure neue Beziehungen in Netzwerke und beenden andere Verbindungen« (Beckert 2005, S. 306). Diese Interventionen eröffnen neue Handlungsmöglichkeiten durch neu formierte Netzwerkstrukturen mit ihren jeweiligen Positionsverteilungen und ihren charakteristischen Grenzen, die wiederum Handlungsmöglichkeiten anderer Akteure blockieren (ebd.). Hierbei werden Multidimensionalität und Dynamiken von Beziehungsgeflechten offenkundig.

Dies beschreibt White mit der sog. *Identity Control*. Die Kontrolle über Handlungsmöglichkeiten anderer Akteure ermöglicht wiederum eigene Handlungsspielräume[31]. Dies lässt sich bspw. an Marktbeziehungen verdeut-

31 White (1992) geht davon aus, dass es nicht nur Unterschiede zwischen als ›stark‹ anzusehenden Beziehungen gibt, sondern auch, dass zwischen den gleichen Akteuren unterschiedliche Arten von Bezügen (ties) festzustellen sind. Beziehungen können verschiedene Facetten aufweisen, die auch im Zuge des Beziehungsprozesses unterschiedlich gewichtet werden können. Durch die Gewichtung wird es möglich, ein

lichen, wo Akteure etwa durch Kartellbildung oder Markteintrittsbarrieren die Handlungsoptionen von Konkurrenten einschränken. Soziale Strukturen befinden sich in einem dynamischen Gleichgewicht, das sich als Interaktionsmuster zwischen Akteuren beobachten lässt. »The triggering of one identitiy activates control searches by other identities, (...) [the] [o]bserver always is in some interaction with [the] observed« (White 2008, S. 6). Identitäten und Kontrollanstrengungen stehen hierbei in einem ständigen Wechselverhältnis (Beckert 2005, S. 307). Kontrollaktivitäten formen die Identitäten der Akteure und entspringen ihnen somit gleichermaßen.

Die Einbeziehung der interpretativen Leistung der Akteure verweist hier auf die konstitutive Rolle bei der Entstehung und Reproduktion der Sozialstruktur. Verbindungen und Netzwerkstrukturen werden so nicht als objektiv bestehend verstanden, sondern als phänomenologische Konstrukte, die aus Narrativen entstehen (ebd.). White (1992; 2008) spricht an dieser Stelle von sog. *Stories*. Akteure können immer nur aufgrund von Darstellung ihrer Handlungen und der in Berichten vermittelten Handlungen anderer von Ereignissen erfahren. Narrative können als Sets von Geschichten nicht nur Strukturen von Identitäten und sozialen Beziehungen widerspiegeln, sondern auch selbst Muster schaffen, die relationale Positionen in Netzwerken festlegen (Beckert 2005, S. 307).

Geschichten sind nach White (1992, S. 68) Indikatoren für Netzwerke. »A network can be traced as similar stories appear across a spreads of dyads« (White 2008, S. 20). Hierin begründet sich auch die Eigendynamik und Komplexität sozialer Ordnungen, da eine Vielzahl an möglichen Wahrnehmungen der Struktur des Netzwerks existieren können.

Durch den spezifischen Einsatz von Geschichten können die angestrebte Kontrolle und Unsicherheitsvermeidung erreicht werden. Ein ganzes Set an Geschichten kann etwa nötig sein, um den Metabolismus eines einzelnen Netzwerks, z.B. eine Bekanntschaft, aufrechtzuerhalten (White 2008, S. 27).

Relationale Beziehungsmuster sind hier somit als Prozessentwicklungen zu verstehen, die ihre soziale Realität erst durch ihre Reproduktion in Form von Narrativen bzw. *Stories* erlangen (Beckert 2005, S. 307). Für alle Akteure stellt sich immer wieder die Frage, wie bestehende Verbindungen zu interpretieren sind und welche Verbindungen ein Netzwerk tatsächlich ermöglichen kann (ebd.). Geschichten selbst können hierbei auch kulturell konsti-

---

und dieselbe Beziehungskonstellation situationsabhängig unterschiedlich zu deuten (Stegbauer 2010, S. 113).

tuiert sein und als Frames fungieren (siehe Kapitel 4.3.2), was wiederum die Einbeziehung von Kultur in Netzwerkanalysen ermöglicht. In diesem Zusammenhang spielen hier nicht nur die Vernetzungen zwischen menschlichen, sondern auch nicht-menschlichen Akteuren eine Rolle (siehe Kapitel 5.1.1).

Bruno Latour begründete diesen Umstand in seiner Akteurs-Netzwerk-Theorie, die die kommunikativ konstituierte und vernetzte Gesellschaft als Resultat konkurrierender Assoziationen beteiligter Akteure versteht, die sich zu Kollektiven formieren: »[S]ocial order consists of associations between heterogeneous actors that arise from ›translation‹ and ›enrollment‹ of actors into networks« (Belliger & Krieger 2016, S. 7).

Akteure haben somit eine Reihe an Möglichkeiten, durch Kontrollbestrebungen und Prozessentwicklungen Unsicherheiten in Netzwerken zu minimieren und Ressourcenzugänge bzw. Handlungsfähigkeit sicherzustellen.

Eine Möglichkeit bzw. ein zentrales Strukturierungsinstrument in Kommunikationsnetzwerken, welches insbesondere im Rahmen des Web 2.0 und für die Krisenkommunikation eine Rolle spielt, ist der Umgang mit und die Etablierung einer gemeinsamen Realität.

5.3.2 Gossip 2.0 und Fake News

Wahrheit[32] bzw. die Etablierung einer gemeinsam akzeptierten Realität (z.B. durch Stories) trägt in Netzwerken maßgeblich zu tragfähigen bzw. nachhaltigen Beziehungen bei, da dadurch eine gemeinsame Relevanz, Plausibilität und Normalität eine Handlungsfähigkeit in unsicheren Situationen ermöglicht wird (siehe Kapitel 2.3.2).

Wie über kommunikativ erschaffene Übereinkünfte geredet wird und was darunter verstanden wird, hat im Laufe der Zeit allerdings einige Veränderungen erfahren. »›[T]ruth has a time and a place, which is to say, a history: it has evolved both as a concept and cultural practice« (Peters et al. 2018, S. 3). Wurde bspw. damals gemäß der philosophischen Tradition das ›Bekannte der natürlichen Umwelt‹ als wahr empfunden, verstand Galileo eine gemeinsame Realität als etwas, das nichts mit Wahrnehmung zu tun hatte: »[Truth can] be understood in terms of underlying causes that have little or nothing to do with how the world appears to us« (Peters et al. 2018, S. 3).

32 Der Wahrheitsbegriff ist in diesem Zusammenhang auch als problematisch anzusehen und soll eher im Sinne einer gemeinsamen Übereinkunft bzw. etablierten Realität/Angemessenheit verstanden werden.

Eine Angemessenheit bzw. gemeinsame Übereinkunft werden nicht nur in der Wissenschaft mit einer hohen Signifikanz und Relevanz in Verbindung gebracht. Der Begriff wird auch kulturellen Prägungen bzw. Perspektiven[33] unterworfen und ist mit einem bestimmten Weltbild verknüpft.

> »History is, of course, littered with such tales: the curious and scarcely acceptable behaviour of individuals who suddenly set out to juggle the views of the rest, be they voters, victims or the marginally disinterested. The consequences of such creativity or strained imagination, call it what you will — Post-Truth, the Epoch of Alternative Facts, ›fake news‹ even — are devastating for the fundamental values that underpin the way a nation defines and operates its democracy.« (Neave 2018, S. v)

Die Etablierung einer gemeinsamen kommunikativen Übereinkunft bzw. Realität in Netzwerken ist daher auch immer subjektiv und perspektivenabhängig. Ein gutes Beispiel dafür ist der sog. *Gossip* (Klatsch, Tratsch, Gerüchte usw.), der als ein wesentlicher Bestandteil menschlicher sozialer Kommunikation[34] und Beziehungspflege auch Parallelen zu grundlegenden Motiven der Nutzung von sozialen Netzwerkseiten aufweist[35] (Carolus 2013, S. 9). An dieser Stelle sprechen Angel & Zimmermann (2016, S. 262) von einer ›Glaubensgesellschaft‹, die eine Entlastung bei Informationsflut durch das Web 2.0 darstellt (vgl. Kapitel 2.4.3). Der ›Glaube‹ an etwas bzw. dessen Relevanz kann in einer Wissensgesellschaft (kognitive) Ressourcen ›schonen‹.

Der Begriff Gossip verfügt über zahlreiche unterschiedliche Definitionen (z.B. Althans 2000; De Backer 2005). Foster (2004) unterscheidet drei wesentliche Merkmale in Bezug auf Gossip, wie (a) die Abwesenheit der dritten Partei über die gesprochen wird, (b) den Austausch meist negativer Inhalte (aber

---

33 Legg (2018, S. 55) verknüpft mit dem Begriff auch unhinterfragte Strukturen: »Why do we care about truth? (…) [T]oday's academics, in their highly specialized institutional setting with its relative freedom to write and think, also exist in a specialized community with its own assumptions. We have embraced this institutional isolation extremely uncritically«.

34 Geschichten, Erfahrungen und Neuigkeiten stehen oft dem Austausch von Faktenwissen bzw. rational-sachlichem Informationsaustausch gegenüber.

35 Carolus (2013, S. 65) postuliert, dass beide Aktivitäten als Zeitverschwendung angesehen werden können, aber dennoch wichtige Funktionen erfüllen, wenn man Anreizsysteme in Betracht zieht, bspw. den Gratifikations-Ansatz (vgl. z.B. Katz & Foulkes 1962). Dies bildet das Gegenmodell zur klassischen Medienwirkungsforschung, da auch individuelle Bedürfnisse an Erwartungen der Mediennutzung geknüpft sind.

auch positive Inhalte möglich), und (c) eine als intim bezeichnete Situation unter Vertrauten.

Der Austausch von Gossip dient somit (auch) der Beziehungspflege und der Erstellung einer gemeinsamen Realität im Umgang mit Unsicherheit. Auch wenn diese Art des sozialen Informationsaustausches oft als verwerflich gilt[36]. De Backer (2005) sieht in der Atmosphäre der Vertraulichkeit eine Möglichkeit für beteiligte Akteure Verlässlichkeit und Glaubwürdigkeit durch die ausgetauschten Informationen herzustellen. Auch wenn die Inhalte von Gossip meist einen eher geringen Wahrheitsgehalt haben, können sie dennoch als Ressource (Information) gehandelt werden und die eigene Position im Netzwerk stärken. Bei Gossip sind Akteure sich des mangelnden Nachrichtencharakters meist bewusst. Laut Carolus (2013, S. 65) scheinen für Menschen soziale Informationen allerdings so bedeutsam zu sein, dass ein beträchtlicher Aufwand betrieben wird, um an diese zu gelangen und die zugrundeliegenden Motive[37] zu befriedigen.

Ähnlich verhält es sich mit dem Umgang mit tatsächlich als ›Nachricht‹ bezeichneter Informationen.

Angemessenheit bzw. eine kommunikative Übereinkunft hat insbesondere in Bezug auf Nachrichten eine hohe Relevanz und kann den Umgang mit Unsicherheit (in Netzwerken) exemplarisch veranschaulichen. Dies lässt sich am Begriff der sog. *Fake News* verdeutlichen.

Im Kontext der Präsidentschaftswahl in den USA im Jahr 2016 fanden sich ›Fake News‹ in den Medien besonders häufig als Gegenstand der Berichterstattung[38]. Auch der Begriff selbst wurde hierbei vielfach thematisiert und auch während eines Presseauftritts 2017 von Donald Trump verwendet, der den CNN- Korrespondenten Jim Acosta und dessen Sender als ›Fake News‹ bezeichnete (Zywietz 2018, S. 98).

---

36 Die historische Perspektive zeigt laut Carolus (2013, S. 48), dass Gossip über verschiedene Kulturen und Epochen hinweg zwar gängig, aber dennoch als moralisch verwerflich gilt bzw. galt.

37 Das sog. *Züricher Modell* der sozialen Motivation kann hier Wirkungszusammenhänge von Motivationssystemen, die soziales Verhalten beeinflussen, verdeutlichen (vgl. Bischof 2001). Dabei wird angenommen, dass zentrale Motivsysteme, wie Sicherheit, sich in der Phylogenese des Menschen entwickeln und als Adaption verstanden werden sollten (Carolus 2013, S. 81).

38 Der Begriff ›fake‹ soll hier nicht als Gegensatz zu ›wahr‹ verstanden, sondern vielmehr als Gegensatz zu belegbaren Fakten verstanden werden.

Auch in Deutschland spielt der Begriff in der Medienlandschaft eine Rolle und wird von Webseiten und Magazinen vom politischen rechten Rand vermehrt im Zusammenhang mit dem der ›Lügenpresse‹ verwendet, um Medien zu diskreditieren. Fake News gibt es allerdings schon länger, wenngleich diese mit dem Aufkommen der Sozialen Medien eine neue Wirkkraft erhalten haben (vgl. Muno 2017).

Mittlerweile scheinen nicht nur Fälschungen, sondern z.T. auch Fakten mit dem Begriff in Zusammenhang gebracht zu werden. »Fake und Fakten teilen sich dieselbe Wortherkunft (*factum*: das Gegebene, Vorgefundene, aber auch: das Hergestellte, Fabrizierte) und der Begriff der ›Tatsache‹ verweist bereits auf den Aspekt des Gemachten« (Zywietz 2018, S. 117).

Der Begriff ›Fake‹ News befindet sich in einem Kontinuum und reicht von ideologisch-programmatischer Persuasion, politstrategischer Desinformation, rassistischen Hass- und Hetz-Storys, personaler Diffamation und Clickbaiting-Inhalten bis hin zu Verschwörungstheorien, Urban Legends, Aktivismus und Kunst, aber auch parodistischer Satire[39] (Zywietz 2018, S. 213). Allcott und Grenzkow (2017, S. 213) definieren Fake News als Nachrichten bzw. Informationen, die intentional und nachweislich als falsch gelten und bei Rezipienten zu Missverständnissen führen können.

> »On a continuum between real and fake, the impact of real news should be such that it impacts public opinion and other media coverage, strengthens democracy, matters to key political players, informs the policy debate, and creates a discourse where alternative views are engaged.« (McBeth & Clemons 2011, S. 85)

Rößner und Hain (2017) bezeichnen Fake News als »gezielte Falschmeldungen, also bewusst unwahre Tatsachenbehauptungen«. Andere Studien erfassen unter Fake News auch jene Nachrichten (z.B. in Social Media), die einen satirischen Hintergrund hatten und missinterpretiert wurden (vgl. Allcott & Gentzkow 2017). Hier stellt sich laut Zywietz (2018, S. 100) die Frage inwiefern

---

39 Zywiezt (2018, S. 122) postuliert an dieser Stelle einen Vergleich zwischen Memes (siehe Kapitel 5.3.2) und Fake News, da Memes auch einen Teil der politischen Netzkultur bilden. Sie lassen sich ebenfalls wie Fake News schnell rezipieren und verfügen über ein niedriges inhaltliches Faktenniveau. Die ironisch-performative Grundhaltung in vielen Sozialen Netzwerken begünstigen hierbei Adaptation und Reproduktion. Scherze und Meinungsmanipulationen können sich gleichermaßen dieser Mittel bedienen (ebd.).

der Unterschied zwischen Satire und irreführender Fake News kategorialer Natur ist, »wenn lediglich textformale und strukturelle, mehr noch aber pragmatisch-funktionale Aspekte, die soziokulturell und rezeptionsorganisierend wirken, berücksichtigt werden«.

Auch ist hierbei zu berücksichtigen, dass auch als ›wahr‹ betitelte Nachrichten nie nur ausschließlich der sachlichen Informationsvermittlung dienen (siehe Kapitel 4.3.2), sondern meist auch eine Agenda[40] verfolgen:

> »The word ›real‹ is a powerful word and, (...), in terms of the news two components – content and impact – would seem most relevant. Real news would cover serious and important topics, in greater quantity than fake news. This coverage would reveal meaningful policy differences, puncture the false balloons, peel back layers, and hold themselves and others accountable (e.g. by showing their viewers their earlier statements, votes, and actions).« (McBeth & Clemons 2011, S. 84)

Die Grenzen und Zuschreibungen von Fake News sind dabei aber auch oft als beliebig zu betrachten und in hohem Maße perspektivenabhängig. Die Abgrenzung zwischen Gossip und Nachricht ist somit auch nicht als trennscharf zu sehen. Medienwissenschaftler plädieren inzwischen auch für eine komplette Einstellung der Begriffsverwendung, da alles als Fake News gelten könne und eine Trennschärfe für den Sammelbegriff nicht zu erreichen bzw. auch nicht erstrebenswert sei (vgl. Reuter 2017). Das Thema Fake News entwickelt sich daher zunehmend zu einem Erklärungsansatz, der für alle möglichen gesellschaftlichen, politischen und publizistischen Phänomene herangezogen wird (ebd.). Durch die vielfältige Benutzung des Begriffs wird er somit gleichzeitig auch strapaziert.

Bei aller Kritik an dem Begriff ist die Verwendung des Etiketts ›Fake News‹ insofern sinnvoll, als solche weniger Ursache als Symptom einer aktuellen

40 Das vor allem in der Kommunikationswissenschaft untersuchte Phänomen des sog. *Agenda Settings* beschreibt den Effekt, dass Medien mit ihrer Berichterstattung auch einen Einfluss darauf ausüben, was in der Öffentlichkeit als wichtig angesehen wird (Herrmann 2012, S. 35f.). »Was nicht in den Medien ist, kann nicht relevant sein« (Merten 2008, S. 90; kursiv im Original). Medien wirken daher nicht nur als Multiplikatoren, sondern auch als Indikatoren potenzieller Krisenthematisierungen (siehe Kapitel 2.5.3). Zudem sind Medien speziell an der Berichterstattung von Krisen interessiert, da diese meist einen hohen Nachrichtenwert (z.B. Negativität oder Betroffenheit) besitzen (vgl. Galtung & Ruge 1965). »Je intensiver die Krise, desto stärker und brisanter die Berichterstattung der Medien« (Herbst 1999, S. 15).

(Problem-)Situation sind. Dies betrifft nicht nur die Rolle des Journalismus in der digital Medienwelt oder die Regeln öffentlicher Kommunikation im Social Web, sondern auch den Wandel des Stellenwerts publizistischer Faktizität (Zywietz 2018, S. 97).

Erscheinungsformen von Fälschungen können vielfältig sein und in Kommunikationsnetzwerken zu eigendynamischen Prozessen der Informationsweitergabe und -veränderung führen. Fake News können insoweit weniger als Ursache, sondern als Resultat eines bestimmten Weltbildes und ihre Ausbreitung und Erstellung aufgrund bereits bestehender Einstellungen und Haltungen verstanden werden (Zywietz 2018, S. 108).

Häufig finden sich bspw. auf sozialen Netzwerkseiten zunächst eher übertriebene oder tendenziöse Beiträge, die auf Artikel externer Onlinemedienangebote verwiesen. Verbreitet werden hier zunächst paratextuelle Vorschau-Verlinkungen auf externe Fake-Nachrichten in meist journalistischer Aufmachung (ebd.). Diese Texte erfahren durch Share-Postings bzw.-Messages und mittels Begleitkommentare ein (Re-)Framing[41] (siehe Kapitel 4.3.2).

Invisible-Hand-Prozesse in Kommunikationsnetzwerken können auch dazu führen, dass Fakten als falsch deklariert oder Falschinformationen als echt eingestuft werden bzw. sich zu vermeintlichen Fakten entwickeln.

Ein prägnantes Beispiel hierfür ist der Satire-Coup von Jan Böhmermann, der als ›Varoufakis-Fake-Fake‹ bekannt und 2016 mit einem Grimme-Preis ausgezeichnet wurde. In einer Talkshow verwendete Günther Jauch ein älteren YouTube-Videoausschnitt, der den damaligen griechischen Finanzminister Yanis Varoufakis während eines Kongresses in Zagreb 2013 mit erhobenem ›Stinkefinger‹ zeigt. Jan Böhmermanns TV-Sendung Neo Magazin Royale gab sich daraufhin als vermeintlicher Urheber des angeblich gefälschten Materials aus (vgl. Plöchinger 2015). Der Meta-Hoax[42] wurde als ›positive Verunsiche-

41 Hinweismeldungen können auch ins Leere führen, oder sollen gezielt nur Clicks generieren (Clickbait). Des Weiteren lassen sich auch individuelle und originale Posts einzelner Nutzer oder Social-Web-Präsenzen finden, die in sich selbst Fake News darstellen und die zur Untermauerung ihrer Behauptungen auf (unverfängliche oder fiktive) Quellen verweisen können (Zywietz 2018, S. 109).

42 Als Hoax wird heute meist eine Scherzmeldung bzw. Falschmeldung bezeichnet, die durch Medien (z.B. soziale Netzwerkseiten) verbreitet und an Privatpersonen (z.B. in Form von Ketten-E-Mails) weitergeleitet und von vielen für wahr gehalten wird. Inzwischen gibt es spezielle Suchmaschinen, die sich nur auf Falschmeldungen spezialisiert haben, wie bspw. *HoaxSearch*.

rung‹ von Kritikern gelobt und so Wirkungsweisen öffentlicher (Netz-)Debatten offengelegt (Zywietz 2018, S. 125f.).

Dieser Umstand betont, dass Übereinkünfte subjektiv gefasst sind und gemeinsame Realitäten in Netzwerken kommunikativ geschaffen bzw. beeinflusst werden. Gossip und Fake News können hier als abstrahierte menschliche Handlungen kommunikative Eigendynamiken in Netzwerken auslösen. Hierin begründen sich u.a. Herausforderungen und Chancen für die Krisenkommunikation und beleuchten einen wesentlichen Aspekt im Umgang mit Unsicherheit in Netzwerken – das Streben nach Sicherheit durch soziale Informationen.

5.3.3 Die Rolle von Vertrauen in Netzwerkbeziehungen (2.0)

Milgram und Travers (1969) versuchten mit ihren Small World Experimenten zu zeigen (siehe Kapitel 5.2.4), dass die soziale Welt als großes, aber dennoch überschaubares Netzwerk verstanden werden kann (Holzer 2010, S. 335). Die ›Netzwerk-Gesellschaft‹ ist laut Holzer (2010, S. 335) nicht, wie etwa bei Castells, die dem Informationszeitalter angemessene Gesellschaftsform, sondern vielmehr eine partikularisierte und ›personalisierte‹ Sozialordnung, »in der Netzwerkbeziehungen einen institutionalisierten Vorgang genießen«. Dabei können soziale Einfluss- und Machtasymmetrien etabliert werden (Dolata & Schrape 2018, S. 30). Die Prominenz von Netzwerkbeziehungen in allen Lebensbereichen wird zum Beispiel in Russland als *blat* und in China als *guanxi* bezeichnet[43] (Ledeneva 1998; Yang 1994).

Die Essenz von Netzwerken ist somit nicht (nur) die solidarische Gemeinschaft, sondern vielmehr in Form von instrumentellen und persönlichen Beziehungen zu verstehen, die mit einem hohen Grad an Individualisierung kompatibel und eher als Prozessentwicklungen zu verstehen sind. Diese kombinieren moderne und traditionelle Elemente. Dazu gehören eine ›moralische‹ Form der Inklusion, die auf persönlicher Achtung sowie auf der An-

43 Ähnliche Phänomene werden unter dem sog. *Klientelismus* gefasst. Es handelt sich um Beschreibungen von Beziehungspraktiken, die als freundschaftlich und freiwillig deklariert werden, aber auch einen instrumentellen und sozial sanktionierten Charakter haben können (Holzer 2010, S. 335). Diese können Umfelder mit knappen Ressourcen stabilisieren. Innerhalb von Organisation und im Verhältnis zwischen Verwaltung und Klienten ist der Verzicht auf das Zitieren und Einfordern formaler Regeln ein Weg, informale Beziehungen zu bestätigen und für zukünftige Transaktionen zu ›pflegen‹ (Holzer 2010, S. 338).

erkennung einer im Netzwerk erworbenen Reputation beruht, sowie instrumentelle Aspekte (Holzer 2010, S. 337). Die Stärken eines Netzwerkes liegen daher auch in seiner Reziprozität und der wechselseitigen Kommunikation mit dem Ziel der Reduktion von Unsicherheit.

Weyer (1997, S. 64f.) beschreibt in diesem Zusammenhang eine ›Verbindlichkeit‹ in Netzwerken, die erfolgreiche Kooperation ermöglicht und sich bspw. auch auf die Wahrnehmung von Wahrheit auswirkt. Diese Verbindlichkeit wird weder durch Hierarchie noch durch Kontrolle getragen, sondern ist ein Produkt von Vertrauensbeziehungen. Die Stabilisierung dieser Vertrauensbeziehungen erfolgt u.a. durch die wechselseitige Bestätigung gegenseitiger Erwartungen der Netzwerkakteure.

Holzer (2010) postuliert, dass in einer Netzwerk-Gesellschaft Vertrauen[44] als Voraussetzung für richtiges und effektives Handeln angesehen werden kann, da es Sicherheit schafft.

Vertrauen ist ein Begriff, der sich vielfältig definieren lässt. Vertrauen selbst ist dabei auch als ein Begriff zu verstehen, der die Bündelung verschiedener Wahrnehmungen betitelt (White 1992, S. 174).

Auch ist Vertrauen als zentrale Voraussetzung für einen nachhaltigen Beziehungsaufbau zu verstehen und kann insoweit auch als Mechanismus der Reduktion sozialer Komplexität verstanden werden (vgl. Luhmann 1964; 2014). Ferner kann es als subjektive Überzeugung verstanden werden, die sich auf einzelne Akteure, Kollektive oder nicht-menschliche Akteure bezieht.

Diesbezüglich ist es sinnvoll zwischen *Vertrautheit* und *Vertrauen* zu unterscheiden. Vertrautheit ist eng an bereits erlebten Erfahrungen und vergangenen Geschehnissen orientiert. Dabei können Erwartungen etabliert und unerwartetes Handeln ausgeschlossen werden (Luhmann 2014, S. 23). Vertrauen hingegen ist eher zukunftsgerichtet[45]:

> »Zwar ist Vertrauen nur in einer vertrauten Welt möglich; es bedarf der Geschichte als Hintergrundsicherung. Man kann nicht ohne jeden Anhaltspunkt und ohne alle Vorerfahrungen Vertrauen schenken. Aber Vertrauen ist keine Folgerung aus der Vergangenheit, sondern es überzieht die Informationen, die es aus der Vergangenheit besitzt und riskiert eine Bestim-

44 Castelfranchi, Falcone und Marzo (2006, S. 23ff.) führen hier den Zusammenhang zwischen Vertrauen und Abhängigkeit ein: »The theory of trust and the theory of dependence are not independent from each other«.

45 Hier lassen sich Parallelen zum Nachhaltigkeitsbegriff ziehen (siehe Kapitel 3.1).

> mung der Zukunft. Im Akt des Vertrauens wird die Komplexität der zukünftigen Welt reduziert.« (Luhmann 2014, S. 23f.)

Im weitesten Sinne ist Vertrauen auch als Erwartungshaltung des sozialen Lebens zu verstehen. In Netzwerken spielt es immer dann eine zentrale Rolle, wenn andere Mechanismen der Reduktion von Ungewissheit und Komplexität versagen.

Die Notwendigkeit des Vertrauens ist auch als Grund für die Etablierung bedeutsamer Regeln und gesellschaftlicher Konventionen zu verstehen (bzw. dessen, was als richtiges Verhalten gilt). Sind Akteure durch Chaos und Komplexität mit Handlungsunfähigkeit konfrontiert, erscheint Vertrauen als einzige Alternative (Luhmann 2014, S. 1), da das Bedürfnis nach Sicherheit[46] ein zentrales Motiv sozialen Verhaltens ist (vgl. Bischof 1993; 2001).

Dies lässt sich anhand des Web 2.0 verdeutlichen. Das Internet ist zu einer wesentlichen infrastrukturellen Grundlage sozialen Handelns mutiert und ermöglicht unterschiedlichsten kollektiven Formationen[47] neue Artikulations- und Aktivitätsmöglichkeiten (Dolata & Schrape 2018, S. 1). »Individuals communicate and form relationships through Internet social networking websites (...)« (Fogel & Nehmad 2009, S. 153).

Individuen, die durch soziale Netzwerke vernetzt sind, müssen bspw. damit rechnen, dass Informationen über sie nicht nur ihren direkten ›Freunden‹ in dem Netzwerk vorbehalten sind und sie sich nicht nur in einem persönlichen Netzwerk befinden (siehe Kapitel 5.2.4): »As the Internet is not a private club, clearly those who are posting information about themselves on their social networking profiles are more comfortable with the possible risks of their information being seen by others« (Fogel & Nehmad 2009, S. 159). Vertrauen

---

46 Die Motivation in sozialen Netzwerken zu agieren bspw. lässt sich laut Stegbauer (2009, S. 28f.) in zwei wesentliche Modi einteilen. Zum einen bieten diese Schutz und Sicherheit und zum anderen bieten sie ›Agency‹ – eine aktivere Komponente, wie bspw. Konkurrenz und Wettbewerb um Ressourcen. Durch die Auseinandersetzung mit anderen Netzwerkakteuren entstehen Positionen und Handlungsmuster (ebd.).

47 Dabei unterscheiden Dolata und Schrape (2018, S. 2) zwischen nicht-organisierten Kollektiven und kollektiven Akteuren. Nicht-organisierte Kollektive, wie Massenphänomene und episodische Teilöffentlichkeiten sind stark von situativer Spontanität geprägt und haben eher keine längerfristigen Entscheidungs- oder Koordinationsstrukturen und lassen sich weniger als eigenständige soziale Akteure fassen. Kollektive Akteure hingegen lassen sich als strategiefähige soziale Bewegungen und Interessengemeinschaften verstehen.

kann hier als Instrument für die Etablierung und Ermöglichung vorteilhafter Vernetzungen angesehen werden, z.B. durch Wissensaustausch[48].

Dabei zählt das personalisierte Vertrauen in Bezug auf die Bereitschaft zur Gegenleistung. »Das Syndrom der ›Netzwerk-Gesellschaft‹ zeigt sich hier darin, dass die soziale Ordnung als Ganze in hohem Maße personalisiert wird« (Holzer 2010, S. 338). Diese Vernetzungen bzw. Beziehungen sind somit als eine Form des sozialen Kapitals zu verstehen und dann Resultat aktiver Beziehungsarbeit. »These relationships (...) [are] costly cumulated in order to be invested and utilized. (...) [I]t represents a strategic tool to be competitive, and, (...), it is sometimes even more important than the good which is sold« (Castelfranchi/Falcone/Marzo 2006, S. 22).

Fraglich ist, warum bzw. wie Vertrauen in einzelne Akteure (z.B. Freunde) sich auch auf unbekannte Kollektive übertragen lässt (siehe z.B. das Teilen persönlicher Informationen auf sozialen Netzwerkseiten).

Dies kann durch die Theorie der reziproken Tauschbeziehungen[49] veranschaulicht werden. Gemeinschaften können generiert werden, indem Personen über einseitige Transaktionen Tauschsysteme schaffen und diese mittels Wertvorstellungen, Normen, Sanktionsmechanismen oder Transaktionsstrukturen absichern. Diese Gemeinschaften führen sowohl zur instrumentellen Zielerreichung als auch zum Ausbilden eines kollektiven Bewusstseins (Bühler 2010, S. 354).

Ein Tauschnetzwerk ermöglicht so Reziprozität und Beziehungsaufbau bzw. Beziehungspflege. »Auf der Basis von Reziprozität können Leistungen von anderen Mitgliedern des Netzwerks erwartet werden, weil diese wiederum entsprechende Gefälligkeiten erwarten können« (Holzer 2010, S. 336). Hier kann sowohl die Beziehung für einen Tausch genutzt werden als auch der Tausch genutzt werden, um die Beziehung aufrechtzuerhalten (ebd.), ganz nach dem Motto: »(...) [S]haring and giving is the only way one can receive« (Mutwarasibo & Iken 2019, S. 20).

---

48 Traditioneller Weise wird Vertrauen in der Literatur als ein Resultat persönlichen Wissens und vergangenen Verhaltensweisen gefasst, welches sich über einen längeren Zeitraum hinweg bildet. Die sog. *Swift Trust Theory* postuliert vielmehr, dass Vertrauen auch in schnelllebigen Kontexten (z.B. virtuelle Teamarbeit) entstehen kann, wenn den Akteuren genügend Informationen zukommen und eine Art ›Vertrauensvorschuss‹ geleistet werden kann (vgl. Lionel/Dennis/Hung 2009).

49 Siehe Kapitel 2.3.1.

Gegenstand eines Tauschs können nicht nur Güter oder Leistungen sein, sondern vor allem gegenseitige Achtung und Wertschätzung. Tauschpartner besitzen nur einen bedingten Einfluss auf das Herstellen von Reziprozität, und Unsicherheiten werden hier mit Vertrauen minimiert, bzw. die Tauschpartner müssen auch darauf vertrauen, dass sie eine entsprechende Gegenleistung erhalten werden. Durch das Eintreten von Reziprozität kann dieses entgegengebrachte Vertrauen bestätigt werden (Bühler 2010, S. 354).

Tauschnetzwerke setzen nach Holzer (2010, S. 337) Vertrauen voraus – und reproduzieren es gleichzeitig, wenn sich Reziprozitätserwartungen bewähren. Durch den Rückgriff auf Kontakte können Ressourcen z.B. in Form von Beschleunigung von Prozessen genutzt werden. Man kann somit nicht nur dem Einzelnen, sondern auch dem gesamten Netzwerk vertrauen. »Eine solche Generalisierung schafft eine Komplementarität, aber auch eine gewisse Konkurrenz zu dem, was Luhmann (1973/2014) als ›Systemvertrauen‹ bezeichnet« (ebd.). Individuelles Vertrauen und kollektives Vertrauen sollte dabei immer gesondert betrachtet werden.

> »In fact, since the individual is in competition with the other individuals, he has a better position when trust is not uniformly distributed (everybody trusts everybody), but when he enjoys some form of concentration of trust (an oligopoly position in the trust network); on the contrary the collective social capital could do better with a generalized trust among the members of the collectivity.« (Castelfranchi/Falcone/Marzo 2006, S. 31)

Netzwerkkommunikation bleibt daher oft in hohem Maße ambivalent. Es können sowohl Gefälligkeiten und Geschenke ausgetauscht werden, um die Beziehung zu pflegen und beiden Seiten ein ›Gesicht‹ zu geben, als auch umgekehrt die Beziehung (aus-)genutzt werden – z.B. durch Datenmissbrauch.

Vertrauen und Kommunikation sind zudem interdependent. Vertrauen ist sowohl Voraussetzung als auch Resultat einer transparenten und glaubwürdigen Kommunikation (Schweer & Thies 2005, S. 54).

Vertrauen entsteht demnach durch Kommunikation und Wissensaustausch. Persönliche Vertrauensverhältnisse lassen sich somit aktiv durch entsprechende Kommunikation gestalten. »Durch reziprokes kommunikatives Handeln werden kommunikative Netzwerke geflochten, wobei gilt, je intensiver die Vernetzungen sind, desto tragfähiger (und in diesem Sinne nachhaltiger) sind die kommunikativen Beziehungen« (Bolten 2018, S. 29).

Vertrauen kann nicht durch externe Faktoren/Hilfe entstehen, sondern ist vielmehr ein Arbeitsprozess, für den sich Akteure öffnen müssen. Die Sachkomponente[50] der Kommunikation (bzw. das Tauschobjekt) legt daher nicht zwingend fest, wie die Mitteilung durch eine konkrete Person zu interpretieren ist. Reine Informationen lassen sich in personalisierten Beziehungen auch eher nicht kommunizieren (Holzer 2010, S. 339). Der Beziehungsaspekt ist hierbei stets immanent und lässt wenig Raum für unpersönliches Handeln. Der Beziehungsaspekt verläuft mit jeder Transaktion mit und wird – etwa im Falle eines missglückten Tausches – auch das zentrale Element sein, auf welches sich die Akteure berufen werden. Oft geht es dabei weniger um Leistungen als vielmehr um die Möglichkeit, Beziehungen durch gegenseitige Gefälligkeiten fortbestehen zu lassen (Holzer 2010, S. 339).

Vertrauen spielt in Netzwerken somit eine bedeutsame Rolle, wenn es darum geht, mit Unsicherheit und Komplexität umzugehen, und kann Akteuren bspw. den Zugang zu Ressourcen (z.B. Informationen) ermöglichen. Vertrauen ist hierbei kommunikativ geschaffen bzw. wird kommunikativ gepflegt und ist somit auch als interdependent mit Kommunikation zu verstehen.

Zusammengefasst ist der Erfolg von Organisationen daher auch in zunehmenden Maß von etablierten Reziprozitäts- und Netzwerkbeziehungen abhängig (Bolten 2018, S. 156).

Verantwortung, Glaubwürdigkeit und Vertrauen gewinnen in einer immer transparenter werdenden Kommunikationswelt an Bedeutung und sind somit zentrale Elemente der ›nachhaltigen Kommunikation 2.0‹. Statt auf kurzfristige Effekte abzuzielen, sollten Unternehmen vor allem kommunikativ in Vertrauensbeziehungen investieren und durch langfristig geschaffene Bindungen die Loyalität von Anspruchsgruppen sichern. Dabei ist es essenziell, dass mit der Aufnahme von nachhaltig angelegten Kommunikations-Projekten auch eine Verantwortung für die aufgenommenen Beziehungen auf ›Augenhöhe‹ einhergeht[51] (David 2013, S. 348), die auch in Krisenzeiten weitergedacht wird.

50 Siehe Kapitel 2.2.

51 Siehe Kapitel 5.3.3.

5.4 Nachhaltige (Krisen-)Kommunikation, Netzwerke und Beziehungspflege

> »Trust becomes even more central and critical during periods of uncertainty due to (...) crisis«
> (McKnight & Chervany 1996, S. 3).

In Zeiten der größten Unsicherheit (Krise) gilt es dem Druck nach Sicherheit standzuhalten bzw. gerecht zu werden. Dies ist insbesondere vor dem Hintergrund der ANT zu verstehen, da neben menschlichen auch nicht-menschliche Akteure zu Komplexität und Unsicherheiten in Kommunikationsprozessen (z.B. Krisenkommunikation) beitragen.

Durch reziprokes kommunikatives Handeln werden Netzwerke geflochten. Je intensiver dabei die Vernetzungen sind, desto tragfähiger (und nachhaltiger) sind die kommunikativen Beziehungen (Bolten 2018, S. 29). Umgekehrt wird die Beziehungsdimension von Netzwerken durch Kommunikation gebildet, bereits seit langem als Gegenstand der Sozialen Netzwerkanalyse untersucht. Im Umgang mit Komplexität und Ambiguität haben Akteure in Netzwerken somit die Möglichkeit, (a) Kontrollbestrebungen durch Identitätsarbeit (Identity Control; vgl. White 2008) und die Skizzierung einer gemeinsamen Wahrheit/Realität zu unternehmen sowie (b) relationale Beziehungsmuster durch Narrative (Stories; vgl. Beckert 2005) und Vertrauen und Vertrautheit zu etablieren (vgl. Luhmann 2014), um Routinehandeln, Normalität, Plausibilität und Relevanz auch in unsicheren Kontexten herzustellen bzw. eine Handlungsfähigkeit zu sichern.

In unsicheren Situationen kann Vertrauen dabei auf der Beziehungsebene Sicherheit schaffen und die Ambiguitätstoleranz im Umgang mit eigendynamischen (Kommunikations-)Prozessen erhöht werden. Nachhaltige Kommunikation beruht daher auch auf vertrauensvollen Beziehungen und einer wertschätzenden Beziehungsarbeit bzw. -pflege.

5.4.1 Beziehungsorientierte (Krisen-)Kommunikation

Krisenzeiten gehen meist mit einer erhöhten Unsicherheit einher und erfordern insbesondere von der organisationalen Krisenkommunikation die Erstellung/Wiederherstellung bzw. Aufrechterhaltung von Sicherheit. Nicht selten profitieren Organisationen genau in solchen Situationen von langjährig gepflegten und vertrauensvollen Beziehungen (z.B. zum Kunden) und verschaffen sich mehr Handlungsspielraum (z.B. Zeit), da darauf vertraut wird, kurz- oder langfristig eine Lösung zu finden.

Kommunikationsprozesse (siehe Kapitel 2.3.2; 3.2.3) spielen diesbezüglich eine grundlegende Rolle bei der Pflege und Gestaltung von Reziprozitätsbeziehungen. Für den Aufbau vertrauensvoller Beziehungen ist nachhaltige Kommunikation (siehe Kapitel 3.2) daher unerlässlich – und umgekehrt. Nachhaltige Kommunikation, (wie sie in Kapitel 3.3 definiert wurde) vereint hierbei nicht nur zentrale Nachhaltigkeitsprinzipien, sondern ermöglicht einen anschlussfähigen, authentischen und werteorientierten Beziehungsaufbau (bzw. Beziehungspflege), der auch in Krisenzeiten beständig und verbindlich bleibt (siehe Kapitel 3.3.2).

Die konkrete Ausgestaltung nachhaltiger Kommunikation zum Beziehungsaufbau veranschaulicht Grice (1975) mit seinen *Maximen der Konversation*. Grice versteht Kommunikation als kooperatives Verhandeln und eine Nachvollziehbarkeit der kommunizierten Inhalte als unerlässlich für die Etablierung eines gemeinsamen Kommunikationsziels. Das Kooperationsprinzip postuliert dabei, dass ein gewisses gemeinsames Interesse für die Kommunikation bestehen muss und, »dass die Beteiligten jede Botschaft unter Berücksichtigung zweier Gesichtspunkte (beidseitig akzeptierte Interaktionsziele und aktueller Zeitpunkt im Gespräch) erstellen« (Röhner & Schütz 2016, S. 25). Für erfolgreiche (bzw. beziehungsaufbauende und beziehungspflegende etc.) Kommunikationsvorgänge leitete Grice vier Konversationsmaximen ab, die Missverständnisse und Verwirrungen vermeiden sollen.

Dazu zählen die *Maxime der Qualität, der Quantität, der Relevanz* und *der Modalität* (Grice 1975, S. 198ff.).

Nach den Maximen der Quantität soll Kommunikation nur notwendige Informationen thematisieren. Maxime der Qualität appellieren an die Orientierung der Kommunikation an Wahrheit (siehe Kapitel 5.3.3). Es sollen also nur als ›wahr‹ empfundene Informationen kommuniziert werden.

Maxime der Relevanz postulieren, dass nur thematisch relevante und konkrete Informationen für eine nachhaltige Kommunikation bzw. langfristigen Beziehungsaufbau nützlich seien.

Maxime der Modalität beziehen sich weniger auf das *was* gesagt wird, als darauf *wie* etwas gesagt wird (Grice 1975, S. 200). Mehrdeutigkeiten und Ausschweifungen sollten vermieden. Auch chronologische Weitergaben von Informationen seien nützlich, um ›klar‹ zu kommunizieren.

Das Kooperationsprinzip wird auch in anderen Ansätzen der effektiven Kommunikation deutlich. Carl Rogers (1961; 1991) betitelt dies bspw. als Perspektivenübernahme und erstellte Regeln klientenzentrierter Gesprächstherapie, die sich auch auf soziale Beziehungen übertragen lassen. Rogers geht davon aus, dass Kommunikationsmerkmale, die sich auf Empathie, Kongruenz und positive Wertschätzung beziehen, zentrale Sicherheitsbedürfnisse (zwischenmenschlicher) Beziehungen verwirklichen können. Empathie kann sowohl durch das Hineinversetzen in sein Gegenüber als auch durch die Mitteilung darüber, *wie* etwas verstanden wird, erzielt werden (Röhner & Schütz 2016, S. 28).

Nachhaltige Krisenkommunikation trägt somit auch die Verantwortung für erarbeitete Beziehungen[52]. Um Kontinuität und Nachhaltigkeit erfolgreich herzustellen, müssen langfristige und vor allem regelmäßige kommunikative Maßnahmen erstellt werden. Dialogbestrebungen sollten so auch in Zeiten der größten Kritik nicht verworfen werden.

Doch nicht nur die konkrete Ausgestaltung von Kommunikation(sprozessen) spielt eine Rolle für die nachhaltige Beziehungspflege – bzw. den nachhaltigen Beziehungsaufbau. Auch den geschaffenen und bestehenden Rahmenbedingungen dieser Kommunikationsprozesse kommt eine große Bedeutung zu.

5.4.2 Rahmenbedingungen für nachhaltige (Krisen-)Kommunikationsprozesse

Um nachhaltige Kommunikationsprozesse (zu Krisenzeiten) initiieren zu können, müssen geeignete Rahmenbedingungen und Voraussetzungen geschaffen werden – z.B. organisationale Rahmenbedingungen. Insoweit lassen sich aus theoretischer Perspektive zwei wesentliche Möglichkeiten im Umgang mit Unsicherheit (z.B. in Krisenzeiten) identifizieren[53].

---

52 Dies lässt sich an Social Media Projekten beobachten, die nach Abbruch oder Beendung nicht mehr betreut werden. Dies gefährdet die Glaubwürdigkeit einer Kommunikation, die auf Nachhaltigkeit angelegt ist. »In dem Kommunikationsfeld der sozialen Medien kreuzen sich die Anforderungen der Diskursivität und die des Aufbaus langfristiger Bindungen. Soziale Medien bieten Unternehmen auch eine gute Möglichkeit, Gesicht zu zeigen und als ein menschlicher und sprechender Absender wahrgenommen zu werden«.

53 Dies bezieht sich zunächst auf alle möglichen Organisationsformen, da eine Differenzierung an dieser Stelle nicht gegeben werden kann.

Zum einen können (a) Strukturen, Standardisierungen und Regeln geschaffen werden, um Unsicherheiten (z.B. Krisen) zu vermeiden[54]. Dies führt vor dem Hintergrund einer vernetzten Informationsgesellschaft (vgl. Castells 2001) und des Web 2.0 nur bedingt zu Sicherheit, bzw. eher zu einer ›Pseudo-Sicherheit‹, da Krisen sich nicht immer gänzlich vorhersehen, sondern allenfalls im Nachhineinerklären lassen (siehe Kapitel 2.5.2). »A difficulty with systems [like that] is that people are seduced by order often at the cost of usability and adaptability« (Browning & Boudès 2005, S. 35).

Zum anderen können (b) flexiblere Mechanismen, wie z.B. die Ausbildung einer (Vertrauens-)Kultur und Kompetenzen im Umgang mit Unsicherheit und Komplexität herausgebildet werden. Dazu zählt die langfristige Beziehungspflege durch nachhaltige Kommunikation ebenso, wie das Ermöglichen von Fähigkeiten mit Widersprüchen und Ungewissheit umgehen zu können.

Weyel (2013, S. 310) beschreibt die sog. *Ambiguitätstoleranz*[55] als grundlegend und zentral, wenn es darum geht, mit kommunikativer Mehrdeutigkeit umzugehen. Ambiguitätstoleranz (lat. *ambiguitas* = Doppelsinn) bezeichnet insoweit die Fähigkeit, »Vieldeutigkeit und Unsicherheit zur Kenntnis zu nehmen und ertragen zu können« bzw. mit Mehrdeutigkeit umgehen zu können (Häcker & Stapf 2004, S. 33). Ambiguitätstoleranz[56] bedeutet dabei nicht »Unsicherheit oder Standpunktlosigkeit, sondern eher das Gegenteil, die Souveränität, das eigene Denken und Fühlen nicht vorschnell in vermeintlich fest-

54 Dies hat auch eine zeitliche Dimenesion und unterliegt auch gesellschaftlichen und Wirtschaftspolitischen Organisations- und Führungstrends (siehe Kapitel 4.1.).

55 In der Psychologie wird im Rahmen der Persuasionsforschung zwischen zwei wesentlichen Faktoren unterschieden, die menschliches Handeln in unsicheren Situationen beeinflussen können – Wärme und Kompetenz (wird in der Literatur auch unter den Begriffen ›communion‹ und ›agency‹ erwähnt). Wärme-Dimensionen umfassen hierbei Faktoren wie Vertrauenswürdigkeit und Aufrichtigkeit. Kompetenz-Dimensionen beziehen sich auf Eigenschaften wie Wirksamkeit, Selbstvertrauen und Geschick (vgl. Schäfer 2016, S. 4).

56 Ähnliche Fähigkeiten werden mit dem Begriff der Resilienz umschrieben. Resilienz beschreibt die menschliche Widerstandsfähigkeit gegenüber belastenden Lebensumständen und stellt bspw. einen Gegenbegriff zur Vulnerabilität dar (Gabriel 2005, S. 207). Gabriel (2005, S. 215) sieht Resilienz auch als Produkt verschiedener Faktoren, die die individuelle Entwicklung im sozialen ›Nahraum‹ begleiten. Diese gilt es im Rahmen von Forschung genauer zu analysieren, um sie in Handlungskonzepte umsetzen zu können. Dem Begriff soll daher hier keine weitere Beachtung zukommen. Fraglich ist allerdings, ob der Begriff der Ambiguitätstoleranz um Aspekte der Resilienz oder Disruptionsbewältigung erweitert werden könnte.

stehende Koordinatensysteme einzuordnen« (Weyel 2013, S. 310). Dabei wird angenommen, dass Ambiguitätstoleranz gefördert und durch entsprechende Bedingungen etabliert werden kann. Auch wird diesbezüglich vorausgesetzt, dass Ambiguitätstoleranz nicht nur auf einer individuellen Akteursebene existieren, sondern auch auf organisationaler Ebene gefördert bzw. ausgebildet werden kann[57]. Hier ist es zusätzlich bedeutsam auch von Ambiguitätskompetenz zu sprechen, da im Gegensatz zum Toleranzbegriff auch der Erwerb im Vordergrund steht. Kompetenzen können sowohl aus geplanten als auch ungeplanten Auseinandersetzungen mit konkreten Anforderungen resultieren, z.B. durch gezielte Trainings (vgl. Kauffeld & Paulsen 2018, S. 14).

Ambiguitätstoleranz ist, in Zeiten der zweiten Moderne (siehe Kapitel 2.4.1), sowohl von Organisationsmitgliedern (Führungskräfte, Mitarbeiter usw.), als auch von Organisationen (Strukturen, Prozessen) selbst gefragt[58]. Widersprüche, Krisen und Komplexität werden insoweit auch als Quellen für Innovationen, Kreativitätsprozesse und Veränderungen sowie deren Umgang als essenziell für das Fortbestehenden von Organisationen angesehen (vgl. Laloux 2015).

In einer komplexen und unsicheren Umwelt ist es daher auch die Aufgabe von Führungskräften und Organisationsstrukturen, bestehende Werkzeuge und Denkmuster in Frage zu stellen und auf deren Sinnhaftigkeit zu überprüfen. Um Vertrauenskrisen durch entweder veraltete und nicht mehr effiziente Haltungen oder durch die mögliche Überforderung im Falle einer zu schnellen/überstürzten Einführung agiler Methoden zu vermeiden, ist es zentral,

---

57 Die Unterscheidung der Begrifflichkeiten einer Ambiguitätstoleranz oder Ambiguitätskompetenz implizieren unterschiedliche Möglichkeiten der Gegebenheit oder der Entwicklung.

58 Hier wird vielmehr davon ausgegangen, dass alle möglichen Organisationstypen bzw. Unternehmensformen im Rahmen der zweiten Moderne mit einer erhöhten Umweltkomplexität konfrontiert sind. Unterschiedliche Ausprägungen und Anforderungen unterliegen allerdings stets auch einer individuellen Betrachtungsweise.

dass in Organisationen eine etablierte Lern- und Fehlerkultur[59] herrscht (vgl. Gergs 2016; Laloux 2015).

Eine Organisation im Sinne der ANT als vernetztes Akteursfeld zu verstehen und zu fördern, kann dabei helfen, eine offene und transparente Kommunikation auch innerhalb der Organisation zu etablieren.

Vernetzung und Selbstorganisation kann in Zeiten der Unsicherheit mehr Chancen bieten als starre Hierarchien. »(...) [W]hen an environment is ambiguous, the proper scope for interpretation and action is at the individual rather than the hierarchical level« (Browning & Boudès 2005, S. 34).

Das Überleben von Organisationen in komplexen und unsicheren Umwelten setzt daher eine Unternehmenskultur voraus, in der Offenheit, Transparenz und ein hohes Maß an Vertrauen zwischen allen Akteuren herrscht (Gergs 2016, S. 65). Die organisationale Fähigkeit sich Veränderungen anzupassen, bzw. im Sinne der Ambiguitätstoleranz damit umzugehen, hängen maßgeblich von der Anzahl der Handlungsmöglichkeiten der Organisation ab, welche sich mit der Berücksichtigung unterschiedlicher Perspektiven im Unternehmen erhöhen. »Die Managementsysteme der Zukunft müssen Diversifizierung, Meinungsverschiedenheiten und Abweichungen von der Norm als ebenso wertvoll erachten wie Konformität, Konsens und Zusammenhalt« (Gergs 2016, S. 74).

Unerlässliche Rahmenbedingungen für das Ermöglichen nachhaltiger Kommunikationsprozesse in unsicheren Zeiten sind daher auch erkundende und experimentierende Tätigkeiten (vgl. Snowden & Boone 2007). Starre Strukturen schränken die Wahrnehmung und die Reaktionsmöglichkeiten zu Krisenzeiten ein und werden in der Praxis gleichwohl vermehrt eingesetzt:

> »Die steigende Komplexität bringt eine Vielzahl von Paradoxien und Widersprüchen mit sich (...). Es wird nach wie vor gelehrt, dass gute Führungskräfte Widersprüche und Ambiguitäten aus dem Weg räumen und in Eindeutigkeit transformieren, das heißt in klare Ziele und Umsetzungspläne überführen.« (Gergs 2016, S. 81)

---

59 Das Konzept einer ›Fehlerkultur‹ stammt ursprünglich aus der Sicherheitsbranche und lässt sich in seiner ursprünglichen Verwendung nicht auf alle organisationalen Kontexte übertragen. Mit Fehlerkultur soll hier daher der kommunikative Umgang mit Fehlern bzw. die Bereitschaft über Fehler zu kommunizieren betitelt werden. Eine positive Fehlerkultur ist bspw. durch regelmäßige Feedbackschleifen charakterisiert und die Thematisierung bzw. der offene Austausch über Misserfolge und Erfolge in den Arbeitsprozess integriert (Gergs 2016, S. 136).

Mit Invisible-Hand-Prozessen kann allerdings besser umgegangen werden, wenn vielfältige Signale bzw. Impulse aus einer Vielzahl an Quellen gesammelt, analysiert und daraus neue Muster abgeleitet werden (siehe Kapitel 4.5).

Auch der konstruktive Umgang mit Fehlern ist in Zeiten der zweiten Moderne für nachhaltigen Beziehungsaufbau unerlässlich. Im Hinblick auf Organisationstrukturen bedeutet dies, Resilienz zu fördern und aus Fehlern zu lernen, was bspw. durch regelmäßige Feedbackschleifen ermöglicht werden kann (Gergs 2016, S. 124).

Um nachhaltige Kommunikationsprozesse zu ermöglichen, ist es daher unerlässlich, auf organisationaler Ebene Rahmenbedingungen zu schaffen, die auch in Krisenzeiten den Umgang mit Unsicherheit ermöglichen, und die Ausbildung und Pflege von Ambiguitätstoleranz initiieren.

Nachhaltig wirkende Entscheidungen zu treffen scheitern zumeist daran, dass Mitarbeiter und Führungskräfte eher Entscheidungen treffen, die unmittelbare Erfolge versprechen. »Für die Kommunikationskultur in Unternehmen bedeutet dies, eine nachhaltigkeitsfreundliche Entscheidungskultur zu etablieren, in der Mitarbeiter und Führung nicht nach kurzfristigen Erfolgen evaluiert werden, sondern auch mittel- und langfristige Erfolge entsprechend gewichtet werden« (David 2013, S. 346).

Dies erfordert u.a. die kontinuierliche Anpassung und Überprüfung bestehender Strukturen und Denkmuster und ein zyklisches Verständnis von Veränderung (Gergs 2016, S. 323f.). Nachhaltige Kommunikation verfügt daher über eine Vergangenheits- und eine Zukunftsorientierung (siehe Kapitel 3.3.3).

Hierbei ist es essenziell, nicht gänzlich auf sicherheitsgebende Strukturen zu verzichten, da dies wiederum die ›Privatisierung‹ von Verantwortung für die einzelnen Akteure zur Folge hätte und zu Vertrauensverlusten führen könnte. Anpassungsfähigkeit kann daher nicht als ›Allheilmittel‹ zu Krisenzeiten verstanden werden.

> »(…) [E]fforts to reorganize and reduce authority can ironically often have the opposite effect (…). A familiar example in organization life is the cyclic reorganization of authority by industry, then by function, then by industry, and so on in an endless cycle; or the fact that well-intentioned revolutionaries sometimes put into place bureaucracies even more stifling than those they overthrew.« (Kurtz & Snowden 2003, S. 476)

Zu Krisenzeiten ist eine gewisse Strukturprozessualität notwendig (siehe Kapitel 4.5) und das passende Maß an Ressourceneinsatz und Flexibilität (bzw.

Mischung aus Widerstandsfähigkeit und Anpassungsfähigkeit) ausschlaggebend für den erfolgreichen Umgang z.B. mit Kommunikationskrisen.

Nachhaltige Kommunikation kann dabei helfen, intern und extern die Grenzen sicherheitsstiftender Strukturen zu überbrücken und durch aufgebautes Vertrauen Prozesse im Umgang mit Eigendynamik zu unterstützen, die eine gewisse Ambiguitätstoleranz fördern.

5.4.3 Implikationen für die Ausgestaltung von (Krisen-)Kommunikation nach Impulsverläufen

Sowohl die konkrete Gestaltung von nachhaltigen Kommunikationsprozessen für die Beziehungspflege – bzw. den Beziehungsaufbau (siehe Kapitel 5.4.1) – als auch geschaffene und bestehende Rahmenbedingungen für die Ermöglichung ebendieser Kommunikationsprozesse spielen eine Rolle für die erfolgreiche[60] (organisationale) Krisenkommunikation.

In Kapitel 4.5 wurde eine bildliche Systematisierung erarbeitet, die verschiedene Impulsverläufe für Krisenkommunikation impliziert. Dabei wurden Impulse aus Akteursfeldern als maßgeblich für eigendynamische Kommunikationsprozesse definiert und vier verschiedene exemplarische Zusammenhangsbereiche bzw. Impulsverläufe (lineare, extra-lineare, exponentielle und extra-exponentielle Impulsverläufe) identifiziert und allgemeine Handlungsempfehlungen für diese Bereiche vorgenommen. Am Beispiel der organisationalen Krisenkommunikation ließen sich Schwierigkeit der Steuerung von Kommunikationsprozessen und deren Eigendynamik verdeutlichen, da es in Zeiten der größten Unsicherheit (Krise) gilt, dem ›Druck nach Sicherheit‹ bzw. Steuerungswünschen durch vertrauensbildende, glaubwürdige und nachhaltige Beziehungspflege standzuhalten. »Nicht der schnelle Werbeeffekt zählt, sondern Glaubwürdigkeit und Vertrauen. Glaubwürdigkeit, Vertrauen und Bindung entstehen aber nicht über Nacht, sondern wollen und müssen langfristig aufgebaut werden« (David 2013, S. 345).

Im nächsten Schritt soll nun die Rolle prozessualer Beziehungsgeflechte und Vernetzungen für nachhaltige Kommunikationsprozesse näher beleuchtet werden und diesbezüglich konkrete Handlungsempfehlungen für die jeweiligen Impulsverläufe erweitert werden (siehe Tabelle 3).

---

60 Als erfolgreich wird Krisenkommunikation hier angesehen, wenn sie nachhaltig ist, zu einem langfristigen Beziehungsaufbau und einer Beziehungspflege führt oder diese erhält und zielorientiert ist (siehe Kapitel 3.2).

Lineare Impulszusammenhänge

Scheinbar einfache bzw. lineare Wirkungszusammenhänge in Krisensituationen sollten zunächst erkannt werden. Dafür ist es sowohl notwendig, dass organisationale Rahmenbedingungen dies zulassen (z.B. durch eine Lernkultur), als auch, dass auf das Einstufen von Ursache und Wirkung eine angemessene kommunikative Reaktion stattfinden kann (vgl. Snowden & Boone 2007).

Lernendes und beobachtendes Agieren ist in Zeiten der Unsicherheit daher wertvoll. Für die Krisenkommunikation kann es in diesem Zusammenhang hilfreich sein, Best Practices als Orientierungsstrukturen zu erstellen und regelmäßige Feedbackschleifen zu nutzen. Dennoch sollte stets eine Sensibilisierung für eigendynamische Prozesse erfolgen, da vereinfachte Denkzusammenhänge bedeutsame Auslöser (auch scheinbar noch so kleine) für einen Verfall ins Chaos übersehen können. Um einen chaotischen Impulsverlauf zu vermeiden, sollten daher auch kleinste Kontextveränderungen als essenziell betrachtet werden.

Diesbezüglich eignet sich ein wertschätzender, nicht-egoistischer Kommunikationsstil und die Erfüllung von Konversationsmaximen nach Grice (1975), die sich insbesondere auf die Quantität beziehen. Überflüssige Informationen sollten vermieden und ein der Situation angemessener Informationsgehalt vermittelt werden, um chaotische Entwicklungen zu vermeiden und glaubwürdig zu bleiben.

Extra-lineare Impulszusammenhänge

Bei extra-linearen Zusammenhängen kann es im Gegensatz zu linearen Impulsverläufen mehrere Auslöser für Impulsverläufe geben. Da der Zusammenhang zwischen Ursache und Wirkung nicht für alle Akteure ersichtlich ist, kann es nützlich sein, Experten für die Krisenkommunikation hinzuzuziehen. Auch sollten mehrere Handlungsmöglichkeiten geprüft werden. Unkonventionelle Lösungen und kreative Problemlöseprozesse können sich als hilfreich erweisen und durch einen ausprobierenden und erkundenden Kommunikationsstil unterstützt werden. Unsicherheiten sollten auch als Chancenpotenzial für innovative Lösungswege und experimentelles Lernen der Organisation als Möglichkeit der Perspektivenerweiterung gesehen werden.

Diesbezüglich sollte insbesondere eine Orientierung an den Maximen der Qualität erfolgen und keine ungesicherten Informationen kommuniziert werden, um Authentizität zu gewährleisten. Die Skizzierung einer ›Übereinkunft‹ kann zudem einen Anhaltspunkt für kreative Problemlöseprozesse liefern. Offene und erkundende Kommunikationsstile können sich insoweit als hilfreich erweisen und Vertrauensbeziehungen unterstützen. Transparenz ist hierbei eng verknüpft mit Glaubwürdigkeit und Authentizität. Die transparente Kommunikation von Rückschlägen zählt ebenfalls dazu und dient indirekt auch dem Vertrauensaufbau und der Identifikation neuer Lösungen.

Exponentielle Impulszusammenhänge

Bei exponentiellen Impulszusammenhängen stehen Wandel und Unberechenbarkeit im Vordergrund. Es gibt zwar aufschlussreiche Muster, aber auch unbekannte Wissenslücken. In solchen Krisenzeiten kann es zielführend sein, (neue) kommunikative Maßnahmen auszuprobieren und ähnlich wie bei extra-linearen Impulsverläufen erkundende und offene Kommunikationsmaßnahmen einzuleiten.

›Blaseneffekte‹ durch abgegrenzte Bereiche im Web 2.0, die zu unterschiedlichen Realitätskonstruktionen führen und bspw. in Shitstorms resultieren können, sind als Inkubatoren von Sub- und Mikrokulturen zu verstehen (siehe Kapitel 5.3.1). Das Konzept der strukturellen Löcher empfiehlt Netzwerkakteuren, sich vielmehr möglichst ›nah‹ an solchen Löchern aufzuhalten, da diesen eine Gatekeeper Funktion zukommt (Stegbauer & Häußling 2010 b, S. 57). Dahingehend ist nicht die Frage nach starken oder schwachen Beziehungen entscheidend, sondern Lücken und Löcher im Netzwerk, um an ›externe‹ Informationen zu kommen. Gruppen auf sozialen Netzwerkseiten des Web 2.0 können so durch Brücken einen Informationsaustausch und die Beeinflussung von Handlungsmöglichkeiten herstellen (siehe Kapitel 5.3.2). Für die Krisenkommunikation ist es hier besonders sinnvoll, Grenzen bei der Entstehung von Mustern abzustecken und z.B. durch Attraktoren Brücken für einen Informationsaustausch zu schaffen. Die Relevanz sozialer Informationen für Netzwerkbeteiligte (z.B. Gossip) kann hierbei strategisch genutzt werden, bspw. durch die Streuung eigener Informationen. Attraktoren bzw. Anziehungspunkte (z.B. Meinungsführer) sollten hier möglichst geringfügige Reize bieten und so auf die Resonanz von relevanten Akteuren reagieren. Dies könnte ein Steuerungselement sein und als vertrauensbildende Maßnahme genutzt werden (Beziehungs-Vertrauensaufbau durch Attraktor).

Die Maxime der Relevanz können sich hierbei als hilfreich erweisen, da Irrelevantes und Nebensächliches vertrauenshinderlich sein könnten. Vor allem bei der Nutzung von Social Media sollte auf redundante Informationen verzichtet und keine ›unnötigen‹ Aktivitäten vollzogen werden. Hier können Diskussionen und Dialogplattformen genutzt werden, um einen diversen und interaktiven Kommunikationsstil im Sinne des Kooperationsprinzips[61] zu unterstützen und einen für alle Akteure ersichtlichen Mehrwert zu schaffen. Eine signalisierte und gelebte Dialogbereitschaft kann so auch für den Drang zur Reziprozität (vgl. Möhring & Schneider 2009) (aus)genutzt werden. Der Dialog bspw. über soziale Medien führt allerdings auch zu einem gewissen Kontrollverlust für Unternehmen, der allerdings einer nicht proaktiven Beteiligung vorzuziehen ist, da Kommunikation und Dialoge so oder so in sozialen Medien geführt werden. Perspektivenvielfalt kann zudem helfen, gute Lösungsmöglichkeiten für die konkrete Situation zu finden und ›Informationsblasen‹ zu vermeiden.

Extra-exponentielle Impulszusammenhänge

Extra-exponentielle Impulsverläufe kommunikativer Prozesse sind als chaotisch einzustufen. Antworten zu finden sollte hier als nebensächlich betrachtet werden. Für die Krisenkommunikation ist es in erster Linie nützlich, für instabile Zustände sensibilisiert zu sein und Chaos möglichst schnell eindämmen zu können. Insoweit kann es hilfreich sein, ›produktive‹ bzw. ›unproduktive‹ Situationen für Kulturentwicklungen zu identifizieren.

Ziel sollte es sein, chaotische Impulsverläufe in komplizierte umzuwandeln. Im Sinne einer Fehler- und Lernkultur sollten Instabilitäten auch als Chancen für Neustrukturierungen und Innovationen geframed und eine kontinuierlichen Selbsterneuerung und Ergebnisoffenheit angestrebt werden. Auch sollte aus der Krisenkommunikation generiertes Wissen über den Umgang mit Krisen das organisationale Lernen anregen (siehe Kapitel 5.4.2; 6.7). »Organizational learning occurs when organizations acquire feedback and apply this knowledge to make meaningful changes in policy and procedures. Such learning is often based on observations derived from failures, either minor or substantial« (Sellnow & Seeger 2013, S. 77). Bedeutsam ist es hierbei eine gesunde Balance zu finden und sich als Unternehmen nicht zu sehr in einer Position des Rechtfertigens zu verstehen, um authentisch zu bleiben. Ein konstruktives Fehlermanagement führt langfristig zu einer höheren Bindung zu Anspruchsgruppen, da eine Verbesserungsbereitschaft signalisiert wird. Dies ist eng verknüpft mit einem Identitätsverständnis

61 Siehe Kapitel 2.3.

(siehe Kapitel 5.2.1), das Krisen als konstitutiven Bestandteil ansieht[62]. Eine kohäsive Identität »ist nicht eine, die Vielfalt reduziert, sondern die gelernt hat, mit Vielfalt umzugehen« (Straus & Höfer 2010, S. 202).

Zudem sollte der Wunsch nach Konformität und Sicherheit in chaotischen Umgebungen hinterfragt werden. Ein an Steuerungswünsche angepasster Kommunikationsstil kann insoweit den gegenteiligen Effekt haben und zu noch chaotischeren Zuständen führen. Essenziell ist, insbesondere bei derartigen Impulsverläufen Sicherheitsbedürfnisse durch Ambiguitätstoleranz und vertrauensvolle Beziehungen zu unterstützen. Die Orientierung an Maximen der Modalität können helfen, das ›wie‹ der genutzten Kommunikation beziehungsfördernd/beziehungspositiv einzusetzen – z.B. kann die Orientierung an logischen und zeitlichen Abfolgen den Umgang mit Unsicherheit erleichtern.

Die Konstituierung und der Verlauf von Impulszusammenhängen sind daher exemplarisch zu unterscheiden (siehe Kapitel 4.4). Impulszusammenhänge unterscheiden sich bezogen auf die Krisenkommunikation allerdings nicht nur anhand ihrer zentralen Merkmale wie bspw. der Visibilität von Wirkungszusammenhängen oder ihrer Prognostizierbarkeit. Für die nachhaltige Krisenkommunikation spielen vielmehr auch andere Kontextelemente eine Rolle. Hier lassen sich bspw. exemplarisch die Notwendigkeit unterschiedlicher Rahmenbedingungen zur Ermöglichung der nachhaltigen (Krisen)Kommunikation bzgl. der verschiedenen Impulsverläufe einordnen. Auch bieten unterschiedliche Impulszusammenhänge unterschiedliche Chancen und erfordern einen gesonderten Kommunikationsstil um nachhaltige kommunikative Prozesse situationsgerecht zu ermöglichen. Dies soll an folgender Tabelle zusammenfassend verdeutlicht werden:

62 Bereits der griechische Philosoph Heraklit vermerkte vor 2500 Jahren: »Nichts ist so beständig wie der Wandel«.

Tabelle 3: Impulszusammenhänge von Krisenverläufen und Handlungsempfehlungen

	Lineare Impulszusammenhänge	**Extra-lineare Impulszusammenhänge**	**Exponentielle Impulszusammenhänge**	**Extra-exponentielle Impulszusammenhänge**
Merkmale	Prognostizierbarkeit relativ einfach, einfache Wirkungszusammenhänge, Ursache und Wirkung ersichtlich, bekanntes Wissen vorhanden, relativ einfache Ordnung und Gleichgewicht erkennbar, hohe Strukturalität und geringe Prozessualität	Prognostizierbarkeit möglich, Ursache und Wirkung allerdings nicht für alle Akteure ersichtlich, unbekanntes Wissen vorhanden, komplexe Ordnungen ersichtlich, geringe Strukturalität sowie Prozessualität vorhanden	Prognosen nur schwer möglich, Ursache und Wirkung liefern lediglich aufschlussreiche Muster, bekanntes Unwissen vorhanden, komplexe Unordnung ersichtlich, geringe Strukturalität und hohe Prozessualität vorhanden	Prognosen unmöglich, Ursache und Wirkung liefern keine aufschlussreichen Muster, unbekanntes Unwissen vorhanden, chaotische Unordnung bzw. Zustände, hohe Strukturalität und Prozessualität vorhanden
Rahmenbedingungen der nachhaltigen Krisenkommunikation	Lernkultur und beobachtendes Verhalten etablieren	Innovationskultur fördern	Diskussions- und Dialogkultur entwickeln	Fehlerkultur und Lernendes Identitäts verständnis etablieren
Chancen der Krisenkommunikation	Best Practices und Feedbackschleifen nutzen, um kleine Kontextveränderungen zu identifizieren, überflüssige Informationen vermeiden	Unkonventionelle Lösungswege u.a. mit Experten konzipieren, nur gesicherte Informationen kommunizieren	Gatekeeper identifizieren und Attraktoren schaffen, Perspektivenvielfalt sichern	Für instabile Zustände sensibilisieren, Steuerungswünsche hinterfragen, Ambiguitätstoleranz schulen
Kommunikationsstil	Wertschätzender und nicht-egoistischer Kommunikationsstil	offener Kommunikationsstil	offener, erkundender Kommunikationsstil	Logische und nachvollziehbare Kommunikation

Insoweit wird ersichtlich, dass spezielle Handlungsempfehlungen für die verschiedenen Impulszusammenhänge ebenso wenig trennscharf zu verstehen sind wie die Phasen selbst (siehe Kapitel 4.5.5). Die Handlungsempfehlungen sollen daher lediglich zur Orientierung dienen.

Kernaspekt der Nachhaltigkeit in der Krisenkommunikation ist es somit, trotz Unsicherheit und Komplexität auf eine Nachwirkung abzuzielen. »In der Praxis bedeutet dies, Entscheidungen zu treffen und Maßnahmen zu ergreifen, die langfristig eine gewünschte positive Wirkung erzielen – und zwar auch dann, wenn diese nur langfristig wirken, also nicht auch unmittelbar und kurzfristig schon Erfolg zeigen« (David 2013, S. 346).

5.5 Reflexion

1. Warum spielen Netzwerke bzw. die Netzwerkforschung eine Rolle bei der Untersuchung von Kommunikationsprozessen?
2. Wie ist die kommunikative Kulturalisierung von Netzwerken, bspw. in Bezug auf das Web 2.0 zu verstehen?
3. Wie gehen Netzwerke mit Unsicherheit um und welche Bewältigungsstrategien gibt es?
4. Wie wirken sich Beziehungsstrukturen und Vernetzungsgrade auf den Umgang mit Komplexität in Netzwerk aus?
5. Was bedeutet dies für die nachhaltige Krisenkommunikation?

Das Informationszeitalter der zweiten Moderne ist laut Castells (2001) primär in Netzwerken organisiert. Kommunikatives reziprokes Handeln führt unumgänglich zu kommunikativ geschaffenen Vernetzungen, wie bspw. Strukturen und Prozesse des Web 2.0 belegen (siehe Kapitel 2.4.2), und ist für die empirische Netzwerkforschung von Bedeutung. Die Erweiterung der Betrachtung von Komplexität, Nachhaltigkeit und Kommunikation um die Perspektive der Netzwerktheorie ist daher nur angebracht.

Die Netzwerkforschung erlangt zunehmende Aufmerksamkeit und spielt inzwischen in nahezu jedem sozialwissenschaftlichen Fachgebiet eine Rolle. Besonderheiten der Netzwerkforschung erlauben, (kommunikativ geschaffene) Beziehungsgeflechte und Beziehungskontexte in sozialen Netzwerken zu analysieren (vgl. Stegbauer 2010). Als Beziehungsdimension von sozialen Netzwerken bildet Kommunikation bereits seit langem einen Gegenstand der Sozialen Netzwerkanalyse.

Typisch für die Netzwerkstruktur ist insoweit vor allem die Eigenschaft der Knoten, über verschiedene Kanten Verbindungen zu mehreren Knoten einzugehen. Kanten können auch als abstraktere Beziehungen zwischen Elementen definiert werden. Kommunikationsprozesse können konkrete Verbindungen zwischen Knoten darstellen. Kommunikation selbst kann so als soziales Netzwerk verstanden werden, welches als intermediäres Netzwerk zwischen interpersonellen Beziehungen und symbolischen Strukturen von Sprache angesiedelt ist (vgl. Albrecht 2013).

Dabei spielt insbesondere die ANT Bruno Latours eine Rolle, da sie die Unterscheidung zwischen Gesellschaft und Natur bzw. zwischen Gesellschaft und Technik durch den Netzwerkbegriff aufbricht. Die Theorie versteht die kommunikativ konstituierte und vernetzte Gesellschaft als Resultat konkurrierender Assoziationen beteiligter Akteure und sowohl menschliche als auch nicht-menschliche Akteure werden als Teil von Netzwerkgesellschaften definiert und so auch für den Kontext des Web 2.0 anwendbar.

Zunehmend befassen sich viele Netzwerkforscher mit der Analyse onlinebasierter Kommunikationsprozesse im Rahmen des Web 2.0. Stegbauer (2010; 2018) postuliert an dieser Stelle, Fragen der klassischen Netzwerkforschung methodisch zu erweitern und Übertragungsmechanismen von kulturellen Aspekten in Netzwerken zu untersuchen, um ›produktive‹ bzw. ›unproduktive‹ Situationen für Kulturentwicklung zu identifizieren. Beispielsweise lassen sich anhand des Phänomens des Shitstorms die Entstehung und das Aufeinandertreffen gegensätzlicher digitaler Kulturen im Internet untersuchen.

Hier stellt sich auch die Frage nach Identität sowie nach der Handlungsfähigkeit von Netzwerkakteuren. Soziale Netzwerke können als ein bedeutender Faktor menschlicher Identitätsentwicklung und Prägung angesehen werden. Individuelle Identitätsentwicklung wird in diesem Sinne als Entwicklung dargestellt, die stark von einer kollektiven Identität geprägt wird.

Hierbei bestehen identitätsstiftende Beziehungsstrukturen stets in einem Prozess. Mark Granovetter (1974) veranschaulichte dies in seinem Werk zu *Strong* und *Weak Ties* und postulierte, dass schwache Netzwerkbeziehungen zu Informationsvorteilen führen könnten. Granovetters Erkenntnis ist als bedeutungsvoll anzusehen, da die Beziehungsqualität zwischen Akteuren Aufschlüsse über das Netzwerkeverhalten geben kann. Dies kann insbesondere zu Krisenzeiten eine nützliche Erkenntnis darstellen, wenn es darum geht, Informationen zu erhalten oder zu streuen.

Laut Burt (1992) ist nicht nur die Stärke bzw. Schwäche einer Beziehung ein relevantes Merkmalskriterium, sondern auch ihre Positionierung in einem Netzwerk. In seiner strukturellen Handlungstheorie versteht er die Gesellschaft als relationale und nach Positionen etablierte Sozialstruktur. Relevant ist hier nicht nur die Beziehungsqualität, sondern vielmehr werden Vorteile durch die Positionierung als Brücke über ein strukturelles Loch generiert und der Zugang zu (essenziellen) Ressourcen ermöglicht. Die Bedeutung von strukturellen Löchern in Netzwerken ist für die Krisenkommunikation nicht unerheblich, da nicht miteinander verbundene Netzwerkcluster z.B. Gruppen auf sozialen Netzwerkseiten des Web 2.0, durch Brücken einen Informationsaustausch und Beeinflussung von Handlungsmöglichkeiten stellen können.

Vernetzungsgrade werden u.a. von Stanley Milgram (1969) in seinem *Small-World*-Experiment verdeutlicht und ermöglichen die Betrachtung von Verkettungsprozessen (z.B. die Weitergabe von Informationen) bzw. erörtern, dass diese auch von strukturellen Gegebenheiten beeinflusst werden.

Identitätsstiftende Netzwerkstrukturen, Positionierungen und die Pflege von Beziehungen dienen im Informationszeitalter einem wesentlichen Ziel – dem Umgang mit Unsicherheit und Komplexität.

Unsicherheit und Komplexität zählen in Zeiten des Web 2.0 in Netzwerken zu zentralen Elementen. Im Umgang mit Komplexität und Ambiguität haben Akteure in Netzwerken somit die Möglichkeit, (a) Kontrollbestrebungen durch Identitätsarbeit (Identity Control; vgl. White 2008) und die Skizzierung einer gemeinsamen Wahrheit/Realität zu unternehmen sowie (b) relationale Beziehungsmuster durch Narrative (Stories; vgl. Beckert 2005) und Vertrauen und Vertrautheit zu etablieren (vgl. Luhmann 2014), um Routinehandeln, Normalität, Plausibilität und Relevanz auch in unsicheren Kontexten herzustellen und die eigene Handlungsfähigkeit zu sichern.

Die Etablierung einer gemeinsamen kommunikativen Realität in Netzwerken ist daher auch immer subjektiv und perspektivenabhängig. Gute Beispiele hierfür sind *Gossip* und *Fake News*, die sich laut Latour als abstrahierte -menschliche Handlungen in einem kommunikativen Netzwerk verstehen lassen und eigene Dynamiken auslösen können.

Im Umgang mit Unsicherheit versuchen Akteure in Netzwerken daher auch nachhaltige Beziehungsgeflechte durch Vertrauen und Vertrautheit zu etablieren. In Netzwerken spielt Vertrauen immer dann eine zentrale Rolle, wenn andere Mechanismen der Reduktion von Ungewissheit und Komplexität versagen. Vertrauen ist dabei kommunikativ geschaffen bzw. wird kommunikativ gepflegt und ist somit als interdependent mit Kommunikation zu verstehen.

Krisenzeiten gehen meist mit einer erhöhten Unsicherheit einher und erfordern insbesondere von der organisationalen Krisenkommunikation die (Wieder)Herstellung von Sicherheit. Nicht selten profitieren Organisationen genau in solchen Situationen von langjährig gepflegten und vertrauensvollen Beziehungen. Nachhaltige Kommunikation (siehe Kapitel 3.2) vereint nicht nur zentrale Nachhaltigkeitsprinzipien, sondern ermöglicht einen anschlussfähigen, authentischen und werteorientierten Beziehungsaufbau (bzw. Beziehungspflege), der auch in Krisenzeiten beständig und verbindlich bleibt (siehe Kapitel 3.3.1).

Die konkrete Ausgestaltung von nachhaltiger Kommunikation zum Beziehungsaufbau beschreibt Grice (1975) ansatzweise mit seinen ›Maximen der Konversation‹ und Rogers (1991; 1961) mit seinem ›Kooperationsprinzip der erfolgreichen Kommunikation‹.

Um nachhaltige Kommunikationsprozesse initiieren zu können, müssen daher auch geeignete Rahmenbedingungen und Voraussetzungen geschaffen werden. Auch hier lassen sich aus theoretischer Perspektive zwei wesentliche Möglichkeiten im Umgang mit Unsicherheit (z.B. in Krisenzeiten) identifizieren. Zum einen können (a) Strukturen, Standardisierungen und Regeln geschaffen werden, um Unsicherheiten (z.B. Krisen) zu vermeiden bzw. zu umgehen. Zum anderen können (b) flexiblere Mechanismen, wie z.B. die Ausbildung einer (Vertrauens-)Kultur und Kompetenzen im Umgang mit Unsicherheit und Komplexität herausgebildet werden. Hierzu zählt die ebenso langfristige Beziehungspflege durch nachhaltige Kommunikation, wie auch das Ermöglichen von Ambiguitätstoleranz, um mit Widersprüchen und Ungewissheit konstruktiv umgehen zu können.

Im letzten Schritt wurden daher konkrete Handlungsempfehlungen (bzgl. Kommunikation) für die jeweiligen Impulszusammenhänge (Kapitel 4.5) möglicher Krisenverläufe erläutert.

6 Handlungsempfehlungen für eine nachhaltige Krisenkommunikation

»A crisis is unpredictable but not unexpected. Wise organizations know that crises will befall them; they just do not know when. Crises can be anticipated.« (Coombs 2012, S. 3)

VI Preview

Wie kann eine nachhaltige Krisenkommunikation unter Berücksichtigung eigendynamischer Prozesse gestaltet bzw. erklärt werden?
Welche Konsequenzen ergeben sich für die Krisenkommunikation, wenn theoretische Ansätze der Netzwerk- und der Komplexitätsforschung mitgedacht werden?
Welche Handlungsempfehlungen lassen sich aus der theoretischen Fundierung zusammenfassend ableiten?

Nachhaltigkeit ist als Trendbegriff inzwischen interdisziplinär in verschiedenen wirtschaftlichen, politischen, gesellschaftlichen und wissenschaftlichen Kontexten vertreten. Sie kann als Überbegriff verstanden werden, der sich auf nachhaltige Handlungen und Verhaltensweisen und demnach unterschiedliche Themenbereiche beziehen kann (siehe Kapitel 3.1). Für Organisationen gewinnt die Thematik an Bedeutung, da relevante Anspruchsgruppen, die zur Legitimierung und somit zum Überleben der Organisation beitragen, zunehmend eine Auseinandersetzung mit ihr fordern. Doch Nachhaltigkeit bezieht sich nicht nur auf umweltbewusstes Handeln, wie es 2019 bzw. 2020 häufig in den Medien konnotiert wird (siehe z.B. Fridays for Future), sondern spielt auch auf anderen Ebenen des organisationalen Verhaltens eine bedeutsame Rolle: in der Kommunikation. Dieser Umstand lässt sich am Beispiel der Krisenkommunikation verdeutlichen, da insbesondere zu Krisenzeiten die Handlungsfähigkeit von Organisationen auch durch Eigendynamik und Unsicherheit eingeschränkt wird (siehe Kapitel 2.5.3) und durch einen nachhaltigen kommunikativen Beziehungsaufbau aufrechterhalten bzw. zumindest teilweise sichergestellt werden kann.

Doch nachhaltige Entwicklungen sind zumindest per Definition (siehe Kapitel 3.2) zunächst Handlungen bzw. Verhalten, das zu beständigen Entwicklungen führt. Somit kann sich auch eine negative Reputation einer Organisation nachhaltig bei Anspruchsgruppen verankern.

Fraglich ist somit, *wie* es Organisationen gelingen kann, in unsicheren und komplexen Situationen (z.B. Krise) nachhaltige Entwicklungen kommunikativ zu gestalten, sodass eine Handlungsfähigkeit im Sinne der Organisation bestehen bleibt.

Im Folgenden sollen wesentliche Erkenntnisse der Arbeit als Handlungsempfehlungen insbesondere für die Krisenkommunikation dargestellt werden.

6.1 Kommunikation ist allgegenwärtig

Kommunikation ist in der sozialen Welt omnipräsent und ein Fundament menschlichen Handelns. Letzteres ist immer mehr oder weniger kommunikativ bzw. besitzt kommunikative Elemente.

Der Kommunikationsbegriff an sich ist allerdings schwerer fassbar, da sich dieser im ständigen Wandel befindet und interdisziplinär unterschiedliche Betrachtungsschwerpunkte gesetzt werden. Wo früher bspw. das Telegramm mit dem Begriff in Verbindung gebracht wurde, stehen heute soziale Netzwerke.

Trotz der Definitionsvielfalt, die nach wie vor herrscht, lassen sich elementare Merkmale kommunikativer Prozesse aus Modellen und Theorien identifizieren, die zentrale Elemente eines Kommunikationsprozesses skizzieren (siehe Kapitel 2.3). Damit sich Kommunikation ereignen kann, ist es (vgl. Burkart 2003) notwendig, dass mindestens zwei Lebewesen (Personen) miteinander in Beziehung treten, indem sie Zeichen und Symbole austauschen (vgl. Röhner & Schütz 2016). Sie selbst ist sowohl ein bewusstes und geplantes als auch ein unbewusstes, z.T. habitualisiertes zeichenvermitteltes Handeln. Diese symbolische Interaktion (siehe Kapitel 4.3.6) zwischen Beteiligten erfolgt immer auch in bestimmten Situationen, sozialen Konstrukten und Absichten. Sprache ist als Werkzeug, nicht aber als Voraussetzung der Kommunikation zu verstehen (vgl. Keller/Reichertz/Knoblauch 2013).

Damit Letztere gelingt, ist es notwendig, dass ein gemeinsames Zeichen- und Symbolrepertoire der Interagierenden besteht (vgl. Röhner & Schütz 2016). Zudem muss eine zu übermittelnde Nachricht vorliegen, die den Zeichen und Symbolen entspricht, die von Sender und Empfänger dekodiert werden. Die gesendete und die empfangene Nachricht müssen nicht notwendigerweise identisch sein (z.B. bei Missverständnissen; ebd.). Hierin liegt auch die Schwierigkeit der Krisenkommunikation, denn sowohl das Senden als auch das Empfangen setzen geeignete Mittel bzw. Modalitäten voraus. Hier versuchen zahlreiche Modelle den Prozess zu verdeutlichen. Meist wird zwischen drei wesentlichen Ebenen unterschieden: a) der informationstechnologisch-medialen Ebene, b) der Inhaltsebene (Was?) und c) der Beziehungsebene (Wie? Wozu? Vgl. Bolten 2018).

Kommunikation findet somit stets in einem bestimmten Kontext statt, und das jeweilige Klima kann neben anderen Faktoren wie den herrschenden Kommunikationsregeln den gesamten Prozess und dessen Ausgang beeinflussen. Sie hat einen interaktiven Prozesscharakter und ist durch eine reziproke Beeinflussung der Kommunizierenden gekennzeichnet (siehe Kapitel 2.4). Letztere sind aufgrund dieser ›Rückkopplung‹ daran interessiert, einerseits Informationen zu erhalten und andererseits die von ihnen selbst vermittelten Informationen zu verarbeiten bzw. eine Kontrolle über sie zu erlangen (vgl. Goffman 1974). Kommunikation kann somit als Ereignis angesehen werden, das zwischen Lebewesen stattfindet und eine spezifische Form der sozialen Interaktion darstellt (vgl. Burkart 2003).

Menschliche Kommunikation hat eine pragmatische Funktion; d.h., im Fokus stehen menschliche Handlungen, deren Koordination und Koorientierung. Außerdem sollen die eigene Identität, die des Gegenübers, das Verhältnis zueinander sowie die gemeinsame Realität dargestellt und festgelegt werden. Kommunikation ist demnach grundlegend für Kooperation und nicht nur etymologisch ein Element sozialer Interaktion, sondern auch maßgeblich für die Ermöglichung konventionalisierter Reziprozitätspraxen bzw. Kulturalisierungen verantwortlich. Neue Kommunikationstechnologien haben Globalisierungstrends vorangetrieben und das ›Informationszeitalter‹ befeuert (vgl. Keller/Reichertz/Knoblauch 2013).

Wie stark die Wechselseitigkeit bzw. Reziprozität ausgeprägt ist, hängt maßgeblich mit der Kommunikationsform (z.B. Face to Face vs. Massenkommunikation) zusammen (vgl. Röhner & Schütz 2016). Das Kriterium der Wechselseitigkeit bzw. der Reziprozität steht hier im Mittelpunkt. Die Ausgestaltung reziproker kommunikativer Handlungen verhält sich zudem in jedem Kollektiv unterschiedlich und konventionalisiert nach individuell ausgehandelten Regeln. Kommunikative Konventionalisierungen spielen somit auch eine zentrale Rolle in der Begründung kultureller Akteursfelder.

Zusammengefasst lässt sich festhalten, dass Kommunikation als soziales Verhalten allgegenwärtig ist und als Prozess der gewollten und ungewollten wechselseitigen Bedeutungsvermittlung zu verstehen ist. Das Element der Reziprozität ist zentral und eine erfolgreiche Kommunikation zielgerichteten Kooperations- und Koorientierungsprinzipien unterworfen. Eine theoretische Fundierung des verwendeten Kommunikationsbegriffes kann zu Krisenzeiten hilfreich sein, um Gelingensbedingungen zu identifizieren und geeignete Maßnahmen abzuleiten.

6.2 Krisen sind eine Perspektivenfrage

Gemäß der Theorie des Neoinstitutionalismus zu Funktionsweisen von Organisationen ist Kommunikation eine die bedeutsamen Ressourcen ebendieser und eines der Mittel, um den Zugang zu anderen überlebensnotwendigen Ressourcen zu sichern. Hierfür versuchen Organisationen bspw., sich die Legitimität relevanter Anspruchsgruppen (kommunikativ) zu sichern. Dies kann z.B. durch den Isomorphismus geschehen, indem die Organisation Anpassungen unternimmt, um Ansprüchen gerecht zu werden bzw. scheinbar gerecht zu werden (Rationalitätsmythen). Hier kann es sich um die symbolische Instandsetzung eines Umweltrats handeln, um aktuellen Forderungen nach mehr Umweltbewusstsein zu entsprechen (siehe Kapitel 2.5.1). Diese (u.a. scheinbaren) Anpassungen (bspw., wenn mehrere widersprüchliche Ansprüche vorliegen) müssen entsprechend kommuniziert werden, um weiterhin Ressourcenzugänge für die Organisation zu sichern, die bedeutsame Anspruchsgruppen zum Überleben der Organisation (z.B. Kaufkraft) stellen können. Welche Ansprüche für welche Organisation nützlich sind, wird u.a. durch Wettbewerber, Branche oder gesellschaftliche Trends bestimmt.

Zu Krisenzeiten gehen Unternehmen ähnlich vor – verändern sich die Ansprüche von Stakeholdern, müssen die betroffenen Organisationen bzw. die Akteure versuchen, ihre Legitimität/Glaubwürdigkeit und somit Ressourcenzugänge zum Überleben zu erhalten bzw. zu sichern.

Doch was sind Krisen? Zunächst beschreiben sie eine meist unvorhergesehene Wendung einer Situation bzw. einer Gewohnheit oder einer Routine, die Normalität, Plausibilität, Relevanz und Handlungsfähigkeit bietet. Krisen umfassen somit das Element der Unbestimmtheit. Unerwartete Entwicklungen können die Erfüllung von Erwartungen durch Stakeholder der Organisation gefährden und überlebenswichtigen Beziehungen sowie Glaubwürdigkeit und Reputation erheblichen Schaden zufügen. Ob dies eher als Chance oder als Herausforderung wahrgenommen wird, ist perspektivenabhängig. Auch auf sprachlicher Ebene lassen sich bspw. im Begriff der Krise weitreichende Unterschiede in der Konnotation finden. Während im Englischen eine ›crisis‹ auch als Entscheidungssituation konnotiert ist oder im Chinesischen mit sowohl Chancen als auch Gefahren verbunden wird, wird das Wort im deutschen Sprachgebrauch eher mit Katastrophen bzw. negativen Entwicklungen in Verbindung gebracht (siehe Kapitel 2.5.2).

Auch der Kontext und die Perspektive der jeweiligen Anspruchsgruppe können über die Konnotation der Krise entscheiden. Die Feststellung einer Krisensituation geht somit u.a. mit einer mehr oder weniger ausgeprägten Ambiguitätstoleranz einher. Was eine Krise ist, ist somit subjektiven Kriterien unterworfen. Krisen sind somit sowohl deutungs- als auch wahrnehmungsabhängig.

Dies kann sich im Laufe der Zeit verändern. Beispielsweise kann die in die Kritik geratene Vermarktung eines Kleidungsstücks (H&M-Hoodie-Krise) dazu führen, dass Werbepartner die Zusammenarbeit einstellen, Kunden in Geschäften vandalieren oder andere Personen ihre Solidarität mit dem Unternehmen bekunden.

Wie die Einschätzung von Krisensituationen, ist auch die Bewertung ihres Verlaufs subjektiv (siehe Kapitel 4.5.5). Die Betroffenen, die mit einer Unsicherheitssituation konfrontiert sind, werden auch nach individuellem Streben nach Orientierung und Struktur (Sicherheitsbedürfnis) entscheiden, *wann* und *ob* es sich bei der Situation um eine Krise handelt. Auch deren Start- und Endpunkt werden perspektivenabhängig eingeschätzt.

Nicht nur die Einschätzung einer Krisensituation, sondern auch die Definition von Erfolgsmaßen unterliegt subjektiven Kriterien. Wann der Umgang mit kommunikativen Impulsverläufen erfolgreich ist, wird je nach Perspektive unterschiedlich zu beurteilen sein. Hier lässt sich lediglich davon ausgehen, dass es ein objektives Erfolgsmaß sein kann, als Akteur handlungsfähig zu bleiben bzw. Handlungsmöglichkeiten zu haben.

Ein gutes Krisenmanagement sollte daher in der Lage sein, zumindest für zentrale Anspruchsgruppen einen Perspektivwechsel einzunehmen und mögliche Reaktionen bzw. Szenarien zu antizipieren. Hierzu gehört das Verständnis, dass Krisen keiner festen Definition unterliegen und, wenngleich sich ihr Verlauf weniger beeinflussen lässt, ihre Wahrnehmung über Interpretationsspielräume verfügt und Letztere sich nutzen bzw. kommunikativ formen lassen. Kommunikation kann somit Krisen nicht nur auslösen, sondern auch positiv beeinflussen.

6.3 Nachhaltigkeit hat immer eine Zukunft und eine Vergangenheit

Wie bereits aus der Perspektive des Neoinstitutionalismus erläutert, müssen Organisationen heute verstärkt vielfältig mit Anspruchsgruppen interagieren, um ihre langfristige Existenz und ihre Ziele zu sichern und Legitimationszwängen zu begegnen. Insbesondere nachhaltige Ansätze werden vermehrt von Unternehmen in Gesellschaft, Medien und der Wissenschaft thematisiert und gefordert. Der Begriff ›Nachhaltigkeit‹ hat eine lange Tradition und stammt ursprünglich aus der Forstwirtschaft. Durch Zusammenhänge globaler Entwicklungen und die Thematik endlicher Ressourcen hat er sich innerhalb weniger Jahre so stark verbreitet, dass er sich heute in der Alltagssprache fest etabliert hat, aber auch ambivalent besetzt ist. In Forschung und Praxis wird Nachhaltigkeit häufig mit drei wesentlichen Prinzipien in Verbindung gebracht: dem Effizienz-, dem Konsistenz- und dem Suffizienzprinzip (siehe Kapitel 3.1). Allgegenwärtige Ansätze zur Nachhaltigkeit wie CSR werden von Unternehmen oft stark nach außen kommuniziert und in der Literatur meist als Nachhaltigkeitskommunikation definiert.

Nachhaltigkeit und Kommunikation implizieren aber auch eine weitere Perspektive – die Nachhaltigkeit der Kommunikation. Hier ist eine Form gemeint, die auf einen nachhaltigen Effekt, z.B. mit Reziprozitätsbeziehungen zu Stakeholdern, zielt. Nachhaltige Kommunikation lässt sich somit auf die Kombination bereits genannter genereller Nachhaltigkeitsprinzipien projizieren, die als erkennbare Muster fungieren, etwa um Kommunikation in ihrer Anschlussfähigkeit und Glaubwürdigkeit an sich modellieren zu können (siehe Kapitel 3.2).

Nachhaltige Krisenkommunikation spielt insbesondere hinsichtlich aktueller und prominenter Krisenfälle für Organisationen eine Rolle. Sie wird durch aktuelle Mediencharakteristika des Web 2.0 erschwert und stellt die Unternehmenskommunikation vor neue Herausforderungen. Rezipienten sind mit einer höheren Transparenz und vielfältigen Medienangeboten konfrontiert und können sich tendenziell leichter und schneller Meinungen sowie (Fehl-)Informationen zu Unternehmen beschaffen.

Informations- und Beteiligungswellen bleiben in der Regel unkontrolliert und zeitlich begrenzt. In Zukunft konkurrieren verschiedene Institutionen um die Chance, Vernetzungen im Sinne ihrer Interessen zu bündeln und zu lenken (vgl. Jäckel & Fröhlich 2012). Essenziell dafür ist es, frühzeitig zu erkennen, ob bzw. warum und mit welchen möglichen Folgen ein Thema das Potenzial besitzt, zu einem Issue zu werden, und eine Krise auslösen kann (vgl. Hillmann 2011).

Organisationale Kommunikation kann als nachhaltig verstanden werden, wenn sie z.B. nach dem Konsistenzprinzip auf eine regelmäßige Kommunikation mit Stakeholdern (z.B. Kunden) abzielt. Hierdurch vermitteln bereits vergangene, ähnliche Kommunikationsmaßnahmen Glaubwürdigkeit und ermöglichen so auch in der Zukunft ihre Anschlussfähigkeit bei den jeweiligen Stakeholdern. Des Weiteren kann es in diesem Sinn essenziell sein, ebendiese relevanten Informationen für Stakeholder nicht nur kontinuierlich und konsistent zu vermitteln, sondern auch präzise darzustellen. Dies kann die Glaubwürdigkeit des Unternehmens für die Stakeholder erhöhen, weil so z.B. keine Informationen verloren gegangen sind (Effizienzprinzip: kein Aufmerksamkeitsverlust) und so wieder Anschlussfähigkeit für weitere Kommunikation besteht. ›Suffizient‹ kann die Kommunikation hier sein, wenn die angesprochenen Themen tatsächlich bedeutsam für die Stakeholder sind. Des Weiteren kann durch Dialogizität Verbindlichkeit hergestellt werden, wenn Stakeholder auch die Möglichkeit haben, die Beziehung mitzugestalten, und es sich nicht nur um monodirektionale Kommunikationsmaßnahmen handelt (siehe Kapitel 3.3.2). Hierin spiegelt sich auch das Verständnis eines Kommunikationsbegriffs wider, der Koorientierung und Kooperationsprinzipien vereint. Nachhaltige Kommunikation ist somit auch ›nach vorne und nach hinten gerichtet‹ bzw. etabliert Beständigkeit (vgl. Matuszek 2013).

Sie sollte daher auch Konsistenz-, Effizienz-, und Suffizienzprinzipien berücksichtigen, die sich in einem unterschiedlichen Strukturalisierungs- bzw. Konventionalisierungsgrad manifestieren können und sowohl vergangenheits- als auch zukunftsorientiert sind.

Bedeutsam ist auch, dass die Kopplung von Nachhaltigkeit und Entwicklung bzw. Prozess nicht unproblematisch ist, da es sich auch um andere Dimensionen der Veränderung, z.B. die Umwandlung von Strukturen, handelt. Dies lässt sich mit einem Verständnis von Prozessen und Strukturen der Kulturentwicklung verdeutlichen, da Kultur stets kommunikativ geschaffen und gepflegt wird (siehe Kapitel 3.2.3).

Der Begriff der nachhaltigen Kommunikation ist also weniger als begriffliche Einschränkung im Vergleich zur Nachhaltigkeitskommunikation zu betrachten, sondern vielmehr als eine perspektivische Spezifizierung.

Zusammenfassend sollen langfristige Reziprozitätsbeziehungen aufgebaut, erhalten und gepflegt werden. Somit sind auch klassische Annahmen des Neoinstitutionalismus zu überprüfen und es ist ein reziprokes Beziehungsgeflecht von Organisationen und ihrer Umwelt anzunehmen.

Nachhaltige Kommunikation sollte sowohl vergangenheits- als auch zukunftsorientiert sein und so die kommunikative Glaubwürdigkeit und Anschlussfähigkeit sichern. Dies umfasst ebenso die frühzeitige Ermittlung von Issues, die zu einer Krise werden können, wie den langfristigen Beziehungsaufbau zu bedeutsamen Anspruchsgruppen, um in einer Krise essenzielle Handlungsmöglichkeiten zu erhalten.

6.4 Kausalität und Prognose gehen nicht einher

Kommunikationsprozesse sind einem eigendynamischen Wandel unterworfen. Kommunikative Systemzusammenhänge oder Stile entstehen über die Zeit und verändern sich. Wandelprozesse vollziehen sich hierbei kumulativ (vgl. Gruber 2010) über Anpassungspotenziale.

Eingängige Beispiele hierfür sind der zeitliche Wandel und die Anpassung von Sprache (vgl. Keller 2003). Kommunikative Veränderungsprozesse unterliegen einer langfristigen Tradierung, die den betroffenen Akteuren in der Regel nicht bewusst ist (Bolten 2018, S. 27). Veränderungsprozesse bspw. innerhalb einer Kommunikationskomponente können sich aber nur durchsetzen, wenn einerseits die Beteiligten über eine Bereitschaft zur Konventionalisierung verfügen und andererseits ein ›Fit‹ zu den anderen Komponenten besteht und die Veränderungsprozesse in Bezug auf das Gesamtsystem für die Akteure Sinn ergeben (ebd.). Kommunikative (Veränderungs-)Prozesse tragen somit auch grundlegend zur Realitätskonstruktion bei. Kulturelle Phänomene wie der Sprachwandel können allerdings nicht ausschließlich kausal erklärt werden (siehe Kapitel 4.1). Ursache und Wirkung gehen nicht immer Hand in Hand und die Erkenntnis von Wirkungszusammenhängen stößt an ihre Grenzen. Krisen sind so auch als multikausal, mehrstufig und multilokal zu verstehen.

Entwicklungen, die Erkenntnisgrenzen erreichen, werden daher oft als zufällig betitelt. Oft lassen sich erst im Nachhinein Zusammenhänge erkennen. Keller (2003) spricht von ›spontanen Ordnungen‹, die eher zufälliger Natur sind und Wandelprozesse zwar erklären, aber nicht prognostizieren können. Mit spontanen Ordnungen sind hier solche gemeint, die entstehen, ohne in dieser Art und Weise geplant gewesen zu sein. Laut Keller (2003, S. 9) gibt es spontane Ordnungen bzw. Invisible-Hand-Prozesse in allen Bereichen, der belebten und unbelebten Natur. Spontane Ordnungen im soziokulturellen Bereich sind typischerweise Phänomene individueller Handlungen, die anderen Motiven folgen als dem, eine Ordnung zu produzieren.

Ursprünglich wurde die Metapher der unsichtbaren Hand durch den schottischen Philosophen Adam Smith geprägt und war zunächst religiös konnotiert. Der Begriff hat sich allerdings auch interdisziplinär etabliert und beschreibt genau wie die Selbstregulierung soziokultureller Ordnungen auch Phänomene des Sprachwandels (vgl. Keller 2003). Auch in der Ökonomie wird von der unsichtbaren Hand des Marktes (vgl. Gruber 2010) gesprochen, wenn z.B. Kursschwankungen von Aktien erklärt werden sollen. Eine Invisible-Hand-Erklärung ist somit als Ergebnis menschlichen Handelns, aber nicht eines menschlichen Plans zu verstehen (siehe Kapitel 4.2).

Hier ist die Unterscheidung von Prognostizierbarkeit und Erklärbarkeit essenziell. Im Bereich der Invisible-Hand-Erklärungen handelt es sich um ›Post-facto-Erklärungen‹. Die Annahme der Reziprozitätsbeziehung von Erklärung und Prognose ist zwar auch kritisch zu sehen. Dennoch findet die These »[J]ede Erklärung sei eine (potenzielle) Prognose und jede (gute) Prognose eine potentielle Erklärung« (Christen 1996, S. 26) ihre Berechtigung, bspw. mit Blick auf die Chaostheorie (siehe Kapitel 4.3).

Zusammengefasst lassen sich Wirkungszusammenhänge auch in der Krisenkommunikation nur über eine zeitliche Dimension erfassen. Zudem werden neben schwachen und starken Kausalitäten auch Akausalitäten existieren, deren Entwicklungen einer ›unsichtbaren Hand‹ folgen. Die Erkenntnis wird daher immer an Grenzen gelangen und die meisten Krisenverläufe werden augfrund ihrer nicht-linearen verläufe erst im Nachhinein erklärbar sein.

›Die eine‹ Lösung für diesen Umstand ist daher nicht möglich. Doch es kann hilfreich sein, das Verständnis von Ursache und Wirkung, um die Beziehungsperspektive zu erweitern, da keine Entwicklung für sich steht, sondern stets als Resultat komplexer Beziehungsgeflechte zu verstehen ist. Die konstante Suche nach Wirkungszusammenhängen und die Gestaltung von Beziehungsmustern sind daher unerlässlich für die nachhaltige Krisenkommunikation, um Entwicklungen zu antizipieren und in Krisenzeiten handlungsfähig zu bleiben.

6.5 Keine Krise gleicht der anderen

Bei vielen Modellen und Theorien zur Darstellung von (kommunikativer) Komplexität und Eigendynamik lassen sich Gemeinsamkeiten und Schnittstellen identifizieren (siehe Kapitel 4.3). Beispielsweise ist die Unterscheidung von Strukturen und Prozessen den Theorien zum Sprachwandel (vgl. Keller 2003) und dem kommunikativen Framing immanent (vgl. Entmann 1993). Keller (2003, S. 99f.) spricht hier z.B. von Prozessen, die beim Sprachwandel neue Strukturen schaffen. Fraas (2013, S. 246) definiert Framing als Prozess der Wirklichkeitsdefinition und Perspektivierung kognitiver Strukturen. Dabei können sich bei Entwicklungen, die sich schwer bis nicht vorhersehen lassen, im Nachhinein Unterschiede in ihrem Verlauf feststellen lassen, die sich auf den Prozess- und Strukturgrad beziehen. Auch mit Blick auf die Nachhaltigkeit von Kommunikationsprozessen spielt die Strukturprozessualität eine bedeutsame Rolle (siehe Kapitel 3.2.3) und lässt Parallelen zu Elementen eines holistischen Kulturbegriffes zu.

Interdisziplinär hat sich das Cynefin-Modell zur Veranschaulichung verschiedener Komplexitätsebenen etabliert. Im Rahmen der organisationalen Krisenkommunikation lässt es sich allerdings nur bedingt anwenden, da bspw. Aspekten der Perspektivenabhängigkeit (siehe Kapitel 2.5.2; 4.5.5) keine oder wenig Beachtung geschenkt wird.

In Anlehnung an das Cynefin-Modell ließen sich einige relevante Kategorien ableiten, um Handlungskontexte und ihre Komplexitätsstufen zu modellieren. Auch ist es zur Anwendung dieser Ideen auf den Kontext der Krisenkommunikation unerlässlich, sich explizit auf Impulse bzw. Auslöser von Invisible-Hand-Prozessen zu beziehen, da deren Identifikation in der Praxis maßgeblich zur Problemlösung beitragen kann (siehe Kapitel 4.5).

Invisible-Hand-Prozesse können sich folglich in ihrer Strukturalität und ihrer Prozessualität unterscheiden, was eine Kategorieerweiterung nahelegt. Zwar lassen sich auch im Cynefin-Modell Hinweise auf eine Struktur-Prozess-Unterscheidung finden, diese werden jedoch nicht explizit genannt, sondern als Ordnungsformen dargestellt. Auch wird ersichtlich, dass sich zwar einige Kategorien zur Einordnung von Entscheidungskontexten anhand des Modells finden lassen (Prognostizierbarkeit, Wirkungszusammenhang, Wissenslücken und Gleichgewicht), diese allerdings mit Blick auf die theoretische Übersicht (siehe Kapitel 4.3) nicht erschöpfend sind. Zudem werden Entscheidungskontexte analysiert, ohne Auslösern bzw. Impulsen für den Problemzustand (bzw. Instabilitätspunkte) nähere Betrachtung zu schenken. Dies ist insbesondere für die Krisenkommunikation ein wesentliches Kriterium zur Problemlösung.

Die Konstituierung und der Verlauf von Impulszusammenhängen sind daher zu unterscheiden (siehe Kapitel 4.5). Eine Differenzierung in lineare, extralineare, exponentielle sowie extraexponentielle Impulszusammenhänge könnte in diesem Zusammenhang von Nutzen sein.

Impulszusammenhänge unterscheiden sich bezogen auf die Krisenkommunikation allerdings nicht nur anhand ihrer zentralen Merkmale wie der Visibilität von Wirkungszusammenhängen oder ihrer Prognostizierbarkeit. Für die nachhaltige Krisenkommunikation spielen auch andere Kontextelemente eine Rolle. Hier lässt sich exemplarisch die Notwendigkeit unterschiedlicher Rahmenbedingungen zur Ermöglichung der nachhaltigen (Krisen-)Kommunikation bzgl. der verschiedenen Impulsverläufe einordnen. Zudem bieten verschiedene Impulszusammenhänge unterschiedliche Chancen und erfordern einen gesonderten Kommunikationsstil, um nachhaltige kommunikative Prozesse situationsgerecht zu ermöglichen.

Bei der Befassung mit Invisible-Hand-Prozessen werden in jedem der vier genannten Bereiche unerklärbare bzw. unvorhersehbare Aspekte auftreten. Viele der aufgeführten Impulsverläufe aus der Praxis konnten bspw. ein schädliches Ausmaß für betroffene Akteure erreichen und ließen sich erst hinterher einordnen oder systematisieren. Eigendynamische Prozesse werden daher nie detailliert steuerbar sein und ein Steuerungswunsch sollte immer realistisch überprüft werden. Dennoch lassen sich aufschlussreiche Muster und Unterschiede in den Impulsverläufen aus Theorie und Praxis finden, die für unterschiedliche Krisenarten sensibilisieren können. Dies kann auch als Orientierung verstanden werden, dass jede Krise bzw. jeder Krisenverlauf seinen eigenen Regeln folgt und jeder Einzelfall individuell betrachtet werden sollte. Die Identifikation von Instabilitätspunkten kann allerdings aufschlussreich sein.

6.6 Krisenkommunikation findet immer in (Beziehungs-)Netzwerken statt

Die menschliche Kommunikation ist nicht nur vernetzt – sie findet auch immer in Netzwerken statt. Durch neue Kommunikationstechnologien als Träger der Globalisierung verändert sich die Art, wie Wissen kommunikativ strukturiert und weitergeben wird. Der Begriff der Vernetzung eignet sich, um bestimmte Aspekte des Wandels älterer (Massen)-Medien zu neuen ›interaktiveren‹ Medien zu beschreiben. Das Web 2.0 verdeutlicht hier am aussagekräftigsten Castells (2001) Theorie der Netzwerkgesellschaft.

Zunehmend beschäftigen sich daher auch viele Netzwerkforscher mit der Analyse onlinebasierter Kommunikationsprozesse (vgl. Stegbauer 2018). Eine Vielzahl von Onlineplattformen konfiguriert und organisiert ihre Nutzer inzwischen als (Beziehungs-)Netzwerke. Der Untersuchungsgegenstand der computervermittelten Kommunikation kann mit vergleichsweise großen Dimensionen verfügbarer Daten dynamische Netzwerke modellieren, die dem Prozesscharakter von Kommunikation besser gerecht werden. Grundlegende Prinzipien des Web 2.0, wie die globale Vernetzung, kollektive Intelligenz, datengetriebene Plattformen, agile Architekturen, Geräteunabhängigkeit sowie reichhaltige Benutzeroberflächen veranschaulichen vernetzte Kontexte der Kommunikation 2.0 und den Stellenwert, der den Beziehungsgeflechten bei Kommunikationsprozessen zukommt (siehe Kapitel 5.2).

Das Web 2.0 bietet vielfältige Kommunikationskanäle (Coombs 2012, S. 19). So können in einem zunächst verstreuten, anonymen Publikum prinzipiell alle Beteiligten zu aktiven Nutzern werden. Dadurch, dass prinzipiell jede Person Inhalte im Web 2.0 erstellen kann, stellen sich allerdings auch Fragen der Verifizierung von Informationen (vgl. Carolus 2013).

›Blaseneffekte‹ durch abgegrenzte Bereiche im Web 2.0, die zu unterschiedlichen Realitätskonstruktionen führen und bspw. in Shitstorms resultieren können, sind als Inkubatoren von Sub- und Mikrokulturen zu verstehen (siehe Kapitel 5.1.3). Das Konzept der strukturellen Löcher aus der Netzwerktheorie empfiehlt Netzwerkakteuren, sich möglichst ›nah‹ an solchen Löchern aufzuhalten, da diesen eine Gatekeeper-Funktion zukommt (Stegbauer & Häußling 2010 b, S. 57). Dahingehend ist nicht etwa die Frage nach starken oder schwachen Beziehungen (vgl. Granovetter) für die Krisenkommunikation entscheidend, sondern die Identifikation von Löchern in Kommunikationsnetzwerken, um an ›externe‹ Informationen zu gelangen. Gruppen auf sozialen Netzwerkseiten des Web 2.0 können durch Brücken einen Informationsaustausch herstellen und Handlungsmöglichkeiten beeinflussen (siehe Kapitel 5.2.3).

Für die Krisenkommunikation ist es besonders sinnvoll, Grenzen bei der Entstehung von Mustern abzustecken und z.B. durch Attraktoren Brücken für einen Informationsaustausch zu schaffen. Die Relevanz sozialer Informationen für Netzwerkbeteiligte (z.B. Gossip) kann hierbei strategisch genutzt werden, bspw. durch die Streuung eigener Informationen. Attraktoren bzw. Anziehungspunkte (z.B. Meinungsführer) sollten möglichst geringfügige Reize bieten und so auf die Resonanz relevanter Akteure reagieren. Dies könnte ein Steuerungselement sein und als vertrauensbildende Maßnahme genutzt werden (Beziehungsvertrauensaufbau durch Attraktor).

Die Essenz von Netzwerken ist somit nicht (nur) die solidarische Gemeinschaft, sondern vielmehr eine Form instrumenteller und persönlicher Beziehungen, die mit einem hohen Grad an Individualisierung kompatibel und eher als Prozessentwicklungen zu verstehen sind. Diese kombinieren moderne und traditionelle Elemente. Dazu gehören eine ›moralische‹ Form der Inklusion, die auf persönlicher Achtung sowie auf der Anerkennung einer im Netzwerk erworbenen Reputation beruht, sowie instrumentelle Aspekte (Holzer 2010, S. 337). Die Stärken eines Netzwerkes liegen daher in seiner Reziprozität und der wechselseitigen Kommunikation mit dem Ziel der Reduktion von Unsicherheit (siehe Kapitel 5.3.1).

Eine Organisation im Sinne der ANT als vernetztes Akteursfeld zu verstehen und zu fördern, kann hilfreich sein, um eine offene und transparente Kommunikation auch innerhalb der Organisation zu etablieren. Zudem können Vernetzung und Selbstorganisation in Zeiten der Unsicherheit mehr Chancen bieten als starre Hierarchien (vgl. Browning & Boudès 2005).

Krisenkommunikation im Kontext des Web 2.0 ist somit als Vernetzung von heterogenen Akteuren, zu verstehen, die unterschiedlicher Natur sein können und im Rahmen von Beziehungsdimensionen bzw. -geflechten handeln. Der Verifizierung von Informationen kommt in der Krisenkommunikation eine bedeutsame Rolle zu, da ein Überangebot die Kriseneinschätzung von Nutzern erschwert. Entstandene Blaseneffekte der Subkulturbildung in Netzwerken können sich so bspw. negativ auf Legitimierungsversuche von Organisation in Krisenzeiten auswirken. In diesen kann es von Vorteil sein, strukturelle Löcher in bedeutsamen Netzwerken zu identifizieren und durch den gezielten Aufbau der Beziehung sowie deren Pflege vorteilhafte Informationsbrücken zu kreieren. Von Vorteil kann es hier sein, Personen, die als Multiplikatoren dienen können (Hub), zu identifizeren und für Informationsweitergaben zu gewinnen. Außerdem sollte ihre Glaubwürdigkeit für das entsprechende Netzwerk kritisch und regelmäßig während des Krisenverlaufs überprüft werden.

6.7 Unsicherheit und Komplexität als Lernchance sehen

Der Etablierung von Beziehungsstrukturen und der Relevanz sozialer Informationen liegt der Umgang mit Komplexität und Unsicherheit zugrunde. Letztere ist in Zeiten des Web 2.0 in Netzwerken ein zentraler Bestandteil geworden (bzw. war war es schon immer ein Teil von Netzwerken; siehe Kapitel 4.1; 4.2). Dazu gehören Reziprozitätszwänge oder Partizipationsillusionen.

Stegbauer (2018) beschreibt den Umgang mit Unsicherheit und Komplexität in (kommunikativen) Netzwerken mit dem wesentlichen Ziel, Relevanz, Routine und Normalität durch (Sub-)Kulturentwicklungen (siehe Kapitel 5.1.3) herzustellen. Die Formierung einer ›Kultur‹ ist in diesem Zusammenhang durch zwei wesentliche Elemente gekennzeichnet: Struktur- und Prozessentwicklungen.

Relationale Beziehungsmuster sind hier als Prozessentwicklungen zu verstehen, die ihre soziale Realität erst durch ihre Reproduktion in Form von Narrativen bzw. Storys erlangen (Beckert 2005, S. 307). Für alle Akteure stellt sich immer wieder die Frage, *wie* bestehende Verbindungen zu interpretieren sind und welche ein Netzwerk tatsächlich ermöglichen kann (ebd.). Geschichten können hierbei auch kulturell konstituiert sein und als Frames fungieren (siehe Kapitel 4.3.2), was wiederum die Einbeziehung von Kultur in Netzwerkanalysen ermöglicht. Hier spielen nicht nur die Vernetzungen zwischen menschlichen, sondern auch nichtmenschlichen Akteuren eine Rolle. Aus Sicht der Krisenkommunikation kann es sinnvoll sein, Narrative für komplexe Entscheidungssituation zu erstellen, um Unsicherheitsempfinden zu begegnen und Handlungsmöglichkeiten zu identifizieren (vgl. Browning & Boudès).

Ein bedeutsames Narrativ kann der konstruktive Umgang mit Fehlern sein. In Zeiten der Zweiten Moderne ist dies für den nachhaltigen Beziehungsaufbau unerlässlich (vgl. Beck). Im Hinblick auf Organisationstrukturen bedeutet es, Resilienz zu fördern, aus Fehlern zu lernen und bspw. regelmäßige Feedbackschleifen zu etablieren (Gergs 2016).

Lernendes und beobachtendes Agieren ist in Zeiten der Unsicherheit daher wertvoll. Krisenkommunikation kann Best Practices als Orientierungsstrukturen erstellen und regelmäßige Feedbackschleifen nutzen. Dennoch sollte stets eine Sensibilisierung für eigendynamische Prozesse erfolgen, da vereinfachte Denkzusammenhänge Auslöser für einen chaotischen Impulsverlauf übersehen können. Um diesen zu vermeiden, sollten daher auch kleinste Kontextveränderungen als essenziell betrachtet und ernst genommen werden. Diesbezüglich eignen sich bspw. ein wertschätzender, nichtegoistischer Kommunikationsstil und die Erfüllung von Konversationsmaximen nach Grice (1975), die sich insbesondere auf die Quantität beziehen. Überflüssige Informationen sollten vermieden und ein der Situation angemessener Informationsgehalt sollte vermittelt werden.

Hierzu zählt auch, flexible Strukturen zu etablieren, die auf permanente Veränderungen reagieren können. »Sich selbst als lernenden Organismus zu verstehen, von einer Kultur der Verlautbarungen zu einer Kultur des Zuhörens zu kommen, ist ein wichtiger Schritt, um diese Veränderungen schon frühzeitig wahrnehmen und auf sie reagieren zu können« (David 2013, S. 348). Nachhaltigkeit sollte hier mit einem Verständnis permanenter Wandelprozesse und Selbstreflexion einhergehen.

Diskursive und dialogische Kommunikationsformate können nachhaltige Entscheidungen unterstützen und mittel- sowie langfristige Bindungen zu Anspruchsgruppen sichern. In diesem Sinn sollten auch neue Technologien konstruktiv eingesetzt werden (ebd.).

In Krisenzeiten ist es daher für die nachhaltige Kommunikation von und innerhalb Organisationen von Vorteil, durch gelebte und kommunizierte Narrative mit Unsicherheit bspw. durch eine entsprechende Fehlerkultur umzugehen und handlungsfähig zu bleiben. Essenzielle Strategien der Krisenbewältigung sollten daher sein, alte Strukturen aufzubrechen und zukunftsorientierte Konzeptionen zu entwickeln, um Krisen als Chance zu verstehen. Die Etablierung eines ›optimistischen Krisenbegriffs‹ kann zudem hilfreich sein, um Krisen als Möglichkeit einer umfassenden Systemtransformation und Lernchance zu begreifen.

6.8 Die Macht des eigenen Identitätsverständnisses

Die konstante Suche nach Wirkungszusammenhängen ist unerlässlich für die nachhaltige Krisenkommunikation. Außerdem ist sie neben grundsätzlichen Einstellungen zu Komplexität mit einem Identitätsverständnis verbunden, das in Zeiten der Unsicherheit eher Neugierde und untersuchendes Verhalten als Ablehnung und Strukturdenken fördert.

Das Identitätsverständnis einer in Krisenzeiten handelnden Organisation konstituiert sich maßgeblich aus dem Netzwerk aktiver Beziehungen relevanter Akteure und ist somit kollektiv geprägt (vgl. Straus & Höfer 2010). Emotionale Investitionen, die in solchen Netzwerken getätigt werden, lassen sich bspw. anhand von Ideologien veranschaulichen. Letztere allein prägen allerdings nicht eine kollektive Identität, sondern vielmehr die Alltagspraxen ihrer Mitglieder (ebd.). Fraglich ist insoweit, wie sich unkoordiniertes und spontanes kollektives Verhalten in einem komplexen System wie dem Web 2.0 zu strategiefähigem kollektivem Verhalten formieren kann (z.B. bei Protestbewegungen) und sich Invisible-Hand-Prozesse vor diesem Hintergrund verstehen lassen (siehe Kapitel 5.2.1).

Dies lässt sich anhand von sozialen Netzwerkseiten im Web 2.0 verdeutlichen, bei denen etwa Gruppenzugehörigkeiten identitätsstiftend für die einzelnen Akteure wirken (vgl. Stegbauer 2018) und kollektiv akzeptierte Regeln und Normen herausgebildet werden, die eine kollektive Identität formen können (vgl. Dolata & Schrape 2018). Die Möglichkeiten des Web 2.0 erleichtern dem Individuum, seine Individualität zu wahren und gleichzeitig mit anderen vernetzt zu sein (vgl. Jäckel & Fröhlich 2012).

Netzwerke sind somit sowohl identitätskonstituierend für die Einzelnen sowie in einem kulturellen und identitären Kontext zu verstehen, zu dem auch Krisen und Veränderungen gehören. »Eine kohärente Identität ist nicht eine, die Vielfalt reduziert, sondern die gelernt hat, mit Vielfalt umzugehen« (Straus & Höfer 2010, S. 202). Krisen können somit auch als eine Chance für nachhaltiges und vernetztes Denken aufgefasst werden.

Zudem können Krisen dazu beitragen, eine gemeinsame Identität zu gestalten: »Wenn wir in dieser Krise ein neues #WirGefühl entwickeln, wird uns das auch in der Zukunft stärken« (Jens Spahn per Twitter zum Krisenmanagement in der Coronakrise, 25. März 2020).

Für Organisationen in Krisenzeiten bedeutet dies, dass sie im Sinne einer Fehler- und Lernkultur Instabilitäten und Chancen für Innovationen nach innen und nach außen kommunizieren sollten. Eine kontinuierliche Selbsterneuerung und Ergebnisoffenheit sind erstrebenswert. Dies ist eng verknüpft mit einem Identitätsverständnis (siehe Kapitel 5.2.1), das Krisen als konstitutiven Bestandteil und als Chance ansieht.

6.9 Krisenkommunikation und Beziehungspflege zusammendenken

Krisenzeiten gehen meist mit einer erhöhten Unsicherheit einher und erfordern insbesondere von der organisationalen Krisenkommunikation die Erstellung/Wiederherstellung bzw. Aufrechterhaltung von Sicherheit. Nicht selten profitieren Organisationen gerade in solchen Situationen von langjährig gepflegten und vertrauensvollen Beziehungen und verschaffen sich so mehr Handlungsspielraum, da Anspruchsgruppen darauf vertrauen, dass kurz- oder langfristig eine Lösung gefunden wird.

Kommunikationsprozesse (siehe Kapitel 2.3.2; 3.3.1) spielen eine grundlegende Rolle bei der Pflege und Gestaltung von Reziprozitätsbeziehungen. Reziprozität vollzieht sich hierbei als Austauschprozess. Für den Aufbau vertrauensvoller Beziehungen ist nachhaltige Kommunikation (siehe Kapitel 3.3) daher unerlässlich – und umgekehrt. Sie vereint (siehe Kapitel 3.2) nicht nur zentrale Nachhaltigkeitsprinzipien, sondern ermöglicht einen anschlussfähigen, authentischen und werteorientierten Beziehungsaufbau (bzw. Beziehungspflege), der auch in Krisenzeiten beständig und verbindlich bleibt (siehe Kapitel 3.3). Das Kooperationsprinzip wird in diversen Ansätzen der effektiven Kommunikation deutlich (vgl. Rogers 1991; Grice 1975). Kommunikationsmerkmale, die sich auf Empathie, Kongruenz und positive Wertschätzung beziehen, können zentrale Sicherheitsbedürfnisse (zwischenmenschlicher) Beziehungen verwirklichen. Empathie kann erzielt werden, indem Individuen sich in das Gegenüber hineinversetzen oder mitteilen, *wie* sie etwas verstanden haben (vgl. Röhner & Schütz 2016).

Die konkrete Ausgestaltung nachhaltiger Kommunikation zum Beziehungsaufbau veranschaulicht bspw. Grice (1975) mit seinen *Maximen der Konversation*. Er versteht Kommunikation als kooperatives Verhandeln und eine Nachvollziehbarkeit der Inhalte als unerlässlich für die Etablierung eines gemeinsamen Kommunikationsziels. Das Kooperationsprinzip postuliert, dass ein gemeinsames Interesse für die Kommunikation bestehen muss. Damit diese erfolgreich ist (bzw. beziehungsaufbauend und -pflegend etc.), leitete Grice vier Konversationsmaximen ab, die Missverständnisse und Verwirrungen vermeiden sollen. Die Maximen lassen sich auch verschiedenen Impulsverläufen und Krisenarten zuordnen (siehe Kapitel 5.4.3).

Doch nicht nur die konkrete Ausgestaltung von Kommunikation(sprozessen) spielt eine Rolle für die nachhaltige Beziehungspflege – bzw. den nachhaltigen Beziehungsaufbau. Auch die geschaffenen und bestehenden Rahmenbedingungen der Netzwerkkommunikation bleiben oft ambivalent. Es können Gefälligkeiten und Geschenke ausgetauscht werden, um die Beziehung zu pflegen und beiden Seiten ein ›Gesicht‹ zu geben. Umgekehrt kann die Beziehung (aus)genutzt werden – z.B. durch Datenmissbrauch.

Für die Krisenkommunikation ist es daher nicht nur essenziell, Beziehungen aufzubauen und zu pflegen, sondern vielmehr Vertrauensbeziehungen anzustreben. Vertrauen entsteht durch Kommunikation und Wissensaustausch. Persönliche Vertrauensverhältnisse lassen sich somit aktiv durch Kommunikation gestalten. »Durch reziprokes kommunikatives Handeln werden kommunikative Netzwerke geflochten, wobei gilt, je intensiver die Vernetzungen sind, desto tragfähiger (und in diesem Sinne nachhaltiger) sind die kommunikativen Beziehungen« (Bolten 2018, S. 29).

Vertrauen und Kommunikation sind hier interdependent. Ersteres ist sowohl Voraussetzung als auch Resultat einer transparenten und glaubwürdigen Kommunikation (vgl. Schweer & Thies 2005).

Es kann nicht durch externe Faktoren/Hilfe entstehen, sondern ist vielmehr ein Arbeitsprozess, für den sich Akteure öffnen müssen. Der Beziehungsaspekt ist hierbei stets immanent und lässt wenig Raum für unpersönliches Handeln. Er begleitet jede Transaktion und ist – etwa im Fall eines missglückten Tausches – das zentrale Element, auf das sich die Akteure berufen. Oft geht es dabei weniger um Leistungen als um die Möglichkeit, Beziehungen durch gegenseitige Gefälligkeiten fortbestehen zu lassen (vgl. Holzer 2010).

Vertrauen spielt in Netzwerken somit eine bedeutsame Rolle zu Krisenzeiten, wenn Unsicherheit und Komplexität bewältigt werden müssen. Es kann Akteuren bspw. den Zugang zu Ressourcen (z.B. Informationen) ermöglichen. Dabei wird es kommunikativ geschaffen bzw. gepflegt und ist somit als interdependent mit Kommunikation zu verstehen.

Am Beispiel der organisationalen Krisenkommunikation lässt sich die Schwierigkeit verdeutlichen, die Prozesse und deren Eigendynamik zu steuern, da es selbst in Zeiten der größten Unsicherheit (Krise) gilt, dem ›Druck nach Sicherheit‹ bzw. Steuerungswünschen durch vertrauensbildende, glaubwürdige und nachhaltige Beziehungspflege standzuhalten.

6.10 Steuerungswünsche überprüfen und Ambiguitätskompetenz stärken

Um nachhaltige Kommunikationsprozesse initiieren zu können, müssen geeignete, z.B. organisationale, Rahmenbedingungen und Voraussetzungen geschaffen werden. Insoweit lassen sich aus theoretischer Perspektive zwei wesentliche Möglichkeiten im Umgang mit Unsicherheit (z.B. in Krisenzeiten) identifizieren. Zum einen können (a) Strukturen, Standardisierungen und Regeln geschaffen werden, um sie zu vermeiden. Dies führt vor dem Hintergrund einer vernetzten Informationsgesellschaft (vgl. Castells 2001) und des Web 2.0 nur bedingt zu Sicherheit bzw. eher zu einer ›Pseudo-Sicherheit‹, da Krisen sich nicht immer gänzlich vorhersehen, aber erklären lassen (siehe Kapitel 2.5.2). Starre Strukturen schränken die Wahrnehmung und die Reaktionsmöglichkeiten zu Krisenzeiten ein. Zum anderen können (b) flexiblere Mechanismen wie die Ausbildung einer (Vertrauens-)Kultur und Kompetenzen im Umgang mit Unsicherheit und Komplexität herausgebildet werden. Dazu zählt die langfristige Beziehungspflege durch nachhaltige Kommunikation. Außerdem sollten Fähigkeiten ermöglicht werden, um mit Widersprüchen und Ungewissheit umzugehen. Dabei ist es allerdings essenziell, nicht gänzlich auf sicherheitsgebende Strukturen zu verzichten, da dies wiederum die ›Privatisierung‹ von Verantwortung für die einzelnen Akteure zur Folge hätte und zu Vertrauensverlusten führen könnte (siehe Kapitel 5.4.2). Anpassungsfähigkeit kann daher nicht als ›Allheilmittel‹ zu Krisenzeiten verstanden werden. Vielmehr sind eine Strukturprozessualität (siehe Kapitel 4.5) und das passende Maß an Ressourceneinsatz sowie Flexibilität (bzw. Mischung aus Widerstandsfähigkeit und Anpassungsfähigkeit) ausschlaggebend für den erfolgreichen Umgang z.B. mit Kommunikationskrisen.

In einer komplexen und unsicheren Umwelt ist es daher auch die Aufgabe von Führungskräften und Organisationsstrukturen, bestehende Werkzeuge und Denkmuster infrage zu stellen und auf deren Sinnhaftigkeit zu überprüfen. Um Vertrauenskrisen durch veraltete und nicht mehr effiziente Haltungen oder die Überforderung im Fall einer zu schnellen/überstürzten Einführung agiler Methoden zu vermeiden, ist es zentral, dass in Organisationen eine etablierte Lern- und Fehlerkultur herrscht (vgl. Gergs 2016; Laloux 2015). Das Überleben von Unternehmen in komplexen und unsicheren Umwelten setzt daher eine Kultur voraus, in der Offenheit, Transparenz und Vertrauen zwischen allen Akteuren herrschen (Gergs 2016, S. 65). Die organisationale Fähigkeit, sich Veränderungen anzupassen bzw. im Sinn der Ambiguitätstoleranz damit umzugehen, hängt maßgeblich von der Anzahl der Handlungsmöglichkeiten ab, die sich mit der Berücksichtigung unterschiedlicher Perspektiven im Unternehmen erhöhen (vg. Gergs 2016). Unerlässliche Rahmenbedingungen für nachhaltige Kommunikationsprozesse in unsicheren Zeiten sind daher auch erkundende und experimentierende Tätigkeiten (vgl. Snowden & Boone 2007).

Weyel (2013, S. 310) beschreibt die Ambiguitätstoleranz als grundlegend, wenn mit kommunikativer Mehrdeutigkeit umgegangen werden soll. Ambiguitätstoleranz bzw. -kompetenz bezeichnen insoweit die Fähigkeit, zum einen Vieldeutigkeit und Unsicherheit zur Kenntnis zu nehmen und zum anderen diese ertragen und handlungsfähig bleiben zu können. Sie sind in Zeiten der Zweiten Moderne (siehe Kapitel 2.4.1; 5.4.2) sowohl von Organisationsmitgliedern (Führungskräften, Mitarbeitern usw.) als auch von Organisationen (Strukturen, Prozessen) gefragt. Widersprüche, Krisen und Komplexität werden als Quellen für Innovationen, Kreativitätsprozesse und Veränderungen gesehen. Der Umgang mit ihnen wird als essenziell für das Fortbestehenden von Organisationen beurteilt (vgl. Laloux 2015).

Um nachhaltige Kommunikationsprozesse zu ermöglichen, ist es daher unerlässlich, auf organisationaler Ebene Rahmenbedingungen zu schaffen, die auch in Krisenzeiten den Umgang mit Unsicherheit ermöglichen, und die Ausbildung und Pflege von Ambiguitätstoleranz zu initiieren.

Dies erfordert u.a. die kontinuierliche Anpassung und Überprüfung bestehender Strukturen und Denkmuster und ein zyklisches Verständnis von Veränderung (Gergs 2016).

Der Wunsch nach Konformität und Sicherheit in chaotischen Umgebungen sollte hinterfragt werden. Ein an Steuerungswünsche angepasster Kommunikationsstil kann den gegenteiligen Effekt haben und zu noch chaotischeren Zuständen führen (siehe Kapitel 5.4.3). Essenziell ist – insbesondere bei derartigen Impulsverläufen –, Sicherheitsbedürfnisse durch Ambiguitätstoleranz und vertrauensvolle Beziehungen zu unterstützen. Nachhaltige Kommunikation kann helfen, intern und extern die Grenzen sicherheitsstiftender Strukturen zu überbrücken und durch aufgebautes Vertrauen wertschöpfende Prozesse im Umgang mit Eigendynamik zu unterstützen.

7 Fazit

In diesem Kapitel sollen zentrale Ergebnisse zusammengefasst und knapp dargestellt werden. Anschließend werden wesentliche Limitationen und der Mehrwert der Arbeit skizziert sowie Positionierungen und Bias der Autorin berücksichtigt. Des Weiteren wird zwischen Implikationen für Forschung und Praxis unterschieden.

7.1 Zusammenfassung zentraler Ergebnisse

Kommunikation ist allgegenwärtig

Kommunikation ist als soziales Verhalten in der Organisationsumwelt allgegenwärtig und wird interdisziplinär und theoretisch auch perspektivenabhängig definiert. Im Allgemeinen lässt sie sich als Prozess der gewollten und ungewollten wechselseitigen Bedeutungsvermittlung verstehen. Vielen Definitionen ist gemein, dass das Element der Reziprozität zentral und eine erfolgreiche Kommunikation zielgerichteten Kooperations- und Koorientierungsprinzipien unterworfen ist. Folglich lässt sich festhalten, dass Kommunikation mehr oder minder intentional erfolgt, immer beziehungsgenerierend bzw. -formend wirkt und meist ein Ziel verfolgt, aber nicht notwendigerweise bewusst geschehen muss. Für die nachhaltige Krisenkommunikation ist ein definiertes Verständnis von dieser unerlässlich, weil sich somit Maßnahmen ableiten lassen, damit sie erfolgreich umgesetzt wird.

Krisen sind eine Perspektivenfrage

Nicht nur die Einschätzung einer Krisensituation, sondern auch die Definition von Erfolgsmaßen unterliegt subjektiven Kriterien. Inwiefern der Umgang mit kommunikativen Impulsverläufen erfolgreich ist, ist u.a. je nach Perspektive unterschiedlich zu beurteilen. Hier kann lediglich davon ausgegangen werden, dass es ein Erfolgsmaß sein kann, als Akteur handlungsfähig zu bleiben bzw. Handlungsmöglichkeiten zu haben. Ein gutes Krisenmanagement sollte daher in der Lage sein, zumindest für zentrale Anspruchsgruppen einen Perspektivwechsel einzunehmen und potenzielle Reaktionen zu antizipieren. Hierzu gehört auch das Verständnis, dass Krisen keiner festen Definition unterliegen und, wenngleich sich ihr Verlauf weniger beeinflussen lässt, ihre Wahrnehmung über Spielräume verfügt und sich diese nutzen bzw. kommunikativ formen lassen können.

Nachhaltigkeit hat immer eine Zukunft und eine Vergangenheit

Nachhaltige Kommunikation sollte Konsistenz-, Effizienz- und Suffizienzprinzipien berücksichtigen, die sich in unterschiedlichen Strukturalisierungs- bzw. Konventionalisierungsgraden manifestieren können und vergangenheits- sowie zukunftsorientiert sind. So kann zum einen eine kommunikative Glaubwürdigkeit bzw. Authentizität und zum anderen eine Anschlussfähigkeit sichergestellt werden. Dies umfasst ebenso die frühzeitige Ermittlung von Issues, die zu einer Krise werden können (z.B. Instabilitätspunkte) wie den langfristigen Beziehungsaufbau zu relevanten Anspruchsgruppen, um in einer Krise essenzielle Handlungsmöglichkeiten zu erhalten.

Kausalität und Prognose gehen nicht einher

Wirkungszusammenhänge lassen sich auch in der Krisenkommunikation nur über eine zeitliche Dimension erfassen. Neben schwachen und starken Kausalitäten treten auch Akausalitäten auf, deren Entwicklungen einer ›unsichtbaren Hand‹ folgen. Erkenntnis wird daher immer begrenzt sein und die meisten Krisenverläufe werden durch Multikausalität, Mehrstufigkeit und Multilokalität erst im Nachhinein erklärbar sein. ›Die eine Lösung‹ für diesen Umstand gibt es nicht. Doch es kann hilfreich sein, das Verständnis von Ursache und Wirkung um die Beziehungsperspektive zu erweitern, da eine Entwicklung stets als Produkt komplexer Beziehungsgeflechte zu verstehen ist. Die Suche nach Wirkungszusammenhängen und Beziehungsmustern ist unerlässlich für die nachhaltige Krisenkommunikation, um Entwicklungen antizipieren und in Krisenzeiten handlungsfähig bleiben zu können.

Keine Krise gleicht der anderen

Eigendynamische kommunikative Prozesse werden daher nie detailliert kontrollierbar sein und ein Steuerungswunsch sollte realistisch überprüft werden. Dennoch lassen sich aufschlussreiche Muster und Unterschiede in den Impulszusammenhängen bzw. Instabilitätspunkten aus Theorie und Praxis finden, die für unterschiedliche Krisenarten- und Verläufe sensibilisieren können. Dies kann auch als Orientierung verstanden werden, da jede Krise bzw. deren Verlauf ihren bzw. seinen eigenen Regeln folgt und jeder Einzelfall individuell betrachtet werden sollte.

Krisenkommunikation findet immer in Netzwerken statt

Krisenkommunikation, insbesondere im Kontext der Zweiten Moderne und des Web 2.0 ist als Vernetzung heterogener Akteure zu verstehen, die unterschiedlicher Natur sein können und im Rahmen von Beziehungsdimensionen bzw. -geflechten handeln. Der Verifizierung von Informationen kommt in der Krisenkommunikation Bedeutung zu, da ein Überangebot die Kriseneinschätzung von Nutzern erschwert. Entstandene Blaseneffekte der Subkulturbildung in Netzwerken können sich so bspw. negativ auf Legitimierungsversuche von Organisation in Krisenzeiten auswirken. Hier kann es von Vorteil sein, strukturelle Löcher in Netzwerken zu identifizieren und durch die Pflege von Beziehungen sowie deren Aufbau vorteilhafte Informationsbrücken zu kreieren.

Unsicherheit und Komplexität als Lernchance sehen

In Krisenzeiten ist es daher für die nachhaltige Kommunikation von und innerhalb Organisationen von Vorteil, durch gelebte und kommunizierte Narrative bspw. eine entsprechende Fehlerkultur mit Unsicherheit umzugehen und handlungsfähig zu bleiben.

Die Macht des eigenen Identitätsverständnisses

Für Organisationen in Krisenzeiten bedeutet dies, dass sie im Sinne einer Fehler- und Lernkultur Instabilitäten und Chancen für Neustrukturierungen sowie Innovationen nach innen und außen kommunizieren sollten. Eine kontinuierliche Selbsterneuerung und Ergebnisoffenheit sind hier erstrebenswert. Dies ist eng verknüpft mit einem Identitätsverständnis, das Krisen als konstitutiven Bestandteil von Veränderungsprozessen ansieht.

Krisenkommunikation und Beziehungspflege zusammendenken

Das Bestehen und Überleben von Organisationen lässt sich auf Beziehungen zurückführen. Vielmehr bestehen Erstere gänzlich aus ihnen – zu Anspruchsgruppen wie Kunden, Mitarbeitern, Shareholdern, politischen Akteuren, aber auch (zumindest indirekt) zu Ressourcen. Diese Beziehungen spielen bei jeder organisationalen Entscheidung eine tragende Rolle. Auch zu Krisenzeiten sollte dies verstärkt mitgedacht werden. Vertrauen ist hier insbesondere in Netzwerken hilfreich, wenn Unsicherheit und Komplexität bewältigt werden sollen, und kann Akteuren bspw. den Zugang zu bedeutsamen Ressourcen ermöglichen. Es wird kommunikativ gepflegt bzw. geschaffen und ist somit auch als interdependent mit Kommunikation zu verstehen. Die nachhaltige kommunikative Pflege und Gestaltung von Beziehungen sollte daher ein Grundpfeiler jeglicher Krisenkommunikation sein, um auch unter großen Belastungen flexibel agieren und sich auf das Vertrauen essenzieller Akteure verlassen zu können.

Steuerungswünsche überprüfen und Ambiguitätskompetenz stärken

Der Wunsch nach Konformität und Sicherheit in chaotischen Umgebungen sollte stets hinterfragt werden, da dies naturgemäß nicht immer gewährleistet werden kann. Ein an Steuerungswünsche angepasster Kommunikationsstil kann insoweit den gegenteiligen Effekt haben und zu noch chaotischeren Zuständen führen, wenn ›Strukturversprechungen‹ nicht eingehalten werden können. Essenziell ist, insbesondere bei chaotischen Impulsverläufen, Sicherheitsbedürfnisse durch Ambiguitätstoleranz und vertrauensvolle Beziehungen zu unterstützen. Nachhaltige Kommunikation kann hilfreich sein, um intern und extern die Grenzen sicherheitsstiftender Strukturen zu überbrücken und durch aufgebautes Vertrauen relevante Prozesse im Umgang mit Eigendynamik zu unterstützen.

7.2 Limitationen und Mehrwert

Organisationstheoretische Perspektive

Zunächst wird deutlich, dass grundlegende Annahmen der Arbeit auf einer bestimmten organisationstheoretischen Perspektive – dem Neoinstitutionalismus – beruhen. Zentrale Ergebnisse lassen sich somit verstärkt auf die Hypothese zurückführen, dass Organisationen mit ihrer Umwelt in einem (reziproken) Beziehungsgeflecht agieren. Dies wirkt sich auch auf das Verständnis von organisationaler Krisenkommunikation als Beziehungsgestaltung in schwierigen Zeiten aus.

Allerdings existieren zahlreiche theoretische Fundierungen und Ansätze zu organisationalem Handeln und Annahmen zum Menschenbild. Der Neoinstitutionalismus (bzw. in seiner erweiterten Form, wie er hier verwendet wird) stellt nur *eine* Perspektive davon dar. Die Einnahme einer theoretischen Ansicht ist für die wissenschaftlichen Arbeit allerdings unerlässlich und kann nicht allumfassend sein.

Differenzierung verschiedener Organisationstypen- und Kommunikation

Des Weiteren wurde in der Arbeit keine explizite theoretische Unterscheidung zwischen Organisationstypen oder interner und externer Krisenkommunikation vorgenommen. Anzunehmen ist, dass sich bedeutsame Erkenntnisse nicht eins zu eins auf jeden Organisationstyp übertragen lassen, da Unterschiede in Struktur, Hierarchien und Kommunikationsbedürfnissen denkbar sind. Möglich ist auch, dass nicht jedes Unternehmen gleichermaßen in der Öffentlichkeit steht und auf Krisen reagieren muss. Auch die Unterscheidung zwischen interner und externer Unternehmenskommunikation wurde aus Komplexitätsgründen nicht berücksichtigt, da eine genaue Abgrenzung der Bereiche nicht immer möglich ist und die Grenzen – insbesondere zu Krisenzeiten – oft verschwimmen, weil Akteure auch multikollektiv vernetzt sind.

Allerdings kann davon ausgegangen werden, dass sich die Umwelt für *alle* Organisationen im Rahmen der Zweiten Moderne bzw. mit Entwicklungen des Web 2.0 verändert hat und in unterschiedlichem Ausmaß Herausforderungen und Chancen für ebendiese darstellt. Auch kann jede Organisation von Krisen betroffen sein und ist mehr oder weniger auf vertrauensvolle Umweltbeziehungen angewiesen. Es wurde bewusst auf die Differenzierung von Organisationstypen- und Kommunikationsarten (bzw. intern und extern) verzichtet, um grundlegend nachhaltige Krisenkommunikation und Komplexität zu untersuchen. Auch kann theoretisch zwischen Kommunikation über Krisen (Sachdimension) und während Krisen (Sozial- und Zeitdimension) unterschieden werden (Löffelholz 2005, S. 186). Beide Formen haben in der Arbeit ihre Anwendung gefunden und wurden nicht weiter unterschieden. Genauere Differenzierungen zur Organisationstypen und Kommunikationsformen können Gegenstand zukünftiger Forschung sein.

Begrifflichkeiten und Komplexitätsreduzierung

Wie bei jeder wissenschaftlichen Perspektiveneinnahme bestimmen verwendete Begrifflichkeiten und Konzepte den Erkenntnisgewinn. Die bildliche Systematisierung (Kapitel 4.5) ist somit auch als Versuch einer Komplexitätsreduktion zu verstehen, die zwar funktionale Aspekte erfüllt, aber im Widerspruch zu Annahmen eigendynamischer Verläufe stehen kann. Auch andere verwendete Begrifflichkeiten zur Erläuterung der Systematisierung sind kritisch zu beleuchten und zu überdenken. Die Annahme, dass Menschen über eine begrenzte Rationalität verfügen und es ihnen daher unmöglich ist, alle relevanten Informationen wahrzunehmen und zu verarbeiten, kann als Argument für systematisierende Darstellungsversuche gesehen werden. In Zeiten der größten Unsicherheit (z.B. Unternehmenskrise) können Anhaltspunkte daher hilfreich sein, um Impulsverläufe zu antizipieren und sich auf mögliche Szenarien vorzubereiten.

Umgang mit Subjektivität

Genau wie die Einschätzung von Krisensituationen ist auch die Bewertung ihres Verlaufs abhängig von der Perspektive des Betrachters (z.B. der Organisation). Die Feststellung einer Krisensituation geht somit u.a. mit einer mehr oder weniger ausgeprägten Ambiguitätstoleranz einher. Nicht nur die Einschätzung einer Krisensituation, sondern auch die Definition von Erfolgsmaßen unterliegt subjektiven Kriterien. Inwiefern der Umgang mit kommunikativen Impulsverläufen erfolgreich ist, wird je nach Perspektive unterschiedlich zu beurteilen sein. Hier kann lediglich davon ausgegangen werden, dass es ein objektives Erfolgsmaß sein kann, als Akteur handlungsfähig zu bleiben bzw. Handlungsmöglichkeiten zu haben.

Szenarien und Perspektivenübernahme

Der Umgang mit eigendynamischen Prozessen in der Krisenkommunikation kann nicht intuitiv gehandhabt werden, wie zahlreiche Praxisbeispiele zeigen. Der Umgang mit komplexen Situationen (in Organisationen) kann daher nicht mit standardisierten rationalen Theorien und oftmals stark normierten Regeln der Krisenkommunikation bewältigt werden.

Bei der Befassung mit Invisible-Hand-Prozessen werden immer unerklärbare bzw. unvorhersehbare Aspekte auftreten. Viele der aufgeführten Impulsverläufe aus der Praxis konnten bspw. ein schädliches Ausmaß für betroffene Akteure erreichen und ließen sich erst anschließend einordnen oder systematisieren. Eigendynamische Prozesse werden daher nie detailliert kontrollierbar sein, und ein Steuerungswunsch sollte immer realistisch überprüft werden. Dennoch lassen sich Muster und Unterschiede in den Impulsverläufen aus Theorie und Praxis finden, und die Identifikation von Wirkungszusammenhängen sollte in Krisenzeiten priorisiert werden.

Hier ist die Unterscheidung von Prognostizierbarkeit und Erklärbarkeit essenziell. Im Bereich der Invisible-Hand-Erklärungen handelt es sich um ›Post-facto-Erklärungen‹. Die wissenschaftliche Befassung mit Komplexität wird immer in einem Spannungsfeld von Reduktionismus und Emergenz bestehen.

Eine Systematisierung kann nützlich sein, um Strategien zum Umgang und zur Maximierung des Chancenpotenzials, insbesondere für die Krisenkommunikation, zu erstellen und durch gepflegte nachhaltige Vertrauensbeziehungen handlungsfähig zu bleiben. Hier ist eine Sensibilisierung für die Entwicklung öffentlicher Aufmerksamkeit und deren Aktionismus insbesondere im Kontext des Web 2.0 unerlässlich. Lerneffekte können eine frühzeitige Analyse möglicher Verlaufsszenarien herstellen, zu einer Sensibilisierung für Instabilitätspunkte führen und zur Perspektivenreflexion anregen. Auch während einer Krise ist es denkbar, Strukturen zu erkennen, denen mit speziellen Handlungsstrategien begegnet werden kann.

Primäres Ziel dieser Arbeit war es daher, ein wissenschaftlich fundiertes Verständnis komplexer Zusammenhänge für die nachhaltige Krisenkommunikation zu erarbeiten und Sensibilisierungsansätze – keine konkreten Lösungen – aufzuzeigen.

7.2.1 Positionierung und Bias der Autorin

Limitationen der Arbeit beschränken sich nicht nur auf inhaltliche und theoretische Aspekte, sondern sind auch im Rahmen der Positionierung und Erfahrungswelt der Autorin zu verorten.

Durch eine (akademische) Sozialisierung der Autorin kann nicht von einer absoluten wissenschaftlichen Perspektivenneutralität ausgegangen werden, die sich auch auf die Auswahl und Sichtung von Literatur auswirkt. Die meisten der behandelten Theorien und Modelle stammen zudem aus dem euroamerikanischen Raum und können somit nur bestimmte Perspektiven darstellen (vgl. Luo 2015, S. 71).

Die Rolle der Beziehungspflege für nachhaltige Kommunikation etwa kann allerdings auch in anderen Kontexten skizziert werden, wie es bspw.

Konzepte des *Ubuntus* verdeutlichen: »(...) Ubuntu principles of community and togetherness, [are] highlighting that we need cooperation in order to function in an optimal way« (Mutwarasibo & Iken 2019, S. 19).

Da theoretische und wissenschaftliche Ausarbeitungen in diesem Bereich noch nicht lange bzw. nicht umfassend existieren, wurde in dieser Arbeit zum größten Teil mit bereits etablierter und wissenschaftlich gewachsener Literatur aus dem euroamerikanischen Raum gearbeitet.

Des Weiteren unterliegen Theorien und Konzepte, z.B. im Feld der Komplexitätsforschung, impliziten Annahmen über Risiko- und Unsicherheitswahrnehmungen, die sich auf Modellierungen, Forschungsgegenstände und Fragestellungen auswirken. Auch die Sprachwahl spielt hierfür eine wesentliche Rolle. Zudem ist davon auszugehen, dass die wissenschaftliche Auseinandersetzung bspw. mit Krisenkommunikation periodischen Trends unterliegt, die durch das Auftreten folgenschwerer Krisen initiiert werden. Somit lassen sich theoretische Überlegungen und Ausführungen nur auf einen bestimmten Bearbeitungszeitraum zurückführen, der Veränderungen und Invisible-Hand-Prozessen unterlag.

Auch die Skizzierung und Auswahl des Forschungsgegenstands, wesentlicher Fragestellungen und die Verwendung bestimmter Literatur spiegeln (zum Teil) subjektive Vorgehensweisen der Verfasserin wider. Eine reine Objektivität wird nicht nur durch eine bestimmte akademische Sozialisierung der Verfasserin erschwert bzw. unmöglich, sondern auch durch individuelle Erfahrungswerte, die die Lebenswelt und bspw. die eigene Unsicherheitswahrnehmung geformt. Angestrebt wurde, eine größtmögliche intersubjektive Nachvollziehbarkeit zu gewährleisten bzw. angemessen mit Subjektivität umzugehen.

Um die Arbeit möglichst nachhaltig kommunikativ zu verfassen bzw. Prinzipien der nachhaltigen Kommunikation anzuwenden, wurden neben kurzen inhaltlichen Previews auch abschließende Reflexionsfragen am Ende der jeweiligen Kapitel umrissen. Außerdem wurde ein Kapitel mit konkreten Handlungsempfehlungen erstellt. Fraglich ist allerdings, inwieweit das traditionelle Format einer chronologisch verfassten Monografie zur nachhaltigen kommunikativen Vermittlung geeignet ist und es weiterer Mittel bedarf, zentrale Ergebnisse nachhaltig für Zielgruppen zu kommunizieren.

7.2.2 Implikationen für die Forschung

Für die Befassung mit nachhaltiger Krisenkommunikation ist die Einnahme einer organisationstheoretischen Perspektive unerlässlich. Ansätze des Neoinstitutionalismus können bedeutsame Handlungsanreize für Organisationen zu Krisenzeiten erklären. Allerdings sind Erklärungspotenziale beschränkt, da nicht nur Anspruchsgruppen der Organisationsumwelt das Verhalten von Organisationen bestimmen, sondern Letztere auch einen Einfluss auf ihre Umwelt haben können.

Dieses Verständnis lässt sich mit der Akteur-Netzwerk-Theorie vereinbaren, die verdeutlicht, dass Organisationen in einem komplexen Beziehungsnetzwerk zu ihrer Umwelt liegen und agieren. Somit sollte vielmehr von einer Erweiterung der Neoinstitutionalismus-Theorie dahingehend ausgegangen werden, dass sich Beeinflussungen reziprok vollziehen und sich sowohl die Umwelt als auch die Organisation gegenseitig beeinflussen. Hierfür können sowohl menschliche als auch nichtmenschliche Akteure als Netzwerkelemente verstanden werden, wie es sich im Kontext des Web 2.0 beobachten lässt. Organisationen können nur durch (Umwelt-)Beziehungen bestehen. Diese werden wiederum kommunikativ geschaffen und geformt. Für die Befassung mit (Krisen-)Kommunikation und Komplexität kann die Netzwerkperspektive somit lohnend sein.

In Ansätzen der Netzwerktheorie lassen sich zudem Erklärungsversuche nachhaltiger Entwicklungsprozesse finden. Beispielsweise können Kulturalisierungsprozesse aus einer Netzwerkperspektive nachvollziehbar dargestellt werden und die beziehungsgenerierende Wirkung von Kommunikation verdeutlichen.

Etablierte Theorien der Krisenkommunikation, insbesondere symbolisch-relational geprägt Ansätze, können somit durch netzwerktheoretische ergänzt werden, um eigendynamische Verläufe erklären bzw. theoretisch besser verorten zu können. Krisen vor allem zu Zeiten des Web 2.0 sind als multikausal, multilokal und mehrstufig zu verstehen. Es wird daher essenziell sein, flexible Theorien anwenden zu können, um kommunikative Instabilitätspunkte und Impulsverläufe zu identifizieren sowie deren Perspektivenabhängigkeit und Strukturprozessualtät zu verorten. Dies wurde u.a. mit der skizzierten Systematisierung als Erweiterung des Cynefin-Modells auf den Kontext der Krisenkommunikation angestrebt. Neben der Analyse von Entscheidungskontexten wurde hier vielmehr versucht, Perspektivenabhängigkeit und Strukturprozessualitäten für die Kommunikation zu Krisenzeiten mitzudenken.

Des Weiteren kann davon ausgegangen werden, dass jegliche Art von Organisationen von Krisen betroffen ist bzw. sein wird und auf vertrauensvolle Umweltbeziehungen angewiesen ist. Es wurde bewusst auf die Unterscheidung von Organisationstypen verzichtet, um grundlegend nachhaltige Krisenkommunikation und Komplexität zu untersuchen. Allerdings könnte eine weitere Differenzierung in zukünftiger Forschung aufschlussreich sein, ebenso wie die Unterscheidung von interner und externer Krisenkommunikation. Auch die theoretische Skizzierung und Bearbeitung konkreter Praxisfälle könnten angestrebt werden.

Zusammengefasst stellt die Erweiterung organisationstheoretischer Annahmen und Krisenkommunikationstheorien um die Beziehungsperspektive einen möglichen Ansatz zur Untersuchung im Umgang mit Komplexität und eigendynamischen Prozessen dar. Netzwerktheoretische Überlegungen können bedeutsame Anhaltspunkte zu kommunikativen nachhaltigen Prozessentwicklungen unter komplexen Bedingungen liefern. Zukünftige Untersuchungen in diesem Bereich erscheinen lohnend.

7.2.3 Implikationen für die Praxis

Krisen (für Organisationen) können nicht intuitiv und reflexartig bewältigt werden, wie zahlreiche Praxisbeispiele der Vergangenheit und Gegenwart zeigen. Im Bereich der Krisenkommunikation haben sich diverse praxisnahe Lösungs- und Bewältigungsstrategien etabliert. Viele stammen aus dem Kontext der Agenturkommunikation und verfügen nicht immer über eine wissenschaftliche Fundierung.

Jede Krise ist anders und das zugrundeliegende Verständnis von Risiko und Chance der beteiligten bzw. betroffenen Akteure spielt eine zentrale Rolle bei ihrer Wahrnehmung (Zeitpunkt, Verlauf, Handlungsmöglichkeiten usw.). Krisen werden daher für Organisationen nie detailliert steuerbar sein und Strukturierungswünsche sollten stets kritisch überprüft werden, um (neue) Handlungsspielräume zu erhalten bzw. zu erschließen. Auch wenn Krisenverläufe sich nicht prognostizieren lassen, kann es hilfreich sein, Verlaufsunterscheidungen zu identifizieren und Systematisierungen bereits geschehener Ereignisse zu nutzen, um mögliche Szenarien zu erstellen. Hieraus können Handlungsspielräume resultieren und mögliche (kommunikativ) angemessene Ansätze und Maßnahmen zur Beziehungsgestaltung zu relevanten Akteuren in der Krise skizziert werden.

Die Unternehmen und deren Umwelten als großes Beziehungsnetzwerk zu verstehen, kann entscheidende Anhaltspunkte zum Krisenumgang liefern. Die Perspektivenübernahme spielt eine bedeutsame Rolle, um in Krisen nachhaltig zu kommunizieren und eine langfristige und beständige Beziehungsgestaltung anzustreben. Nachhaltige Kommunikationsmaßnahmen setzen im Idealfall somit schon lange vor dem Eintreten einer Krise ein, um mögliche Vertrauensverluste zu vermeiden und auch zu Krisenzeiten als Unternehmen authentisch und glaubwürdig zu bleiben. Hierzu gehört somit eine Kommunikation, die sowohl zukunftsgerichtet ist als auch in der Vergangenheit angemessen geführt wurde.

Für Organisationen ist es daher (zu Zeiten der Zweiten Moderne und einer zunehmenden komplexen Umwelt) unerlässlich, Veränderungen und Unsicherheiten auch durch strukturprozessual gedachte Rahmenbedingungen zu begegnen. Hierzu gehört neben einer frühzeitigen Identifizierung von instabilitätspunkten (z.B. Issues, die zu Krisen werden können) auch die Förderung einer Ambiguitätstoleranz. Im Umgang mit Krisen kann diese helfen, handlungsfähig zu bleiben und relevante Kompetenzen auf neue Kontexte zu transferieren. Dies kann z.B. durch eine entsprechende Unternehmenskultur gefördert werden, die ein Identitätsverständnis prägt, in Veränderungen Chancen zu sehen. Auch der Einsatz von Narrativen kann im Umgang mit Krisen nützlich sein.

Nicht alle Empfehlungen werden für jede Organisation gleichermaßen sinnvoll sein und sollten kritisch überprüft sowie dem Kontext angemessen sein. Des Weiteren sollte insbesondere für die Praxis die Gratwanderung zwischen komplex gedachten Nachhaltigkeitskonzepten und der Anwendbarkeit bewältigt und ein Mehrwert erschlossen werden.

Nachhaltiges Denken ist nützlich, um langfristige und beständige Ansätze zu verfolgen, die insbesondere zu Krisenzeiten antizipierbare Erwartungshaltungen herstellen können. Vertrauens- und Glaubwürdigkeitskrisen kann nur begegnet werden, wenn sich Verantwortungen in einer beständigen und ressourcenorientierten Beziehungspflege manifestieren.

8 Literatur

Abbott, A. (1995): Things of boundaries – Defining the Boundaries of Social Inquiry, In: Social Research, 62, S. 857-882.

Abbott, A. (2001): Chaos of Disciplines. Chicago: The University of Chicago Press.

Albert, H. (1968): Traktat über kritische Vernunft. Tübingen: Mohr Siebeck.

Albrecht, S. (2013): Kommunikation als soziales Netzwerk? Anreize und Herausforderungen der Netzwerkanalyse, In: Frank-Job, B./Mehler, A./Sutter, T. (Hg.): Die Dynamik sozialer und sprachlicher Netzwerke. Konzepte, Methoden und empirische Untersuchungen an Beispielen des WWW. Wiesbaden: Springer Fachmedien, S. 23-46.

Allcott, H./Gentzkow, M. (2017): Social Media and Fake News in the 2016 Election, In: Journal of Economic Perspectives, 31 (2), S. 211-236.

Althans, B. (2000): Der Klatsch, die Frauen und das Sprechen bei der Arbeit. Frankfurt a.M.: Campus Verlag.

Ambrosius, G. (2018): Globalisierung. Wiesbaden: Springer Fachmedien Wiesbaden.

Andersen, S./Esmann, M./Ditlevsen, G./Nielsen, M./Pollach, I./Rittenfolger, I. (2013): Sustainability in Business Communication: An Overview, In: Nielsen, M./Rittenhofer, I./Ditlevsen, G./Esmann, M./Andersen, S./Pollach, I. (Hg.): Nachhaltigkeit in der Wirtschaftskommunikation. Wiesbaden: Springer VS (Europäische Kulturen in der Wirtschaftskommunikation, 24), S. 21-46.

Angel, H., F./Zimmermann, F., M. (Hg.) (2016): Nachhaltigkeit wofür? Von Chancen und Herausforderungen für eine nachhaltige Zukunft. Berlin: Springer Spektrum.

Angermeier, G. (2004): Bananenprinzip, Projektmagazin, abrufbar unter: https://www.projektmagazin.de/glossarterm/bananenprinzip (zuletzt abgerufen am 30.05.20).

Aristoteles (1907): Metaphysik. Jena 1907, S. 225-237., abrufbar unter: www.zeno.org/nid/20009149775 (zuletzt abgerufen am 30.05.20).

Ballmer, T., T. (Hg.) (1985): Linguistic Dynamics. Discourses, Procedures and Evolution. Berlin: de Gruyter (Research in Text Theory, 9).

Barabási, A.-L./Réka A. (1999): Emergence of Scaling in Random Networks, In: Science, 286, S. 509-512.

Bardmann, T., M. (1997): Zirkuläre Positionen. Konstruktivismus als praktische Theorie. Wiesbaden: VS Verlag für Sozialwissenschaften.

Bateson, G. (1972): Steps to an Ecology of Mind: Collected Essays in Anthropology, Psychiatry, Evolution and Epistemology. Chicago.

Bauman, Z. (1997): Schwache Staaten. Globalisierung und die Spaltung der Weltgesellschaft, In: Kinder der Freiheit (1997), S. 315-332.

Baumgärtner, N. (2008): Risiken kommunizieren – Grundlagen, Chancen und Grenzen, In: Nolting, T./Thießen, A. (Hg.): Krisenmanagement in der Mediengesellschaft. Potenziale und Perspektiven der Krisenkommunikation. Wiesbaden: VS Verlag für Sozialwissenschaften, S. 41-62.

Bearman, P. (1993): Relations into Rhetorics. Local Elite Social Structure in Norfolk, England, 1540-1640. New Brunswick: Rutgers University Press.

Bearman, P./Moody, J./Faris, R. (2002): Networks and History, In: Complexity, 8, S. 61-71.

Beck, U. (1997): Was ist Globalisierung? Frankfurt a.M.: Suhrkamp.

Beck, U. (2007): Was ist Globalisierung? Irrtümer des Globalismus – Antworten auf Globalisierung. 1. Aufl.//1. Aufl., [Nachdr.]. Frankfurt a.M.: Suhrkamp.

Beckert, J. (2005): Soziologische Netzwerkanalyse, abrufbar unter: https://pure.mpg.de/rest/items/item_1234012_4/component/file_2463335/content (zuletzt abgerufen am 30.05.20).

Belliger, A./Krieger, D., J. (2016): Organizing Networks. An Actor-Network Theory of Organizations. Bielefeld: transcript Verlag (Sozialtheorie).

Belz, C. (2008): Märkte sind Gespräche. In: Belz C., Schögel M., Arndt O., Walter V. (eds) Interaktives Marketing. Gabler.

Berger, P., L./Luckmann, T. (1969): Die gesellschaftliche Konstruktion der Wirklichkeit. Frankfurt a.M.: Fischer.

Berger, P., L./Luckmann, T. (1977): Die Gesellschaftliche Konstruktion der Wirklichkeit. Eine Theorie der Wissenssoziologie. Frankfurt: Fischer.

Bischof, N. (1993): Untersuchungen zur Systemanalyse der sozialen Motivation I: Die Regulation der sozialen Distanz – Von der Feldtheorie zur Systemtheorie, In: Zeitschrift für Psychologie, 201 (1), S. 5-43.

Bischof, N. (2001): Das Rätsel Ödipus. Die biologischen Wurzeln des Urkonflikts von Intimität und Autonomie. München: Piper.

Blackmore, S., J./Dawkins, R. (2010): Die Macht der Meme oder die Evolution von Kultur und Geist. Heidelberg: Taschenbuch-Ausg., unveränd. Nachdr. Spektrum Akad. Verl.

Blumberg, K./Möhring, W./Schneider, B. (2009): Risiko und Nutzen der Informationspreisgabe in Sozialen Netzwerken, In: Zeitschrift für Kommunikationsökologie und Medienethik, 1 (11), S. 16-22.

Blumer, H. (1969): Der methodologische Standort des Symbolischen Interaktionismus, In: Arbeitsgruppe Bielefelder Soziologen (Hg.) (1973), Bd. 1.

Blumer, H. (2013): Symbolischer Interaktionismus. Aufsätze zu einer Wissenschaft der Interpretation, In: Bude, H./Dellwing, M. (Hg.) 1. Aufl. Berlin: Suhrkamp.

Blumtritt, J./David, S./Köhler, B. (2010): Das Slow Media Manifest, In: Slow Media Blog. 02.01.2010., abrufbar unter: www.slow-media.net/manifest (zuletzt abgerufen am 30.05.20).

Bolten, J. (2012): Interkulturelle Kompetenz. Rev. Ausg. Erfurt: Landeszentralef. polit. Bild. Thüringen.

Bolten, J. (2018): Einführung in die Interkulturelle Wirtschaftskommunikation. 3. überarb. u. erw. Aufl. Stuttgart/Göttingen: UTB GmbH; Vandenhoeck & Ruprecht.

Bolten, J. (2020): 4.2 Akeursfeldspezifische/kulturbezogene Ebene. Jena 2020. abrufbar unter: https://www.db-thueringen.de/receive/dbt_mods_00043980 (zuletzt abgerufen am 30.05.20).

Bolz, N. (2010): Gewinn für alle. Soziale Gerechtigkeit im 21. Jahrhundert, Manuskript des Südwestrundfunks, abrufbar unter: https://www.swr.de/-/id=5866852/property=download/nid=660374/gvhlr/swr2-wissen-20100228.pdf (zuletzt abgerufen am 30.05.20).

Borge-Holthoefer, J./Arenas, A. (2010): Semantic Networks: Structure and Dynamics. Entropy, 12 (5), S. 1264-1302.

Böttger, C. (2013): Kriseln in der mehrsprachigen Krisenkommunikation, In: Schmidt, C., M. (Hg.): Optimierte Zielgruppenansprache. Wiesbaden: Springer Fachmedien Wiesbaden, S. 59-82.

Bourdieu, P. (1992): Die verborgenen Mechanismen der Macht, In: Steinbrück, M. (Hg.): Schriften zu Politik & Kultur. Hamburg: VSA-Verlag.

Boyd, D./Marwick, A., E. (2011): Social Privacy in Networked Publics: Teens‹ Attitudes, Practices, and Strategies. A Decade in Internet Time: Symposium on the Dynamics of the Internet and Society, September 2011.

Brandes, U./Kenis, P./Lerner, J./van Rasij, D. (2009): Network Analysis of Collaboration Structure in Wikipedia, In: Proceedings of the 18th international Conference on World Wide Web, WWW ›09, New York, S. 731-740.

Breidenbach, R. (2010): Unternehmenskommunikation in veränderlichen Umwelten. Zur Frage der kommunikativen Dimension der Unternehmen-Umwelt-Beziehungen. Krems: Edition Donau-Universität.

Brinker-von der Heyde, C./Kalwa, N./Klug, N.-M./Reszke, P. (2015): Eigentlichkeit. Zum Verhältnis von Sprache, Sprechen und Welt. Berlin/München/Boston: De Gruyter.

Bronner, R. (1992): Komplexität, In: Frese, E. (Hg.), HWO, 3.A., Stuttgart, Sp. 1121ff.

Browning, L./Boudès, T. (2005): The use of Narrative to understand and respond to Complexity: A Comparative Analysis of the Cynefin and Weickian Models, In: The Use of Narrative to understand and respond to Complexity, S. 32-39.

Brugger, F. (2010): Nachhaltigkeit in der Unternehmenskommunikation. Bedeutung, Charakteristika und Herausforderungen. Zugl.: Lüneburg, Univ., Diss., 2010. 1. Aufl. Wiesbaden: Gabler Verlag/Springer Fachmedien.

Brundtland Bericht (1987): Report of the World Commission on Environment and Development Our Common Future United Nations 1987, abrufbar unter: https://www.are.admin.ch/are/de/home/nachhaltige-entwicklung/internationale-zusammenarbeit/agenda2030/uno-_-meilensteine-zur-nachhaltigen-entwicklung/1987--brundtland-bericht.html (zuletzt abgerufen am 30.05.20).

Büchi, H. (2000): Naturgerechte Zukunft. Weshalb Regionalisierung und ökologische Stabilisierung das Umweltproblem nicht lösen. Konstanz: UVK Universitätsverlag.

Buchter, H./Nienhaus, L./Schieritz, M. (2018): Jetzt cool bleiben? Die sieben wichtigsten Fragen und Antworten zum Kurzsturz an den Börsen, Die Zeit Artikel, 7 (8), S. 29.

Bühler, C. (2010): Reduzieren gemeinschaftliche Strukturen persönliche Unsicherheit? In: Soeffner, H.-G./Kursawe, K. (Hg.): Unsichere Zeiten. Herausforderungen gesellschaftlicher Transformationen. Verhandlungen des 34. Kongresses der Deutschen Gesellschaft für Soziologie in Jena 2008; Bd. 2. Kongress der Deutschen Gesellschaft für Soziologie. 1. Aufl. Wiesbaden: VS Verlag für Sozialwissenschaften/Springer Fachmedien Wiesbaden GmbH Wiesbaden, S. 345-358.

Buhse, W. (2014): Management by Internet. Neue Führungsmodelle für Unternehmen in Zeiten der digitalen Transformation. PLASSEN Verlag.

Burkart, R. (2003): Kommunikation als soziale Interaktion, In: Bolten, J./Ehrhardt, C. (Hg.): Interkulturelle Kommunikation. Texte und Übungen zum interkulturellen Handeln. Sternenfels. Wissenschaft & Praxis.

Burt, R., S. (1992): Structural Holes: The Social Structure of Competition. Cambridge, Mass.: Harvard

Campe HJ (1809) Wörterbuch der deutschen Sprache: L bis R. Bd 3. Braunschweig: Schulbuchhandlung.

Canton, D. (2005): Attempt to suppress can backfire, London Free Press, abrufbar unter: https://web.archive.org/web/20130730102512/http://canton.elegal.ca/2005/11/07/attempt-to-suppress-can-backfire/ (zuletzt abgerufen am 30.05.20).

Carolus, A. (2013): Gossip 2.0. Mediale Kommunikation in Sozialen Netzwerkseiten. 1. Aufl. s.l., S. Kohlhammer (Medienpsychologie), abrufbar unter: http, S.//gbv.eblib.com/pat ron/FullRecord.aspx?p=1773826 (zuletzt abgerufen am 30.05.20).

Castelfranchi, C./Falcone, R./Marzo, F. (2006): Being Trusted in a Social Network: Trust as Relational Capital, In: Stølen, K./Winsborough, W., H./Martinelli, F./Massacci, F. (Hg.): Trust Management. 4th International Conference, iTrust 2006 Pisa, Italy, May 16-19, 2006 Proceedings: Springer Berlin Heidelberg, S. 19-32.

Castells, M. (2001): Der Aufstieg der Netzwerkgesellschaft. Das Informationszeitalter, Teil 1. Opladen, Leske + Budrich.

Charlton (1970): Aristotle's Physics, Books I and II. Translated with Introduction and Notes by W. Charlton. Clarendon Press, Oxford 1970.

Chomsky, N. (1957): Syntactic Structures. Mouton, Den Haag: de Gruyter.

Christen, M. (1996): Zweifel am Rande des Chaos – Wissenschaftstheoretische Probleme der Komplexitätsforschung. Diplomarbeit der Philosophisch-naturwissenschaftlichen Fakultät der Universität Bern.

Conti, L. (2012): Interkultureller Dialog im virtuellen Zeitalter. Neue Perspektiven für Theorie und Praxis. Kommunikationswissenschaft, Bd. 2. Berlin: Lit.

Cooley, C., H. (1909): Social Organization. A Study of the Larger Mind. New York: C. Scribner's.

Coombs, W., T. (2012): Ongoing Crisis Communication. Planning, Managing, and Responding. 3. Aufl. Los Angeles, California: SAGE.

Crutchfield, J./Farmer, J./Packard, N./Shaw, R. (1986). Chaos, In: Scientific American, 255 (6), S. 46-57.

Daft, R. L./Lengel, R. H. (1984): Information Richness: A New Approach to Managerial Behavior and Organization Design, In: Research in Organizational Behavior, 6. Jg., o. Nr., 1984, S. 191-233.

Danowski, J., A. (1993): Network Analysis of Message Content, In: Progress in Communication Sciences, 12, S. 198-221.

David, S. (2013): Slow Media, mediale Nachhaltigkeit und Slow Communication, In: Nielsen, M./Rittenhofer, I./Ditlevsen, G./Esmann, M./Andersen, S./Pollach, I. (Hg.): Nachhaltigkeit in der Wirtschaftskommunikation. Wiesbaden: Springer VS (Europäische Kulturen in der Wirtschaftskommunikation, 24), S. 343-349.

De Backer, C. (2005): Like Belgian Chocolate for the Universal Mind. Interpersonal and Media Gossip from an Evolutionary Perspective, abrufbar unter: www.ethesis.net/gossip/gossip_contence.htm (zuletzt abgerufen am 30.05.20).

Dehmer, M. (2008): Information Processing in complex Networks: Graph Entropy and Information Functionals, In: Applied Mathematics and Computation, 201, S. 82-94.

Dehmer, M./Emmert-Streib, F./Mehler, A. (2011): Towards an Information Theory of Complex Networks: Statistical Methods and Applications. Boston/Basel: Birkhäuser.

Dernbach, B./Godulla, A./Sehl, A. (2019): Komplexität und deren Reduktion im und durch Journalismus, In: Dernbach, B./Godulla, A./Sehl, A. (Hg.): Komplexität im Journalismus. Wiesbaden: Springer Fachmedien, S. 1-14.

Di Maggio, P., J./Powell, W.W. (1983): The Iron Cage Revisited – Institutional Isomorphism and Collective Rationality in Organizational Fields, In: American Sociological Review, 48 (2), S. 147-160.

Dietzgen, J. (1961): Das Wesen der menschlichen Kopfarbeit. Die Religion der Sozialdemokratie. Sozialdemokratische Philosophie. Berlin: Akademie-Verlag.

Dolata, U./Schrape, J.-F. (Hg.) (2018): Eine Einführung, In: Kollektivität und Macht im Internet. Soziale Bewegungen – Open Source Communities – Internetkonzerne. Wiesbaden: Springer VS, S. 1-5.

Durst, J. (2009): Issue Management in Veränderungsprozessen, In: Pfannenberg, J. (Hg.): Veränderungskommunikation, Frankfurt a.M.: Frankfurter Allgemeine Buch, S. 34-47.

Emirbayer, M. (1997): Manifesto for a Relational Sociology. American Journal of Sociology, 103, S. 281-317.

Emirbayer, M./Goodwin, J. (1994): Network Analysis, Culture, and the Problem of Agency. American Journal of Sociology, 99, S. 1411-1454.

Entman, R. (1993): Framing: Towards a Clarification of a Fractured Paradigm, In: Journal of Communication, 43 (3), S. 51-58.

Faber-Wiener, G. (2013): Responsible Communication. Berlin/Heidelberg: Springer.

Fieseler, C. (2008): Die Kommunikation von Nachhaltigkeit. Gesellschaftliche Verantwortung als Inhalt der Kapitalmarktkommunikation. Zugl.: St. Gallen, Univ., Diss, 2007. 1. Aufl. Wiesbaden: VS Verl. für Sozialwiss.

Fillmore, C., J. (1975): An Alternative to Checklist Theories of Meaning, In: Proceedings of the first Annual Meeting of the Berkeley Linguistic Society, 15-17, S. 123-131.

Fillmore, C., J. (1977): Scenes-and-Frames Semantics. Linguistic Structures Processing. Fundamental Studies, In: Computer Science, 59, S. 55-88.

Fisher, W., R. (1984): Narration as a Human Communication Paradigm: The Case of Public Moral Argument, In: Communication Monographs, 51, S. 1-22.

Flätchen, S., W. (2009): Einsatzszenarien von Web 2.0 Technologien im Kundenmanagement. Eine theoretisch und empirisch fundierte Analyse der Machbarkeit und aktueller Umsetzungsstrategien. Zugl., Diplomarbeit. München: Hampp (Strategie- und Informationsmanagement, 23).

Fogel, J./Nehmad, E. (2009): Internet Social Network Communities: Risk Taking, Trust, and Privacy Concerns, In: Computers in Human Behavior, 25, S. 153-160.

Foster, E., K. (2004): Research on Gossip: Taxonomy, Methods, and Future Directions. Review of General Psychology, 8 (6), S. 78-99.

Fraas, C. (2013): Frames – ein qualitativer Zugang zur Analyse von Sinnstrukturen in der Online-Kommunikation, In: Frank-Job, B./Mehler, A./Sutter, T. (2013): Die Dynamik sozialer und sprachlicher Netzwerke. Konzepte, Methoden und empirische Untersuchungen an Beispielen des WWW. Wiesbaden, s.l.: Springer Fachmedien, S. 259-283.

Frank-Job, B./Mehler, A./Sutter, T. (2013): Die Dynamik sozialer und sprachlicher Netzwerke. Konzepte, Methoden und empirische Untersuchungen an Beispielen des WWW. Wiesbaden, s.l.: Springer Fachmedien Wiesbaden, abrufbar unter: http://dx.doi.org/10.1007/978-3-531-93336-8 (zuletzt abgerufen am 30.05.20).

Freeman, L., C. (2004): The Development of Social Network Analysis: a Study in the Sociology of Science. Vancouver, BC: Empirical Press.

French, S. (2013): Cynefin, Statistics and Decision Analysis Source, In: The Journal of the Operational Research Society, 64 (4), S. 547-561.

Frindte, W. (2001): Einführung in die Kommunikationspsychologie. Weinheim [u.a.]: Beltz (Beltz-Studium).

Fuchs, C./Hofkirchner, W. (2003): Studienbuch Informatik und Gesellschaft. Norderstedt: Books on demand.

Fuhrmann, M. (1994): Poetik. Griechisch/Deutsch. Bibliographisch erg. Ausg. Stuttgart: Philipp Reclam.

Fuhse, J., A./Schmitt, M. (2010): Erklärungslogik der relationalen Soziologie: Von sozialen Tatsachen zu Kommunikation in Netzwerken und zurück. Beitrag zur Ad-hoc-Gruppe „Diesseits und jenseits von System- und Handlungstheorie? Formen relationaler/relationistischer Soziologie« beim 35. Kongress der Deutschen Gesellschaft für Soziologie, 11.-15. Oktober 2010, Frankfurt a. M, abrufbar unter: www.janfuhse.de/RelatErklJuhseSchmitt.pdf, (zuletzt abgerufen am 30.05.20).

Fuller, L. (1978): The Forms and Limits of Adjudication, In: Harvard Law Review, 92 (353), S. 394-404.

Füllsack, M. (2011): Gleichzeitige Ungleichzeitigkeiten. Wiesbaden: VS Verlag für Sozialwissenschaften.

Gabriel, T. (2005): Resilienz – Kritik und Perspektiven, In: Zeitschrift für Pädagogik, 51 (2), S. 207-217.

Galtung, J./Ruge, M. H. (1965): The Structure of Foreign News: The Presentation of the Congo, Cuba and Cyprus Crises in Four Norwegian Newspapers, In: Journal of Peace Research, 2 (1), S. 64-90.

Gamper, M. (2012): Das Soziale an »sozialen Netzwerkseiten«. Eine relationalsoziologische Analyse, In: Gamper, M./Reschke, L./Schönhuth, M. (Hg.): Knoten und Kanten 2.0. Soziale Netzwerkanalyse in Medienforschung und Kulturanthropologie. s.l.: transcript Verlag (Sozialtheorie), S. 111-140.

Geeraerts, D./Dirven, R./Taylor, J.R. (2006): Cognitive Linguistic Research (34). Berlin/New York: Mouton de Gruyter.

Gergs, H.-J. (2016): Die Kunst der kontinuierlichen Selbsterneuerung. Acht Prinzipien für ein neues Change Management. Weinheim/Basel: Beltz Verlag.

Gerhards, J./Neidhardt, F. (1990): Strukturen und Funktionen moderner Öffentlichkeit. Fragestellungen und Ansätze. Wissenschaftszentrum Berlin für Sozialforschung. Berlin (Reihe: Öffentlichkeit und soziale Bewegungen).

Glanville, R. (1997): Nicht wir führen die Konversation, die Konversation führt uns! Ein Gespräch mit Ranulph Glanville, In: Bardmann, T., M. (Hg.): Zirkuläre Positionen. Konstruktivismus als praktische Theorie. Wiesbaden: VS Verlag für Sozialwissenschaften.

Goffman, E. (1955): On Face-Work. An Analysis of Ritual Elements in Social Interaction, In: Psychiatry, 18 (3), S. 213-231.

Goffman, E. (1971): Verhalten in sozialen Situationen. Strukturen und Regeln der Interaktion im öffentlichen Raum. Gütersloh: Bertelsmann.

Gottschlich, D. (2017): Kommende Nachhaltigkeit. Nachhaltige Entwicklung aus kritisch-emanzipatorischer Perspektive. 1. Aufl. Baden-Baden: Nomos Verlagsgesellschaft.

Granovetter, M. (1983): The Strength of Weak Ties: A Network Theory Revisited, In: Sociological Theory, 1, S. 201-233.

Granovetter, M. (1985): Economic Action and Social Structure: the Problem of Embeddedness«, In: The American Journal of Sociology, Harvard University Press, 91 (3), S. 487.

Granovetter, M., S. (1974): Getting a Job. A Study of Contacts and Careers. Cambridge, Mass.: Harvard University Press.

Graumann, C. F. (1972): Interaktion und Kommunikation, In: derselbe (Hg), S. 11099 -1262.

Grice, H., P. (1975): Logik und Konversation, In: Hoffmann, L. (Hg.) (2010): Sprachwissenschaft. Ein Reader. 3., aktualisierte und erw. Aufl. Berlin: de Gruyter (De-Gruyter-Studium), S. 194-213.

Grober, U. (2010): Die Entdeckung der Nachhaltigkeit. Kulturgeschichte eines Begriffs. München: Kunstmann.

Gruber, C. (2010): Glaubwürdig kommunizieren. Wiesbaden: VS Verlag für Sozialwissenschaften.

Grunwald, A. (2016): Nachhaltigkeit verstehen. Arbeiten an der Bedeutung nachhaltiger Entwicklung. München: oekom Verlag.

Haas, J./Malang, T. (2010): Beziehungen und Kanten, In: Stegbauer, C./Häußling, R. (Hg.): Handbuch Netzwerkforschung. 1. Aufl. Wiesbaden: VS Verl. für Sozialwiss. (Netzwerkforschung, 4), S. 89-99.

Haas, J./Mützel, S. (2010): Netzwerkanalyse und Netzwerktheorie in Deutschland. Eine empirische Übersicht und theoretische Entwicklungspotentiale, In: Stegbauer, C. (Hg.): Netzwerkanalyse und Netzwerktheorie. Ein neues Paradigma in den Sozial-wissenschaften. 2. Aufl. Wiesbaden: VS

Verlag für Sozialwissenschaften/Springer Fachmedien Wiesbaden, (Netzwerkforschung, 2), S. 49-64.

Habermas, J. (1981): Theorie des kommunikativen Handelns. Handlungsrationalität und gesellschaftliche Rationalisierung. Frankfurt a.M.: Suhrkamp.

Häcker, H. O./Stapf, K.-H. (Hg.) (2004): Dorsch Psychologisches Wörterbuch. 14. Aufl. Bern: Huber.

Hartmann, B. (2016): Kommunikationsmanagement von Clusterorganisationen. Dissertation (Organisationskommunikation). Wiesbaden: Springer Fachmedien.

Hathaway, A., S. (1921): Problems and Solutions: Problems: Solutions: 2801, In: Amer. Math. Monthly, 28 (91-97), S. 281-283.

Hauff, V. (1987): Unsere gemeinsame Entwicklung. Brundtland Bericht der Weltkommission für Umwelt und Entwicklung. Deutsche Ausgabe. Greven: Eggenkamp. Campe HJ (1809) Wörterbuch der deutschen Sprache: L bis R. Bd 3. Braunschweig: Schulbuchhandlung.

Häußling, R. (2010): Allocation to Social Positions in Class. Interactions and Relationships in First Grade School Classes and Their Consequences. Current Sociology, 58, S. 1-20.

Hayek, F. A. von. (2003). Arten der Ordnung (1963), In: Hayek, F. A. von (Hg.): Rechtsordnung und Handelsordnung – Aufsätze zur Ordnungsökonomik Tübingen: Mohr Siebeck, S. 15-29.

Heisenberg, W. (1927): Über den anschaulichen Inhalt der quantentheoretischen Kinematik und Mechanik, In: Zeitschrift für Physik, 43, S. 172-198.

Hepp, A. (2004): Netzwerke der Medien. Medienkulturen und Globalisierung. Medien – Kultur – Kommunikation. Wiesbaden: VS Verlag für Sozialwissenschaften.

Hepp, A. (2008): Konnektivität, Netzwerk und Fluss: Perspektiven einer an den Cultural Studies orientierten Medien- und Kommunikationsforschung, In: Hepp, A./Winter, R. (Hg.): Kultur – Medien –Macht. Cultural Studies und Medienanalyse. 4. Aufl. Wiesbaden: VS Verlag für Sozialwissenschaften, S. 155-174.

Hepp, A. (2010): Netzwerk und Kultur, In: Stegbauer, C./Häußling, R. (Hg.): Handbuch Netzwerkforschung. 1. Aufl. Wiesbaden, S. VS Verl. für Sozialwiss, S. 227-236.

Hepp, A. (2013): Die kommunikative Figuration mediatisierter Welten: Zur Mediatisierung der kommunikativen Konstruktion von Wirklichkeit, In: Keller, R./Reichertz, J./Knoblauch, H. (Hg.): Kommunikativer Konstruktivismus. Theoretische und empirische Arbeiten zu einem neuen wissenssoziologischen Ansatz. Wiesbaden: Springer (Wissen, Kommunikation und Gesellschaft, Schriften zur Wissenssoziologie), S. 97-120.

Hepp, A./Krotz, F./Moores, S./Winter, C. (2006): Konnektivität, Netzwerk und Fluss. Konzepte gegenwärtiger Medien-, Kommunikations- und Kulturtheorie, Wiesbaden: VS Verlag für Sozialwissenschaften.

Herbst, D. (2004): Zehn Thesen zur Zukunft der Krisen-PR, In: Köhler, T./Schaffranietz, A. (Hg.): Public Relations – Perspektiven und Potenziale im 21. Jahrhundert. 1. Aufl. Wiesbaden: VS Verlag für Sozialwissenschaften, S. 97-109.

Heringer, H., J. (2014): Interkulturelle Kommunikation. Grundlagen und Konzepte. 4., überarb. Und erw. Aufl. Tübingen: Francke.

Herrmann, S. (2012): Kommunikation bei Krisenausbruch. Wiesbaden: Springer Fachmedien Wiesbaden.

Hertreiter, L. (2019): Lego macht Youtuber die Klötzchen streitig, Süddeutsche online, abrufbar unter: https://www.sueddeutsche.de/medien/lego-youtube-thomas-panke-held-der-steine-1.4296978 (zuletzt abgerufen am 30.05.20).

Hetze, K. (2013): Nachhaltigkeits- und CSR-Berichterstattung als Beitrag zur Unternehmensreputation. Ausgewählte Untersuchungen bei europäischen Großunternehmen, In: Nielsen, M./Rittenhofer, I./Ditlevsen, G./Esmann, M./Andersen, S./Pollach, I. (Hg.): Nachhaltigkeit in der Wirtschaftskommunikation. Wiesbaden: Springer VS (Europäische Kulturen in der Wirtschaftskommunikation, 24), S. 137-158.

Hillmann, M. (2011): Unternehmenskommunikation kompakt. Wiesbaden: Gabler Verlag/Springer Fachmedien.

Hoffman, T./Braun, S. (2008): Die Rolle der Kommunikation im interdisziplinären Krisenmanagement, In: Nolting, T./Thießen, A. (Hg.): Krisenmanagement in der Mediengesellschaft. Potenziale und Perspektiven der Krisenkommunikation. Wiesbaden: VS Verlag für Sozialwissenschaften, S. 135-146.

Höfling, O. (1994): Physik. Band II Teil 1, Mechanik, Wärme. 15. Aufl. Bonn: Dümmlers Verlag.

Hofmann T. (2014): Krise 2.0: Erfolgreiches Reputationsmanagement mit Social Media, In: Thießen A. (Hg.): Handbuch Krisenmanagement. Springer VS, Wiesbaden, S. 345-359.

Holzer, B. (2010): Unsicherheit und Vertrauen in ›Netzwerk-Gesellschaften‹, In: Soeffner, H.-G./Kursawe, K. (Hg.): Unsichere Zeiten. Herausforderungen gesellschaftlicher Transformationen; Verhandlungen des 34. Kongresses der Deutschen Gesellschaft für Soziologie in Jena 2008; Bd. 2. Kongress der Deutschen Gesellschaft für Soziologie. 1. Aufl. Wiesbaden: VS Verlag für Sozialwissenschaften/Springer Fachmedien, S. 335-344.

Holzinger, T./Sturmer, M. (2012): Im Netz der Nachricht. Die Newsroom-Strategie als PR-Roman, abrufbar unter: http, S.//dx.doi.org/10.1007/978-3-642-22489-8 (zuletzt abgerufen am 30.05.20).

Hornidge, A.-K. (2013): Wissens-fokussierte Wirklichkeiten und ihre kommunikative Konstruktion, In: Keller, R./Reichertz, J./Knoblauch, H. (Hg.): Kommunikativer Konstruktivismus. Theoretische und empirische Arbeiten zu einem neuen wissenssoziologischen Ansatz. Wiesbaden: Springer (Wissen, Kommunikation und Gesellschaft, Schriften zur Wissenssoziologie), S. 207-234.

Huber, J. (1995): Nachhaltige Entwicklung. Strategien für eine ökologische und soziale Erdpolitik. Berlin: Ed. Sigma.

Jäckel, M./Fröhlich, G. (2012): Neue Netzwerke und alte Tragödien. Über Wandel von Normalität im Umgang mit Medien, In: Gamper, M. (Hg.): Knoten und Kanten 2.0. Soziale Netzwerkanalyse in Medienforschung und Kulturanthropologie. s.l.: transcript Verlag (Sozialtheorie).

Jansen, D. (1999): Einführung in die Netzwerkanalyse. Grundlagen, Methoden, Anwendungen. Opladen: Leske + Budrich.

Jecker, C. (2014): Entmans Framing-Ansatz. Theoretische Grundlegung und empirische Umsetzung. Konstanz/München: Halem Verlag.

Jörges-Süß, K./Süß, S. (2004): Neo-Institutionalistische Ansätze der Organisationstheorie, In: Das Wirtschaftsstudium, 33 (3), S. 316-318.

Katz, E./Foulkes, D. (1962): On the Use of the Mass Media as ›Escape‹ – Clarification of a Concept, In: Public Opinion Quarterly, 26, S. 377-388.

Kauffeld, S./Paulsen, H. (2018): Kompetenzmanagement in Unternehmen. Kompetenzen beschreiben, messen, entwickeln, nutzen. Stuttgart: Kohlhammer.

Keller, R. (1985): Towards a Theory of Lingusitic Change, In: Ballmer, T., T. (Hg.): Linguistic Dynamics. Discourses, Procedures and Evolution. Berlin: de Gruyter (Research in Text Theory, 9), S. 211-237.

Keller, R. (1994): Sprachwandel. Von der unsichtbaren Hand in der Sprache. 1. Aufl. Tübingen: Francke.

Keller, R. (2003): Sprachwandel. Von der unsichtbaren Hand in der Sprache. 3. Aufl. Tübingen: Francke.

Keller, R./Reichertz, J./Knoblauch, H. (Hg.) (2013): Kommunikativer Konstruktivismus. Theoretische und empirische Arbeiten zu einem neuen wissenssoziologischen Ansatz. Wiesbaden: Springer (Wissen, Kommunikation und Gesellschaft, Schriften zur Wissenssoziologie).

Kieser, A./Walgenbach, P. (2013): Organisation. 6. Aufl. Stuttgart Germany: Schäffer-Poeschel Verlag.

Kirchner, S. (2012): Wer sind wir als Organisation? Organisationsidentität zwischen Neo-Institutionalismus und Pfadabhängigkeit. Zugl., Hamburg, Univ., Diss., 2011. Frankfurt a.M. u.a.: Campus.

Kleinfeld, J., S. (2002): The Small World Problem, In: Society, 39, S. 61-66.

Kleinhückelkotten, S. (2005): Suffizienz und Lebensstile. Ansätze für eine milieuorientierte Nachhaltigkeitskommunikation. Berlin: Berliner Wissenschafts-Verlag.

Klinkhammer, M./Hütter, F./Stoess, D./Wüst, L. (2015): Change Happens. Veränderungen gehirngerecht gestalten. Berlin/Heidelberg: Springer-Verlag.

Koch, M./Richter, A. (2007): Enterprise 2.0: Planung, Einführung und erfolgreicher Einsatz von Social Software in Unternehmen. München/Wien.

Köhler, T. (2006): Krisen-PR im Internet. 1. Aufl. Wiesbaden: VS Verlag für Sozialwissenschaften.

Kolberg, R. (2011): Nachhaltiges Handeln – nachhaltige Kommunikation – nachhaltiger Erfolge, abrufbar unter: http://web2nullundsocialmedia.wordpress.com (zuletzt abgerufen am 30.05.20).

Kollmann, T./Häsel, M. (2007): Trends und Technologien des Web 2.0 – Neue Chancen für die Net Economy, In: Kollmann, T./Häsel, M. (Hg.): Web 2.0, S. Trends und Technologien im Kontext der Net Economy, Wiesbaden, S. 1-14.

Komlosy, A. (2011): Globalgeschichte. Methoden und Theorien. 1. Aufl. Stuttgart: UTB.

Köppel, P. (2007): Konflikte und Synergien in multikulturellen Teams. 1. Aufl. s.l.: Gabler Verlag (Beträge zum Diversity Management).

Krotz, F./Hepp, A. (2012): Mediatisierte Welten. Forschungsfelder und Beschreibungsansätze – Zur Einleitung, In: Krotz, F./Hepp, A. (Hg.): Mediatisierte Welten. Forschungsfelder und Beschreibungsansätze. Wiesbaden: Springer VS (Verl. für Sozialwissenschaften), S. 7-26.

Kurtz, C. F./Snowden, D. J. (2003): The new dynamics of strategy: Sense-making in a complex and complicated world, In: IBM Systems Journal, 42 (3), S. 462-483.

Krystek, U. (1987): Unternehmungskrisen. Beschreibung, Vermeidung und Bewältigung überlebenskritischer Prozesse in Unternehmungen. Wiesbaden: Gabler.

Lakoff, G./Johnson, M. (1998): Leben in Metaphern. Konstruktion und Gebrauch von Sprachbildern. 1 Aufl. Heidelberg: Carl-Auer-Verlag. (Systemische Horizonte).

Laloux, F. (2015): Reinventing Organizations: A Guide to recreating Organizations inspired by the next Stage in Human Consciousness. München: Verlag Franz Vahlen GmbH.

Latour, B. (1991): Nous n'avons jamais été modernes. Essai d'anthropologie symétrique. La Découverte: Paris.

Latour, B. (1994): On Technical Mediation – Philosophy, Sociology, Genealogy, In: Common Knowledge, 3 (2), S. 29-64.

Latour, B. (1994): Wir sind nie modern gewesen. Versuch einer symmetrischen Anthropologie. Unter Mitarbeit von Roßler, G. 5. Aufl. Frankfurt a.M.: Suhrkamp.

Latour, B. (2008): Reassembling the Social. An Introduction to Actor-Network-Theory. Repr. Oxford [u.a.]: Oxford Univ. Press.

Latour, B. (2012): Biography of an Inquiry – About a Book on Modes of Existence, In: Social Studies of Science 43, S. 287-301.

Laux, H. (2016): Von der Akteur-Netzwerk-Theorie zur Soziologie der Existenzweisen. Bruno Latours differenzierungstheoretische Wende, In: Laux, H. (Hg.): Bruno Latours Soziologie der »Existenzweisen«. Einfürhung und Diskussion. Bielefeld: Transcript, S. 9-31.

Ledeneva, A. (1998): Russia's Economy of Favours. Blat, Networking and Informal Exchange. Cambridge: Cambridge University Press.

Legg, C. (2018): ›The Solution to Poor Opinions Is More Opinions‹: Peircean Pragmatist Tactics for the Epistemic Long Game, In: Peters, M., A./Rider, S./Hyvönen, M./Besley, T. (Hg.): Post-Truth, Fake News. Viral Modernity & Higher Education. Puchong/Selangor D.E.: Springer, S. 43-58.

Lesch, H. (2020): Was ist Kausalität? BR Mediathek, abrufbar unter: https://www.br.de/mediathek/video/alpha-centauri-was-ist-kausalitaet-av:5bd9fe43640b94001c03ff12 (zuletzt abgerufen am 30.05.20).

Leskovec, J./Backstrom, L./Kleinberg, J. (2009): Meme-tracking and the Dynamies of the News Cycle, In: Proceedings of the 15th ACM SIGKDD international Cornference on Knowledge Discovery and Data Mining, KDD ›09, New York, S. 497-506.

Lessenich, S. (2003): Dynamischer Immobilismus. Kontinuität und Wandel im deutschen Sozialmodell. Teilw. zugl.: Göttingen, Univ., Habil-Schr., 2001. Frankfurt a.M.: Campus-Verl.

Leupold, A. (2014): Google und der Streisand-Effekt: Das Internet vergisst nicht, In: Medien und Recht International 2014, 1-2, S. 3-6.

Liening, A. (2017): Komplexität und Entrepreneurship. Wiesbaden: Springer Fachmedien Wiesbaden.

Linz, M. (2002): Warum Suffizienz unentbehrlich ist, In: Wuppertal Institut (Hg.): Von nicht zu viel. Suffizienz gehört zur Zukunftsfähigkeit. Wuppertal Papers, Nr. 125. Wuppertal Institut, S. 7-14.

Lionel, R., P./Dennis, A./Hung, Y.-T. (2009): Individual Swift Trust and Knowledge-Based Trust in Face-to-Face and Virtual Team Members, In: Journal of Management Information Systems, 26 (2), S. 241-279.

Litt, T. (1919): Individuum und Gemeinschaft. Grundfragen der sozialen Theorie und Ethik. Leipzig/Berlin: Teubner.

Löffelholz, M. (2005): Krisenkommunikation, In: Weischenberg, S./Kleinsteuber, H., J./Pörksen, B. (Hg.): Handbuch Journalismus und Medien. Konstanz: UVK Verl.-Ges (Praktischer Journalismus, 60), S. 185-189.

Löffelholz, M./Schwarz, A. (2008): Die Krisenkommunikation von Organisationen. Ansätze, Ergebnisse und Perspektiven der Forschung, In: Nolting, T./Thießen, A. (Hg.): Krisenmanagement in der Mediengesellschaft. Potenziale und Perspektiven der Krisenkommunikation. Wiesbaden: VS Verlag für Sozialwissenschaften, S. 21-40.

Lorenz, E., N. (1963): Deterministic Nonperiodic Flow, In: Journal oft the Atmospheric Sciences, 20 (2), S. 130-141.

Luft, J./Harrington, I. (1955): The Johari Window, a Graphic Model of Interpersonal Awareness, In: Proceedings of the Western Training Laboratory in Group Development, Los Angeles: UCLA.

Luhmann, N. (1964): Funktionen und Folgen formaler Organisation. Berlin: Duncker & Humblot.

Luhmann, N. (1973): Vertrauen. Ein Mechanismus der Reduktion sozialer Komplexität Stuttgart: Enke Verlag.

Luhmann, N. (Hg.) (1975): Soziologische Aufklärung 2. Aufsätze zur Theorie der Gesellschaft. Opladen: Westdeutscher Verlag.

Luhmann, Niklas (2014): Vertrauen. Ein Mechanismus der Reduktion sozialer Komplexität, 5., unveränd. Aufl. Stuttgart: UTB (UTB, 2185).

Luo, X. (2015): Lernstile im interkulturellen Kontext. Eine empirische Untersuchung am Beispiel von Deutschland und China. Wiesbaden: Springer Fachmedien.

Madrigal, A., C. (2012): Dark Social. We Have the Whole History of the Web Wrong, abrufbar unter: https, S.//www.theatlantic.com/technology/archive/2012/10/dark-social-we-have-the-whole-history-of-the-web-wrong/263523/(zuletzt abgerufen am 30.05.20).

Mainzer, K. (2008): Komplexität. 1. Aufl. Paderborn: Fink.

Malsch, T./Schlieder, C./Kiefer, P./Lübcke, M./Perschke, R./Schmitt, M./Strein, K. (2007): Communication between Process and Structure. Modelling and simulating message reference networks with COMITE, In: Journal of Artificial Societies and Social Simulations, 10.

Mandelbrot, B., B. (1980): Fractal Aspects of the Iteration of z→ Λz (1-z) for complex Λ and z, In: Nonnlinear Dynamics, 357 (1), S. 249-259.

Mandelbrot, B.B./Wallis, J.R. (1968): Noah, Joseph and Operational Hydrology, In: Water Resour. Res., 4, S. 909-918.

Martyn-Hemphill, R. (2018): Norway Ski Team's Sweater Gets Tangled in a Neo-Nazi Uproar, abrufbar unter: https://www.nytimes.com/2018/01/30/world/europe/norway-skiing-knitting-nazis.html (Zuletzt abgerufen am 30.05.20).

Maryville University Online (2019): Understanding the Me Too Movement: A Sexual Harassment Awareness Guide, abrufbar unter: https://online.maryville.edu/blog/understanding-the-me-too-movement-a-sexual-harassment-awareness-guide/ (zuletzt abgerufen am 30.05.20).

Mast, C./Fiedler, K. (2005): Nachhaltige Unternehmenskommunikation, In: Michelsen, G./Godemann, J. (Hg.): Handbuch Nachhaltigkeitskommunikation, München: oekom Verlag, S. 565-576.

Mast, C. (2008): Nach der Krise ist vor der Krise – Beschleunigung der Krisenkommunikation, In: Nolting, T./Thießen, A. (Hg.): Krisenmanagement in der Mediengesellschaft. Potenziale und Perspektiven der Krisenkommunikation. Wiesbaden: VS Verlag für Sozialwissenschaften, S. 98-111.

Matuszek, G. (2013): Management der Nachhaltigkeit. Wiesbaden: Springer Fachmedien Wiesbaden.

Mauss, M. (1990): Die Gabe. Form und Funktion des Austauschs in archaischen Gesellschaften. Frankfurt a.M.: Suhrkamp (zuerst: Essai sur le don. Paris 1950.).

McBeth, M., K./Clemons, R., S., (2011): Is Fake News the Real News? Etc., In: Amarasingam, A. (Hg.): The Stewart/Colbert Effect. Essays on the Real

Impacts of Fake News. Jefferson, N.C: McFarland & Company Inc. Publishers, S. 79-98.

McKnight, D., H./Chervany, N., L. (1962): The Meanings of Trust, University of Minnesota Carlson School of Management, abrufbar unter: www.misrc.umn.edu/workingpapers/fullpapers/1996/9604_040100.pdf (zuletzt abgerufen am 30.05.20).

Mead, G., H. (1934): Mind, Self & Society. From the Standpoint of a Social Behaviorist. Chicago 1962.

Mehler, A. (2007): Large Text Networks as an Object of Corpus linguistic Studies, In: Lüdeling, A./Kytö, M. (Hg.): Corpus Linguistics. An International Handbook. Berlin/New York: De Gruyter.

Melluci, A. (1995): The Process of Collective Identity, In: Johnston, H./Klandermans, B. (Hg.): Social Movements and Culture. London: University College London Press, S. 41-63.

Merten, K. (2008): Krise und Krisenkommunikation: Von der Ausnahme zur Regel? In: Nolting, T./Thießen, A. (Hg.): Krisenmanagement in der Mediengesellschaft. Potenziale und Perspektiven der Krisenkommunikation. Wiesbaden: VS Verlag für Sozialwissenschaften, S. 83-97.

Merten, K. (2013): Konzeption von Kommunikation. Theorie und Praxis des strategischen Kommunikationsmanagements. Wiesbaden: Springer.

Mesch, G./Talmud, I. (2006): The Quality of Online and Offline Relationships, the Role of Multiplexity and Duration, In: The Information Society, 22 (3), S. 137-148.

Michelsen, G./Godemann, J. (Hg.) (2005): Handbuch Nachhaltigkeitskommunikation, München: oekom Verlag.

Milgram, S./Travers, T. (1969): An Experimental Study of the Small World Problem, In: Sociometry, 32 (4), S. 425-443.

Mische, A. (2003): Cross-Talk in Movements: Reconceiving the Culture-Network Link, In: Diani, M./McAdam, D. (Hg.): Social Movements and Networks: Relational Approaches to Collective Action. London: Oxford University Press, S. 258-280.

Mische, A./White, H., C. (1998): Between Conversation and Situation: Public switching Dynamicss across Network Domains, In: Social Research, 65, S. 695-724.

Monge, P., R./Contractor., N., S. (2003): Theories of Communication Network. Oxford u.a.: Oxford University Press.

Moore, R., H. (1979): Research by the Conference Board sheds Light on Problems of Semantics, Issue Identification and Classification – and some likely Issues for the ›80s, In: Public Relation Journal, 35, S. 43-46.

Morowitz, H. J. (2002). The Emergence of Everything: How the World became complex, Oxford, UK: Oxford University Press.

Morris, C., W. (1964): Signs and the Act, In: ders.: Signification and Significance. Cambridge MA, S. The MIT. Press; reprinted in Innis, Robert E. (Hg.). (1985). Semiotics: An Introductory Anthology. Bloomington/Indiana: University Press, S. 178.

Moutchnik, A. (2012): Verästelungen der Umwelt-, Nachhaltigkeits- und CSR Kommunikation von Unternehmen, In: UmweltWirtschaftsForum 19 (3-4), S. 123-134.

Muno, M. (2017): Fake News, Lügen, Zeitungsenten: alte Phänomene, neue Bedrohung. Deutsche Welle/DW.com, abrufbar unter: https://www.dw.com/de/fake-news-lügen-zeitungsenten- alte-phänomene-neue-bedrohung/a-37090552 (zuletzt abgerufen am 30.05.20).

Mutwarasibo, F./Iken, A. (2019): I am Because We Are – the Contribution of the Ubuntu Philosophy to Intercultural Management Thinking, In: Interculture Journal, 18, (32) Interkulturelle Kommunikation in/mit Afrika: neue Perspektiven, S. 15-32.

Nan, L./Cook, C./Burt, R., S. (2001): Social Capital. Theory and Research. New York, S. de Gruyter.

Neave, G. (2018): Introduction, In: Peters, M., A./Rider, S./Hyvönen, M./Besley, T. (Hg.): Post-Truth, Fake News. Viral Modernity & Higher Education. Puchong, Selangor D.E.: Springer, S. v-x.

Nielsen, M./Rittenhofer, I./Ditlevsen, G./Esmann, M./Andersen, S. Pollach, I. (Hg.) (2013): Nachhaltigkeit in der Wirtschaftskommunikation. Wiesbaden: Springer VS (Europäische Kulturen in der Wirtschaftskommunikation, 24).

Nonaka, I./Konno, N. (1998): The Concept of ›Ba‹. Building a Foundation for Knowledge Creation, In: California Management Review, 40 (3), S. 40-54.

Nonaka, I./Takeuchi, H. (1995): The Knowledge Creating Company: How Japanese Companies Create the Dynamics of Innovation, New York: Oxford University Press.

O'Reilly, T. (2005): What is Web 2.0. Design Patterns and Business Models for the next Generation of Software, abrufbar unter: http, S.//www.oreillynet.com/pub/a/oreilly/tim/news/2005/09/30/what-is-web-20.html (zuletzt abgerufen am 30.05.20).

Ott, K. (2017): Die große Volkswagen-Vertuschung, Süddeutsche online, abrufbar unter: https://www.sueddeutsche.de/wirtschaft/nach-abgas-skandal-die-grosse-volkswagen-vertuschung-1.3330122, (zuletzt abgerufen am 30.05.20).

Pape, T., von/Quandt, T. (2010): Wen erreicht der Wahlkampf 2.0? Eine Repräsentativstudie zum Informationsverhalten im Bundestagswahlkampf 2009, In: Media Perspektiven, 9, S. 390-398.

Passoth, J./Sutter, T./Wehner, J. (2013), In: Frank-Job, B./Mehler, A. Sutter, T. (Hg.): Die Dynamik sozialer und sprachlicher Netzwerke. Konzepte, Methoden und empirische Untersuchungen an Beispielen des WWW. Wiesbaden, s.l.: Springer Fachmedien Wiesbaden, S. 139-160.

Paul, H. (1995): Prinzipien der Sprachgeschichte. 10., unveränderte Auflage Studienausgabe, im Original erschienen 1995. Berlin, New York: de Gruyter (Konzepte der Sprach- und Literaturwissenschaft, 6).

Peirce, C., S. (1877): The Fixation of Belief, In: Kloesel, C.J.W. (Hg.): Writings of Charles S. Peirce. A Chronological Edition, 3, Indiana: Bloomington, S. 242-257.

Peters, M., A./Rider, S./Hyvönen, M./Besley, T. (Hg.) (2018): Post-Truth, Fake News. Viral Modernity & Higher Education. Puchong, Selangor D.E.: Springer.

Petersen, A. (2002): Interpersonale Kommunikation im Medienvergleich. Münster/New York/München: Internat. Hochschulschriften.

Pfeffer, J./Zorbach, T./Carley, K., M. (2013): Understanding online firestorms: Negative word-of-mouth dynamics in social media networks. In: Journal of Marketing Communications., Online verfügbar unter: www.tandfonline.com/doi/abs/10.1080/13527266.2013.797778#.UjmitsbIarJ, (zuletzt abgerufen am 30.05.20).

Pfeiffer, C. (2004): Integrierte Kommunikation von Sustainability-Netzwerken. Grundlagen und Gestaltung der Kommunikation nachhaltigkeitsorientierter intersektoraler Kooperationen, Frankfurt a.M. et al.: Lang.

Plöchinger, S. (2015): Böhmermann zeigt Erregungsdeutschland den Stinkefinger, Süddeutsche Zeitung, abrufbar unter: https://www.sueddeutsche.de/medien/varoufakis-video-boehmermann-zeigt-erregungsdeutschland-den-stinkefinger-1.2400610 (zuletzt abgerufen am 30.05.20).

Pohl, H. (1977): Krisen in Organisationen. Eine explorative Untersuchung mit Hilfe empirischer Fallstudien. Dissertation. Universität Mannheim.

Polanyi, K. (1968): The Economy as Instituted Process, In: Economic Anthropology, New York: Holt, Rinehart and Winston, S. 126-135.

Polenz, P. von (2000): Deutsche Sprachgeschichte vom Spätmittelalter bis zur Gegenwart. Band 2: Einführung. Grundbegriffe. Deutsch in der frühbürgerlichen Zeit. Berlin/New York: de Gruyter.

Pörksen, B./Schmidt, S., J. (2014): Schlüsselwerke des Konstruktivismus. Vs Verlag Für Sozialwissenschaften.

Prexl, A. (2010): Nachhaltigkeit kommunizieren – nachhaltig kommunizieren. Analyse des Potenzials der Public Relations für eine nachhaltige Unternehmens- und Gesellschaftsentwicklung. Wiesbaden: VS Verlag für Sozialwissenschaften.

Price, D./de Solla, J. (1965): Networks of Scientific Papers. The Pattern of Bibliographic References indicates the Nature of the Scientific Research Front, In: Science, 149, S. 510-515.

Raab, J. (2010): Der ›Harvard Breakthrough‹, In: Stegbauer, C./Häußling, R. (Hg.) (2010): Handbuch Netzwerkforschung. 1. Aufl. Wiesbaden: VS Verl. für Sozialwiss (Netzwerkforschung, 4), S. 29-38.

Rathje, S. (2009): Der Kulturbegriff – Ein anwendungsorientierter Vorschlag zur Generalüberholung, In: Moosmüller, A. (Hg.): Konzepte kultureller Differenz. Münchener Beiträge zur interkulturellen Kommunikation. München, abrufbar unter: www.stefanie-rathje.de/fileadmin/Downloads/stefanie_rathje_kulturbegriff.pdf (zuletzt abgerufen am 30.05.20).

Reichertz, J. (2013): Grundzüge des kommunikativen Konstruktivismus, In: Keller, R./Reichertz, J./Knoblauch, H. (Hg.): Kommunikativer Konstruktivismus. Theoretische und empirische Arbeiten zu einem neuen wissenssoziologischen Ansatz. Wiesbaden: Springer (Wissen, Kommunikation und Gesellschaft, Schriften zur Wissenssoziologie), S. 49-68.

Reuter, M. (2017): Alles ist jetzt Fake News. Netzpolitik.org, abrufbar unter: https://netzpolitik. org/2017/fake-news-fuer-alle/(zuletzt abgerufen am 30.05.20).

Roche, J. (2013): Mehrsprachigkeitstheorie. Erwerb- Kognition – Transkulturation – Ökologie. Tübingen: Narr Francke Attempo Verlag.

Rogers, C. (1961): On becoming a Person: A Therapist's View of Psychotherapy. London: Constable.

Rogers, C. R. (1991): Die klientenzentrierte Gesprächspsychotherapie. Client-Centered Therapy. Frankfurt a.M.: Fischer Taschenbuch.

Röhner, J./Schütz, A. (2016): Psychologie der Kommunikation. 2., Auflage. Wiesbaden: Springer (Basiswissen Psychologie), abrufbar unter: http://dx.doi.org/10.1007/978-3-658-10024-7 (zuletzt abgerufen am 30.05.20).

Rommerskirchen, J. (2017): Soziologie & Kommunikation. Theorien und Paradigmen von der Antike bis zur Gegenwart. 2. Aufl. 2017. Wiesbaden: Springer Fachmedien Wiesbaden; Imprint: Springer VS.

Roselieb, F. (1999): Empirische Befunde zu Frühwarnsystemen in der internen und externen Unternehmenskommunikation, In: von Henckel Donnersmarck, M./Schatz, R./Aschmoneit, P. (Hg.): Frühwarnsysteme. Fribourg: InnoVatio-Verlag, S. 85-105.

Rosenthal, N./Fingrutd, M./Ethier, M./Karant, R./McDonald, D. (1985): Social Movements and Network Analysis: A Case Study of Nineteenth-Century Women's Reform in New York State, In: American Journal of Sociology, 90, S. 1022-1054.

Rößner, T./Hain, K., E. (2017): Umgang mit Fake News – Wie man Lügen am besten bekämpft, Frankfurter Allgemeine, abrufbar unter: https://www.faz.net/aktuell/feuilleton/debatten/umgang-mit-fake-news-helfen-schaerfere-gesetze-14912030.html (zuletzt abgerufen am 30.05.20).

Rothkegel, A. (2013): Zur Nachhaltigkeit von Text und Textarbeit – ein linguistisch-kultureller Ansatz, In: Nielsen, M./Rittenhofer, I./Ditlevsen, G./Esmann, M./Andersen, S./Pollach, I. (Hg.): Nachhaltigkeit in der Wirtschaftskommunikation. Wiesbaden: Springer VS (Europäische Kulturen in der Wirtschaftskommunikation, 24), S. 237-256.

Ruffing, R. (2009): Bruno Latour. 1. Aufl. Paderborn: Fink.

Salzborn, C. (2015): Phänomen Shitstorm – Herausforderung für die Onlinekrisenkommunikation von Unternehmen, Diss. Universität Hohenheim, abrufbar unter: https://d-nb.info/1076824544/34 (zuletzt abgerufen am 30.05.20).

Sandhu, S. (2013): Krisen als soziale Konstruktion: zur institutionellen Logik des Krisenmanagements und der Krisenkommunikation, In: Thießen, A. (Hg.): Handbuch Krisenmanagement. Wiesbaden: Springer Fachmedien, S. 93-113.

Saussure, F. d. (1916): Grundfragen der allgemeinen Sprachwissenschaft. Berlin: de Gruyter.

Schäfer, M. (2016): »Primacy of Competence?« Der Einfluss stereotypisierter Gruppen auf den Persuasionserfolg. Diss. Universität Bielefeld.

Schaltegger, S./Sturm, A. (1990): Ökologische Rationalität, In: Die Unternehmung, 44 (4), S. 73-290.

Scheffer, T. (2008): Zug um Zug und Schritt für Schritt. Annäherungen an eine transsequentielle Analytik, In: Kaltholf, H./Hischauer, S./Lindemann, G. (Hg.): Theoretische Empirie. Zur Relevanz qualitativer Forschung, Frankfurt a.M.: Suhrkamp, S. 368-398.

Scheidegger, N. (2010): Strukturelle Löcher, In: Stegbauer, C./Häußling, R. (Hg.) (2010) a: Handbuch Netzwerkforschung. 1. Aufl. Wiesbaden: VS Verl. für Sozialwiss., S. 145-155.

Schenk, M. (1995): Soziale Netzwerke und Massenmedien. Untersuchungen zum Einflu[ss] der persönlichen Kommunikation. Tübingen: Mohr.

Schlechtriemen, T. (2008). Metaphern als Modelle, In: Reichle, I./Siegel, S./Spelten, A. (Hg.): Visuelle Modelle. Verlag Wilhelm Fink.

Schmidt, C., M. (2013) (Hg.): Optimierte Zielgruppenansprache. Wiesbaden: Springer Fachmedien Wiesbaden, S. 59-82.

Schnegg, M. (2010): Die Wurzeln der Netzwerkforschung, In: Stegbauer, C./Häußling, R. (Hg.): Handbuch Netzwerkforschung. 1. Aufl. Wiesbaden: VS Verl. für Sozialwiss. (Netzwerkforschung, 4), S. 21-28.

Schneider, S., K./Jordan, M., P. (2016): Political Science Research on Crises and Crisis Communications, In: Schwarz, A./Seeger, M., W./Auer, C. (Hg.): The Handbook of International Crisis Communication Research. Chichester: Wiley Blackwell (Handbooks in communication and media), S. 11-23.

Schultz, S. (2020): Was es mit dem schwarzen Schwan auf sich hat. Ökonomische Folgen des Coronavirus, abrufbar unter: https://www.spiegel.de/wirtschaft/soziales/coronavirus-uebersicht-der-folgen fuer-weltwirtschaft-und-globale-finanzmaerkte-a-c0187655-268d-4b48-98a4-7073ee1735bc (zuletzt abgerufen am 30.05.20).

Schulz, F./Utz, S./Glocka, S. (2012): Towards a Networked Crisis Communication Theory: Analyzing the Effects of (Social) Media, Media Credibility, Crisis Type, and Emotions, In: Proceedings of the International Communication Association Phoenix: All Academics.

Schulz, T. (2011): Teilen, empfehlen, networken – Dem Phänomen Social Media auf der Spur, In: Dörfel, L./Schulz, T. (Hg.): Social Media in der Unternehmenskommunikation. 1. Aufl. Berlin: SCM, S. 11-30.

Schulz-Schaeffer, I. (2000): Akteur-Netzwerk-Theorie. Zur Koevolution von Gesellschaft, Natur und Technik, In: Weyer, J. (Hg.): Soziale Netzwerke. Konzepte und Methoden der sozialwissenschaftlichen Netzwerkforschung, Oldenbourg: München, S. 187-210.

Schütz, A. (1971): Gesammelte Aufsätze I. Das Problem der sozialen Wirklichkeit. Den Haag: Martinus Nijhoff.

Schützeichel, R. (2015): Soziologische Kommunikationstheorien. 2., überarb. Aufl. Konstanz, München: UVK-Verlag, abrufbar unter: www.utb-studi-e-book.de/9783838544694 (zuletzt abgerufen am 30.05.20).

Schweer M., K., W./Thies B. (2005): Vertrauen durch Glaubwürdigkeit — Möglichkeiten der (Wieder-)Gewinnung von Vertrauen aus psychologischer Perspektive, In: Dernbach B., Meyer M. (Hrg.) Vertrauen und Glaubwürdigkeit. VS Verlag für Sozialwissenschaften.

Seeger, M. W., Sellnow, T. L. and Ulmer, R. R. (2003) Communication and Organizational Crisis. Westport, CT: Praeger.

Seeger, W. S./Auer, C./Schwarz, A. (2016): Risk, Crisis, and the Global Village, International Perspectives, In: The Handbook of International Crisis Communication Research. Chichester: Wiley Blackwell (Handbooks in communication and media), S. 510-517.

Sellnow, T., L./Seeger, M., W. (2013): Theorizing Crisis Communication. 1. Aufl. s.l.: Wiley-Blackwell (Foundations in Communication Theory).

Severin, A. (2005): Nachhaltigkeit als Herausforderung für das Kommunikationsmanagement in Unternehmen, In: Michelsen, G./Godemann, J. (Hg.): Handbuch Nachhaltigkeitskommunikation. München: oekom Verlag, S. 64-75.

Seymour, M./Moore, S. (2000): Effective Crisis Management: Worldwide Principles and Practice, London: Continuum International Publishing Group.

Shannon, C. (1948)/Weaver, W. (1964): The Mathematical Theory of Communication.

Simmel, G. (1908): Soziologie. Untersuchungen über die Form der Vergesellschaftung, Bd. 11 (1922), Frankfurt a.M.

Simmel, G. (1911): Philosophische Kultur gesammelte Essais. G. Kiepenheuer: Leipzig.

Simmel, G. (1917): Gesamtausgabe Bd. 11. Frankfurt: Suhrkamp.

Simon H.A. (1990) Bounded Rationality, In: Eatwell J., Milgate M., Newman P. (Hg.) Utility and Probability. Palgrave/Macmillan/London: The New Palgrave.

Simon, H. A. (1957): Models of Man, social and rational: Mathematical Essays on rational Human Behavior in a social Setting. New York: Wiley.

Smith, A. (1793): An Inquiry into the Nature and Causes of the Wealth of Nations. The Seventh Edition, 1 (7). London.

Snowden, D. J. (2000): Cynefin, a Sense of Time and Place: An Ecological Approach to Sensemaking and Learning informal Organizations,

Proceedings of KMAC, abrufbar unter: www.knowledgeboard.com/library/cynefin. pdf. Snowden (zuletzt abgerufen am 30.05.20).

Snowden, D., J./Boone, M., E. (2007): A Leader's Framework for Decision Making, In: November 2007 Issue of Harvard Business Review, abrufbar unter: https://hbr.org/2007/11/a-leaders-framework for-decision-making (zuletzt abgerufen am 30.05.20).

Spahn, J. (2020): BMG Twitter Eintrag, abrufbar unter: https://twitter.com/BMG_Bund/status/1242748339436871681(zuletzt abgerufen am 30.05.20).

Spiegel Online (2012): Trittin als Werder-Botschafter zurückgetreten, Spiegel Online 29.08.12, abrufbar unter: https://www.spiegel.de/sport/fussball/trittin-tritt-als-botschafter-von-werder-bremen-zurueck-a-852749.html (zuletzt abgerufen am 30.05.20).

Spiegel Online (2017): Der VW-Skandal in Zitaten, abrufbar unter: www.spiegel.de/fotostrecke/der-vw-skandal-in-zitaten-so-laviert-volkswagen-fotostrecke-157916-16.html (zuletzt abgerufen am 30.05.20).

Spiegel Online (2018): Netz-Reaktionen auf SPD-Selfie.«Das Management vom Outlet Metzingen wünscht frohe Weihnachten«, abrufbar unter: https://www.spiegel.de/politik/deutschland/spd-selfie-twitterreaktionen-auf-bild-von-lars-klingbeil-und-martin-schulz-a-1192414.html (zuletzt abgerufen am 30.05.20).

Spörrle, M./Strobel, M./Stadler, C. (2009): Netzwerkforschung im kulturellen Kontext: Eine kulturvergleichende Analyse des Zusammenhangs zwischen Merkmalen sozialer Netzwerke und Lebenszufriedenheit, In: Psychodrama Soziometr, 8 (297).

Srugies, A. (2016): Putting Reseach into Practice, Models for Education and Application of International Crisis Communication Research, In: The Handbook of International Crisis Communication Research. Chichester: Wiley Blackwell (Handbooks in communication and media), S. 499-509.

Stachowiak, H. (1983): Modelle, Konstruktion der Wirklichkeit. München: W. Fink.

Stack, L. (2018): H&M Apologizes for ›Monkey‹ Image Featuring Black Child, The New York Times online, abrufbar unter: https://www.nytimes.com/2018/01/08/business/hm-monkey.html (zuletzt abgerufen am 30.05.20).

Stam, J., H. (1976): Inquiries into the Origin of Language. The Fate of a Question. New York, NY: Harper & Row (Studies in language).

Stauffer, D. (2010): Small World, In: Stegbauer, C./Häußling, R. (Hg.): Handbuch Netzwerkforschung. 1. Aufl. Wiesbaden, S. VS Verl. für Sozialwiss., S. 219-225.

Stegbauer, C. (2009): Wikipedia. Das Rätsel der Kooperation. Wiesbaden: Verlag für Sozialwissenschaften.

Stegbauer, C. (2010) a: Weak und Strong Ties. Freundschaft aus netzwerktheoretischer Perspektive, In: Stegbauer, C. (Hg.) (2010): Netzwerkanalyse und Netzwerktheorie. Ein neues Paradigma in den Sozialwissenschaften. 2. Aufl. Wiesbaden: VS Verlag für Sozialwissenschaften/Springer Fachmedien Wiesbaden, Wiesbaden (Netzwerkforschung, 2), S. 105-120.

Stegbauer, C. (2010) b: Netzwerkanalyse und Netzwerktheorie. Einige Anmerkungen zu einem neuen Paradigma, In: Stegbauer, C. (Hg.) (2010): Netzwerkanalyse und Netzwerktheorie. Ein neues Paradigma in den Sozialwissenschaften. 2. Aufl. Wiesbaden: VS Verlag für Sozialwissenschaften/Springer Fachmedien Wiesbaden, Wiesbaden (Netzwerkforschung, 2), S. 11-19.

Stegbauer, C. (2010): Netzwerkanalyse und Netzwerktheorie. Ein neues Paradigma in den Sozialwissenschaften. 2. Aufl. Wiesbaden: VS Verlag für Sozialwissenschaften/Springer Fachmedien Wiesbaden, Wiesbaden (Netzwerkforschung, 2).

Stegbauer, C. (2011): Reziprozität. Einführung in soziale Formen der Gegenseitigkeit. 2. Aufl. Wiesbaden: VS Verlag für Sozialwissenschaften/Springer Fachmedien Wiesbaden GmbH Wiesbaden.

Stegbauer, C. (2016): Grundlagen der Netzwerkforschung. Situation, Mikronetzwerke und Kultur. 1. Aufl. Wiesbaden: Springer VS (Netzwerkforschung).

Stegbauer, C. (2018): Shitstorms. Der Zusammenprall digitaler Kulturen. Wiesbaden: Springer.

Stegbauer, C./Häußling, R. (2010) a: Geschichte der Netzwerkforschung, In: Stegbauer, C./Häußling, R. (Hg.): Handbuch Netzwerkforschung. 1. Aufl. Wiesbaden, S. VS Verl. für Sozialwiss., S. 19-20.

Stegbauer, C./Häußling, R. (2010) b: Einführung in das Selbstverständnis der Netzwerkforschung, In: Stegbauer, C./Häußling, R. (Hg.) (2010) a, S. Handbuch Netzwerkforschung. 1. Aufl. Wiesbaden, S. VS Verl. für Sozialwiss, S. 56-60.

Stegbauer, C./Häußling, R. (2010) c: Einleitung: Visualisierung von Netzwerken, In: Stegbauer, C./Häußling, R. (Hg.): Handbuch Netzwerkforschung. 1. Aufl. Wiesbaden, S. VS Verl. für Sozialwiss., S. 525-526.

Stegbauer, C./Häußling, R. (Hg.) (2010): Handbuch Netzwerkforschung. 1. Aufl. Wiesbaden, S. VS Verl. für Sozialwiss (Netzwerkforschung, 4), abrufbar unter: http, S.//gbv.eblib.com/patron/FullRecord.aspx?p=751725 (zuletzt abgerufen am 30.05.20).

Steinhorst, U. (2015): Entwicklung eines Instrumentariums zur Gestaltung von Systempartnerschaften im Produktentstehungsprozess. 1. Aufl. Wiesbaden: Deutscher Universitätsverlag (Forum produktionswirtschaftliche Forschung).

Steinke, L. (2018): Kommunizieren in der Krise. Wiesbaden: Springer Fachmedien Wiesbaden.

Stoffels, H./Bernskötter, P. (2012): Die Goliath-Falle. Wiesbaden: Springer Fachmedien Wiesbaden.

Stowasser, J.M./Petschenig, M./Skutsch, F. (1994): Lateinisch-deutsches Schulwörterbuch. Wien: Hölder-Pichler-Tempsksy.

Straus F./Höfer R. (1997): Entwicklungslinien alltäglicher Identitätsarbeit, In: Höfer R./Keupp H. (Hg.): Identitätsarbeit heute. Klassische und aktuelle Perspektiven der Identitätsforschung. Frankfurt: Suhrkamp, S. 270-308.

Straus, F./Höfer, R. (2010): Identitätsentwicklung und soziale Netzwerke, In: Stegbauer, C. (2010): Netzwerkanalyse und Netzwerktheorie. Ein neues Paradigma in den Sozialwissenschaften. 2. Aufl. Wiesbaden: VS Verlag für Sozialwissenschaften/Springer Fachmedien Wiesbaden, Wiesbaden (Netzwerkforschung, 2), S. 201-211.

Strittmatter, K. (2018): Daimler knickt vor chinesischer Propaganda ein, Sueddeutsche online, abrufbar unter: https://www.sueddeutsche.de/wirtschaft/social-media-daimler-china-und-der-dalai-lama-1.3856104 (zuletzt abgerufen am 30.05.20).

Stumpf, F. (2017): Das Recht auf Vergessenwerden. Das Google-Urteil des EuGHs: Vorbote der zweiten Chance im digitalen Zeitalter oder Ende der freien Kommunikation im Internet? Baden-Baden: Tectum Verlag. (Diss.).

Taleb, N., N. (2007): The Black Swan: The Impact of the Highly Improbable. London: Penguin Books.

Taleb, N., N./Proß-Gill, I. (2013): Der Schwarze Schwan. Die Macht höchst unwahrscheinlicher Ereignisse. Ungekürzte Ausg., 6. Aufl. München: Dt. Taschenbuch Verl.

Therborn, G. (2010): Globalisierung und Ungleichheit. Mögliche Erklärungen und Fragen der Konzeptualisierung, In: Beck, U./Poferl, A. (Hg.) (2010): Große Armut, großer Reichtum. Zur Transnationalisierung sozialer Ungleichheit. Originalausgabe, 1. Aufl. Berlin: Suhrkamp, S. 53-109.

Thießen, A. (2011): Organisationskommunikation in Krisen. Dissertation. Universität Wiesbaden, Fribourg.

Thießen, A. (Hg.) (2014): Handbuch Krisenmanagement. Wiesbaden: Springer VS.

Tomlinson, J. (1999): Globalization and Culture, Cambridge u.a Tübingen: Mohr (5. Aufl., zuerst 1922).

Töpfer, A. (1999): Plötzliche Unternehmenskrisen – Gefahr oder Chance? Grundlagen des Krisenmanagements, Praxisfälle, Grundsätze zur Krisenvorsorge. Neuwied: Luchterhand.

Tusche, C. (2017): Virales Marketing. Ein Webmasters Press Lernbuch; autorisiertes Curriculum für das Webmasters Europe Ausbildungs- und Zertifizierungsprogramm. Version 1.0.0 vom 22.6.2017. Nürnberg/Wrocław: Webmasters Akademie Nürnberg GmbH; Amazon Fulfillment.

Wagner, P. (1999): Fest-Stellungen. Beobachtungen zur sozialwissenschaftlichen Diskussion über Identität, In: Assmann, A./Friese H. (Hg.): Identitäten. Frankfurt: Suhrkamp, S. 44-72.

Walgenbach, P. (2001): Institutionalistische Ansätze in der Organisationstheorie. In: Kieser, A. (Hg.): Organisationstheorien. 4. Aufl., Stuttgart: Kohlhammer, S. 319-353.

Walgenbach, P. (2014): Neoinstitutionalistische Ansätze in der Organisationstheorie, In: Kieser, A. (Hg.): Organisationstheorien. 7., aktualisierte u. überarb. Aufl. Stuttgart: Kohlhammer.

Walker, B./Holling, C., S./Carpenter, S.R./Kinzig, A. (2004): Resilience, Adaptability and Transformability in Social-Ecological Systems, In: Ecology & Society, 9 (2), S. 1-5.

Walker, K., W./McBride, A./Vachon, M., L., S. (1977): Social Support Networks and the Crisis of Bereavement, In: Social Science and Medicine, 11, S. 35-41.

Wallerstein, I. (2010): Klassenanalyse und Weltsystemanalyse, In: Beck, U./Poferl, A. (Hg.) (2010): Große Armut, großer Reichtum. Zur Transnationalisierung sozialer Ungleichheit. Originalausgabe, 1. Aufl. Berlin: Suhrkamp (Edition Suhrkamp, 2614), S. 171-205.

Walsh, G./Hass, B., H./Kilian, T. (2011): Web 2.0. Neue Perspektiven für Marketing und Medien. 2. vollst., überarb. und erw. Aufl. Berlin: Springer.

Watzlawick, P./Beavin, J. H./Jackson, D., D. (2003): Menschliche Kommunikation. Formen, Störungen, Paradoxien (10. Aufl.). Bern: Huber.

Watzlawick, P./Beavin, J.H./Jackson, D., D. (1969): Menschliche Kommunikation. Bern/Stuttgart/Wien: Huber.

Weber, M. (1980): Wirtschaft und Gesellschaft. Grundriss der verstehenden Soziologie.

Weick, K. E./Sutcliffe, K./Obstfeld, D. (2005): Organizing and the Process of Sensemaking, In: Organizational Science, 16 (4), S. 409-421.

Weick, K., E. (1993): The Collapse of Sensemaking in Organizations: The Mann Gulch disaster, In: Administrative Science Quarterly, 38 (4), S. 628.

Weick, K., E. (1995): Sensemaking in Organizations (Foundations for Organizational Science).

Weyel, B. (2013): Ambiguitätstoleranz. Seelsorge als interkulturelle Seelsorge, In: Merle, K. (Hg.) (2013): Kulturwelten. Zum Problem des Fremdverstehens in der Seelsorge. Berlin: Lit-Verl. (Studien zu Religion und Kultur, 3), S. 299-312.

Weyer, J. (1997): Weder Ordnung noch Chaos. Die Theorie sozialer Netzwerke zwischen Institutionalismus und Selbtsorganisationstheorie, In: Weyer, J./Kirchner, U./Riedl, L./Schmidt, J., F., K. (Hg.): Technik, die Gesellschaft schafft. Soziale Netzwerke als Ort der Technikgenese. Berlin: Ed. Sigma, S. 53-100.

White, H., C. (1992): Identity and Control. A Structural Theory of Social Action. Princeton (New Jersey): Princeton University Press.

White, H., C. (2008): Identity and Control: How Social Formations Emerge, Princeton University Press.

White, H., C./Boorman, S., A./Breiger, R., L. (1976): Social Structure from Multiple Networks. I. Blockmodels of Roles and Positions, In: American Journal of Sociology, 81, S. 730-780.

Wilhelm, D., B. (2012): Nutzerakzeptanz von webbasierten Anwendungen. Modell zur Akzeptanzmessung und Identifikation von Verbesserungspotenzialen. Oestrich-Winkel: EBS Univ. für Wirtschaft und Recht – Business School, Diss., 2011. Wiesbaden: Gabler Verlag.

Willke, H. (1987): Systemtheorie. 2., erw. Aufl. Stuttgart: G. Fischer.

Wilson, D./Sperber, D. (2004): Relevance Theory, In: Horn, L. R./Ward, G. (Hrg.): The Handbook of Pragmatics. Blackwell, S. 607-632.

Wolfsburger Statistik (2018): Wolfsburger Statistik 2018 – Daten und Fakten, abrufbar unter https://www.wolfsburg.de/rathaus/bekanntmachungen/daten-und-fakten, (zuletzt abgerufen am 30.05.20).

Yang, M., M.-H. (1994): Gifts, Favors and Banquets. The Art of Social Relationships in China. Ithaca, NY: Cornell University Press.

Young, S. (2019): Gucci ›Blackface‹ Scandal:Creative Director breaks Silence over controversial Jumper, Independent online, abrufbar unter: https://www.independent.co.uk/life-style/fashion/gucci-blackface-scandal-jump

er-apology-racism-controversy-alessandro-michele-creative-a8776641.html (zuletzt abgerufen am 30.05.20).

Zerfaß, A. (2007): Unternehmenskommunikation und Kommunikationsmanagement: Grundlagen, Wertschöpfung, Integration, In: Piwinger, A./Zerfaß, A. (Hg.): Handbuch Unternehmenskommunikation. Wiesbaden: Gabler, S. 21-70.

Zerfaß, A. (2010): Unternehmensführung und Öffentlichkeitsarbeit. Grundlegung einer Theorie der Unternehmenskommunikation und Public Relations. 3., aktualisierte Aufl. Wiesbaden: VS Verl. für Sozialwiss.

Zimmermann, F., M. (Hg.) (2016): Nachhaltigkeit wofür? Von Chancen und Herausforderungen für eine nachhaltige Zukunft. Berlin: Springer Spektrum.

Zornow, S./Pedersen, A. G. (2013): Unternehmensidentität und Nachhaltigkeitskommunikation – eine empirische Studie identitätsstiftender Kommunikationsstrategien von deutschen und dänischen Pharmaunternehmen, In: Schmidt, C. M. (Hg.): Optimierte Zielgruppenansprache. Wiesbaden: Springer Fachmedien Wiesbaden, S. 83-117.

Zywietz, B. (2018): F wie Fake News – Phatische Falschmeldungen zwischen Propaganda und Parodie, In: Sachs-Hombach, K./Zywietz, B. (Hg.): Fake News, Hashtags & Social Bots. Neue Methoden populistischer Propaganda. Wiesbaden: Springer VS (Aktivismus- und Propaganda).

9 Anhang

9.1 Praxisbeispiele (Screenshots)

9.1.1 Praxisbeispiel: H&M & kontroverse Produktdarstellung

H&M Apologizes for 'Monkey' Image Featuring Black Child

The image was later removed from H&M's website. H&M, via Associated Press

Quelle: Stack, L. (2018): H&M Apologizes for ›Monkey‹ Image Featuring Black Child, The New York Times online, abrufbar unter: https://www.nytimes.com/2018/01/08/business/hm-monkey.html (zuletzt abgerufen am 30.05.20).

9.1.2 Praxisbeispiel: Outfits des norwegischen Olympiateams & kontroverse Symbolik

Norway Ski Team's Sweater Gets Tangled in a Neo-Nazi Uproar

Quelle: Martyn-Hemphill, R. (2018): Norway Ski Team's Sweater Gets Tangled in a Neo-Nazi Uproar, abrufbar unter: https://www.nytimes.com/2018/01/30/world/europe/norway-skiing-knitting-nazis.html (zuletzt abgerufen am 30.05.20).

9.1.3 Praxisbeispiel: Gucci & kontroverses Design

Quelle: Young, S. (2019): Gucci ›Blackface‹ Scandal: Creative Director breaks Silence over controversial Jumper, Independent online, abrufbar unter: https://www.independent.co.uk/life-style/fashion/gucci-blackface-scandal-jumper-apology-racism-controversy-alessandro-michele-creative-a8776641.html (zuletzt abgerufen am 30.05.20).

9.1.4 Praxisbeispiel: Streisand-Effekt & Daimler

Daimler knickt vor chinesischer Propaganda ein

Quelle: Strittmatter, K. (2018): Daimler knickt vor chinesischer Propaganda ein, Sueddeutsche online, abrufbar unter: https://www.sueddeutsche.de/wirtschaft/social-media-daimler-china-und-der-dalai-lama-1.3856104 (zuletzt abgerufen am 30.05.20).

9.1.5 Praxisbeispiel: SPD-Selfie & Memetik

Netz-Reaktionen auf SPD-Selfie

"Das Management vom Outlet Metzingen wünscht frohe Weihnachten"

Eigentlich wollte die SPD-Spitze mit einem Selfie nur ihre Freude über die GroKo-Verhandlungen ausdrücken. Doch im Netz wurde mehr daraus.

08.02.2018, 16:39 Uhr

Quelle: SPD Spitze Selfie Groko Verhandlungen im Netz suchen User die lustigste Überschrift/Betitelung, verselbstständigt, Memetik, der Techniker ist informiert, abrufbar unter: www.spiegel.de/politik/deutschland/spd-selfie-twitterreaktionen-auf-bild-von-lars-klingbeil-und-martin-schulz-a-1192414.html (zuletzt abgerufen am 30.05.20).

9.2 Beispiel einer Netzwerkkarte

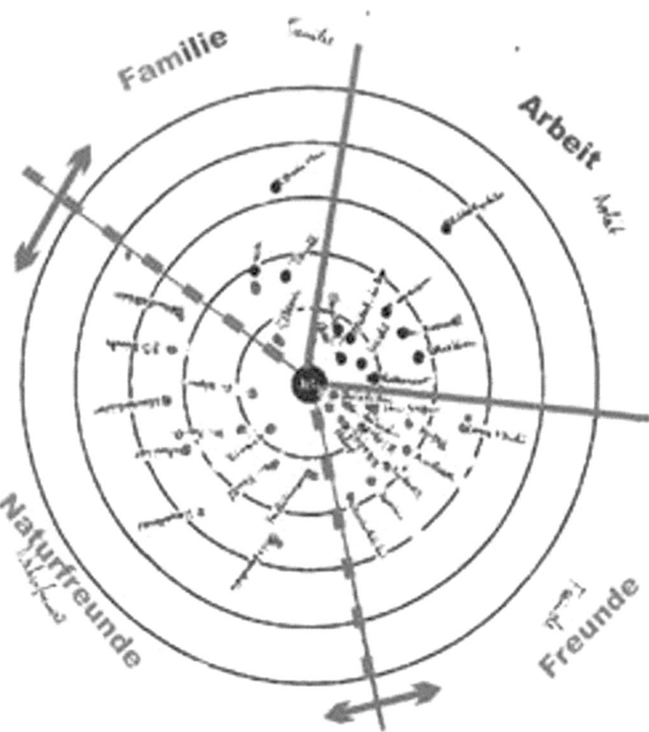

Quelle: Straus, F./Höfer, R. (2010): Identitätsentwicklung und soziale Netzwerke, In: Stegbauer, C. (Hg): Netzwerkanalyse und Netzwerktheorie. Ein neues Paradigma in den Sozialwissenschaften. 2. Aufl. Wiesbaden: VS Verlag für Sozialwissenschaften/Springer Fachmedien Wiesbaden, S. 208.

Medienwissenschaft

Ziko van Dijk
Wikis und die Wikipedia verstehen
Eine Einführung

März 2021, 340 S., kart.,
Dispersionsbindung, 13 SW-Abbildungen
35,00 € (DE), 978-3-8376-5645-9
E-Book: kostenlos erhältlich als Open-Access-Publikation
PDF: ISBN 978-3-8394-5645-3
EPUB: ISBN 978-3-7328-5645-9

Gesellschaft für Medienwissenschaft (Hg.)
Zeitschrift für Medienwissenschaft 24
Jg. 13, Heft 1/2021: Medien der Sorge

April 2021, 168 S., kart.
24,99 € (DE), 978-3-8376-5399-1
E-Book: kostenlos erhältlich als Open-Access-Publikation
PDF: ISBN 978-3-8394-5399-5
EPUB: ISBN 978-3-7328-5399-1

Cindy Kohtala, Yana Boeva, Peter Troxler (eds.)
Digital Culture & Society (DCS)
Vol. 6, Issue 1/2020 –
Alternative Histories in DIY Cultures and Maker Utopias

February 2021, 214 p., pb., ill.
29,99 € (DE), 978-3-8376-4955-0
E-Book:
PDF: 29,99 € (DE), ISBN 978-3-8394-4955-4

Leseproben, weitere Informationen und Bestellmöglichkeiten finden Sie unter www.transcript-verlag.de